우주탐사의
역사

#물리학 지식과 함께하는

인류의 #우주탐사 발자취

우주탐사의 역사

윤복원 지음

THE BRIEF HISTORY OF SPACE EXPLORATION

동아시아

추천의 글 지구는 우리 발밑에 있고, 우주는 머리 위에 있다

지웅배(우주먼지)

세종대학교 자유전공학부 조교수, 천문학자, 유튜브 〈우주먼지의 현자타임즈〉 운영

우주는 어쩌면 의도적으로 꿈과 환상의 세계로 여겨진다. 결코 가까운 시일 안에 손에 잡히는 실질적인 이익을 가져다주지 못함에도 불구하고 우주에 가야 하는 그럴듯한 명분을 정당화시켜 주기 때문일 것이다. 우주! 우주! 맹목적으로 우주를 외치는 이들은 시대를 앞서 나간 용감한 선구자로 추앙받는 반면, 우주에 가는 것을 보다 신중하고 꼼꼼하게 고민해야 한다고 말하는 이들은 시대에 뒤처진 회의주의자 취급을 받기도 한다.

나는 물론 우주를 사랑한다. 지금껏 천문학자로 살아왔지만, 막상 실제 우주 공간에 가본 적은 없다. 직접 가본 적도 없는 세상에 대해서 뭘 그렇게 많이 알고 있다고 떠들어 대고 살았는지 살짝 멋쩍은 기분도 든다. 당연히 기회만 주어진다면 우주에 내 몸을 맡기고, 이 멋쩍음으로부터 자유로워지고 싶다.

그런데 어떻게 갈 것인가? 인류가 반드시, 심지어 가까운 시일

안에 우주로 나아가야 한다고 환호하는 사람들조차 대부분, 막상 이 질문에 선뜻 답하지 못한다. 그저 막연하게 우주는 멋지고 쿨하다고 노래를 부를 뿐, 막상 그래서 우주에 어떻게 갈 건지, 어디에 가야 하는지를 물어보면 답을 하지 못한다.

사람들에게 우주가 너무 지나치게 꿈과 환상의 세계, 마치 머리 위에 떠 있는 엘도라도마냥 과대포장되어 있을 뿐, 현실적인 문제는 제대로 다뤄지지 않는다. 하지만 이건 심각한 문제다. 특히, 우주가 정말 미래의 현실, 미래의 일상의 일부가 되길 바란다면 더욱 그렇다. 우주가 머지않은 미래에 우리의 확장된 일상의 일부가 될 거라면, 그것은 당연히 일상적인 고민이 적용되어야 하는 범위 역시 우주로 확장될 거란 뜻이다.

지구 위에서 이곳을 떠나 저곳으로 갔던 수많은 경험을 떠올려 보라. 집을 떠나 학교나 회사에 가는 길, 휴가를 즐기러 바다로 떠나는 길, 가끔 욕심을 부려서 비행기 티켓을 끊고 해외로 놀러 갔던 일. 그때 우린 지극히 현실적인 고민을 한다. 아니, 그런 고민만 한다. 어떻게 가는 게 가장 빠른지, 저렴한지를 고민한다. 하루 종일 인터넷 검색창과 구글맵을 띄워놓고, 내비게이션, 항공사, 숙소 리스트를 뒤져보며 최적의 경로를 따져본다. 또는 시간과 비용에서 조금 손해를 보더라도 아름다운 풍경, 가족과의 추억을 만끽하며 살짝 돌아가는 길을 따라가는 낭만을 택하기도 한다. 우리가 지구에서 이렇게 지극히 현실적인 고민을 하는 건, 지구에서의 이동은 우리의 현실, 일상이 된 지 오래이기 때문이다.

우주도 마찬가지의 대우를 받아야 한다. 머지않아 달에서 열리는 문리미어 리그 축구 경기를 보러 가고, 화성의 극관에 생긴 스키 리조트에서 휴가를 즐기고, 지긋지긋한 상사와 함께 우주정거장에서 열리는 회사 컨퍼런스에 끌려가는 일이 우리의 일상이 될 수 있다. 우주가 일상이 될 거라면 당연히 우린 이곳에서 저곳까지 어떻게 갈 것인지, 지극히 일상적인 고민을 해야 한다. 이왕이면 가장 적은 시간과 비용을 들여서, 안전하게, 또는 약간의 낭만과 사치를 누리면서 가는 길을 골라야 한다. 지구는 우리 발밑에 있고, 우주는 머리 위에 있다. 너무나 단순한 구분이지만, 발밑에서 머리 위로 가는 길은 무궁무진하다. 시간, 비용, 그리고 낭만. 당신이 무엇을 가장 소중하게 생각하는지에 따라 당신이 선택할 수 있는 경로는 달라진다. 그리고 경험하게 되는 우주도 달라진다.

다시 지구로 돌아와 보자. 우리가 한 번도 가보지 못한 곳을 가려고 할 때, 어떤 경로가 나에게 가장 잘 맞는 길인지 힌트를 얻기 위해 우리는 남들이 갔던 길을 참고한다. 인터넷 블로그, SNS를 뒤져보면서 돈 받고 올린 광고글들 사이에서, 누군가 진심을 담아 남겨놓았을지 모르는 순수한 리뷰를 찾아 헤맨다. 조금 거창하게 말하면, 남들이 갔던 길의 이야기들은 곧 그곳까지 가는 여정의 역사라고 할 수 있다. 역사는 남들이 이미 해본 실수와 후회를 굳이 내가 똑같이 따라 할 필요가 없게 만들어 준다. 그렇기에 역사는 초행자에겐 값진 자산이다. 특히나 이제껏 인류 전체 중에서 실제로 다녀와 본 사람의 숫자가 고작 600명 남짓뿐인 우주라면 더욱 그렇다.

정말 우주에 가보고 싶은가? 아니, 적어도 머지않아 우리의 일상이 머리 위에서까지 펼쳐질 거라 생각하는가? 『우주탐사의 역사』에는 우주에 가기 위해, 그리고 우주에 갔을 때 무엇을 하면 좋을지, 그리고 무엇을 하면 안 되는지에 대한 모든 이야기가 담겨 있다. 당신이 우주에서 인류 최초로 그 누구도 해보지 않은 짓을 할 정도의 무모한 인간이 아니라면, 당신이 우주에서 경험하게 될 모든 것들을 확인할 수 있다. 이미 이렇게나 많은 이들이 우주에 가기 위해, 그리고 우주에 가서 많은 짓을 했다. 그러니까 당신은 조금 덜 고생해도 된다.

프롤로그

현대 우주탐사의 시작이 된 사건은 1944년 나치 독일의 V-2 미사일 공격이었다. V-2 미사일은 제2차 세계대전 막바지에 전쟁 무기로 사용된 로켓이었지만, 우주의 경계를 넘어 올라간 최초의 인공 물체였다. 연합국의 승리로 전쟁이 끝나면서 나치 독일의 로켓기술은 미국과 소련으로 전수되었다.

제2차 세계대전 종전 후 겉으로는 큰 사건 없이 로켓기술 개발이 진행되었지만, 1957년 소련이 인류 최초의 인공위성인 스푸트니크 1호를 발사하면서 분위기는 반전됐다. 소련이 미국 본토를 타격할 수 있는 대륙간 탄도미사일 기술을 획득했다는 것뿐만 아니라, 관련 과학기술도 미국을 앞섰을 수 있다는 위기감이 미국에 밀려왔다. 이후 미국도 인공위성 발사에 나서면서 미국과 소련의 우주 경쟁이 본적적으로 시작됐다.

첫 인공위성 발사에서 소련에게 밀린 미국은 유인 우주비행에서는 소련을 앞서겠다는 목표를 세웠다. 하지만 소련은 1961년 인류 최초의 우주인인 유리 가가린을 태운 보스토크 1호가 지구 주위를 한 바퀴 도는 유인 우주비행에 성공함으로써, 우주 경쟁에서 다시 한번 미국을 앞서 나갔다. 미국은 다른 새로운 목표가 필요했고, 그 목표는 1960년대가 지나가기 전에 우주인을 달에 보내는 것이었다. 제미니 계획과 아폴로 계획을 통해 미국은 유인 달 탐사에 박차를 가했다.

1969년에 아폴로 11호로 달 표면에 2명의 우주인을 보내면서 미국은 소련과의 치열한 우주 경쟁에서 크게 앞서가기 시작했다. 이후에는 파이어니어 10호와 11호, 그리고 보이저 1호의 목성 탐사와 토성 탐사에 이어, 보이저 2호가 목성, 토성, 천왕성, 해왕성을 연달아 방문하는 그랜드 투어를 성공하면서, 미국은 태양계 무인 우주탐사를 이끌었다. 그사이 소련은 지구 저궤도를 도는 우주정거장 설치를 이어갔고, 소련 우방국가들과의 우주 협력 계획도 진행했다.

막대한 비용이 들어간 유인 달 탐사 계획인 아폴로 계획 이후에 무인 우주비행에 더 적극적이었던 미국은, 1981년에 시작된 우주왕복선 계획으로 유인 우주비행을 재개했다. 소련 해체로 냉전이 끝나면서 미국의 우주왕복선이 러시아의 미르 우주정거장에 방문하는 등 우주 경쟁은 우주 협력으로 전환됐다. 이후 미국과 러시아를 비롯한 여러 나라의 우주 협력은 최대 규모의 우주정거장인 국제우주정거장 건설로 이어졌다. 중국도 2003년 선저우 5호로 우주인을 우주로 보낸 후 귀환시킴으로써, 자체 제작한 발사체로 유인 우주비행에 성공한 세 번째 나라가 되었다.

두 번의 큰 인명사고를 겪었던 우주왕복선 계획이 2011년 종료

되면서 국제우주정거장으로 우주인을 보내는 임무는 9년 동안 러시아의 소유즈 우주선이 담당했다. 2020년에 미국의 민간 우주기업인 스페이스엑스의 팰컨 9에 실린 크루 드래건으로 우주인을 국제우주정거장으로 운송하기 시작하면서, 미국은 독자적인 유인 우주선을 다시 확보했다. 스페이스엑스는 부분 재활용 로켓인 팰컨 9과 팰컨 헤비를 넘어, 완전 재활용을 목표로 스타십 우주선을 개발하고 시험 발사를 하고 있다. 스타십 우주선은 유인 달 탐사 계획인 아르테미스 계획의 달 착륙선으로도 선정되었고, 스페이스엑스는 스타십을 이용한 화성 유인 탐사라는 야심 찬 계획을 구상하고 있다.

이런 일련의 우주탐사를 시간 순서로 따라가면서, 우주탐사의 과정을 체계적으로 이해하는 것은 여러모로 중요하다. 우주탐사와 관련된 과학기술을 이해하고 미래를 바라보려면, 어떤 이유로 어떤 탐사가 있었고, 그 이면에는 어떤 과학 지식이 관련되어 있고, 우주탐사와 관련된 문제와 사건은 어떻게 해결했는지를 따져볼 필요가 있다. 이 책은 이 부분에 중점을 두었다. 우주탐사의 역사를 풀어가면서 모든 사람이 다가갈 수 있는 과학 개념으로 관련된 과학기술을 설명했다. 지식의 깊이도 놓치지 않았다.

누리호로 지구 저궤도에 인공위성을 올릴 수 있는 자체 발사체 기술을 확보한 대한민국은 인공위성을 너머 달, 소행성, 행성 탐사 등의 더 높은 수준의 우주탐사를 기획하고 실현할 차례이다. 이미 이 과정을 밟아간 우주탐사 선진국의 발자취를 살펴보고, 그 바탕에 깔린 과학기술을 이해하는 것이 필요한 시점이다. 이런 중요한 시점에, 이 책은 우주탐사에 관심 있는 모든 사람들이 꼭 읽어야 할 책이 될 것임을 자신한다.

추천의 글 • 004   프롤로그 • 008

1 초기 우주과학에서 나치 독일의 V-2 로켓까지

우주과학의 시작 • 018   현대 우주과학의 태동 • 023   V-2 로켓의 등장 • 024
탄도미사일을 이용한 동물의 우주비행 • 027

2 미국과 소련의 초기 우주 경쟁

인공위성 경쟁 • 032   인공위성 속도와 지구 중력 탈출속도 • 036   미국과 소련의 지구 중력 벗어나기 경쟁 • 038   유인 우주비행 경쟁 • 040

3 초기 행성 탐사와 통신위성

지구 밖 행성에 가려면 • 046   우주선이 날아가는 방향이 중요한 이유 • 048
금성 근접비행과 화성 근접비행 • 050   통신위성: 통신이 주목적인 인공위성 • 054   공전주기를 지구의 자전주기와 맞춘 지구동기궤도위성 • 058   지구정지궤도위성: 적도 상공에 떠 있는 지구동기궤도위성 • 062

4 다인승 유인 우주비행과 무인 달 궤도선·착륙선 경쟁

유인 달 탐사 계획의 시작 • 068   제미니 계획: 미국의 다인승 유인 우주비행 계획 • 070   계획대로 실행되지 못한 소련의 보스호트 계획 • 073   미국과 소련의 무인 달 궤도선과 달 착륙선 경쟁 • 076   달 궤도선보다 먼저 성공한 달 착륙선 • 079

5 새턴 로켓 개발과 아폴로 계획

유인 달 탐사는 어떻게 할까? • 086   속도증분으로 알아보는 유인 달 탐사 • 088   지구로 귀환할 때는 지구 대기의 공기저항을 이용한다 • 091   20세기 로켓 중 가장 강력했던 새턴 로켓의 개발 • 095   아폴로 계획 • 101   아폴로 11호, 달에 첫발을 딛다 • 104

6 행성 궤도선·착륙선과
중력도움을 이용한 행성 탐사

궤도선이 근접비행보다 어려운 이유 • 112   금성 궤도선과 화성 궤도선이 되는 과정 • 114   행성 착륙선은 대기의 공기저항을 이용할 수 있다 • 117   목성과 토성을 탐사한 파이어니어호의 중력도움 항법 • 121   수성을 3회 근접 비행한 매리너 10호가 시행한 중력도움 • 126   1960년대 초 JPL의 젊은 인턴들이 발견한 특별한 사실 • 131   행성 대탐사 계획을 실현한 보이저 2호 • 133

7 맨눈 관측에서 우주망원경까지

맨눈 천체관측에서 망원경의 발명까지 • 140   다양한 빛을 이용한 천체관측과 우주망원경 • 142   지구 주위를 공전하는 우주망원경 • 145   태양 주위를 도는 우주망원경 • 149   태양-지구 L_2 라그랑주 점에 설치된 우주망원경 • 153

8 우주정거장의 역사

우주정거장이 필요한 이유 • 162   첫 우주정거장을 설치한 소련 • 164   우주정거장은 어떻게 폐기하나? • 167   살류트 1~5호와 6, 7호의 차이 • 170   미국의 첫 우주정거장 스카이랩 • 171   소련 동맹국 우주인과 함께한 인테르코스모스 계획 • 174   첫 모듈형 우주정거장 미르 • 176   국제 협업으로 만든 국제우주정거장 • 179   중국의 우주정거장 • 182   달 주위를 도는 우주정거장 루너 게이트웨이 • 184

9   우주선과 로켓 재사용의 역사

스페이스엑스의 독주를 가능하게 한 우주선 재사용·188   새턴 로켓을 이용한 우주선 발사 비용·189   본격적으로 로켓과 우주선을 재사용하기 시작한 우주왕복선·191   우주왕복선의 발사 비용 문제와 두 번의 큰 사고·198   소련의 우주왕복선 부란·202   스페이스엑스의 로켓 재사용·203   발사체와 우주선 전체를 모두 재사용하는 스타십·207   무인 우주왕복선 보잉 X-37·211

10   목성 궤도선과 토성 궤도선: 다중 중력도움의 결정판

궤도선이나 착륙선을 이용하는 행성 탐사·216   목성 궤도선이 어려운 이유·218   다중 중력도움으로 목성에 간 첫 목성 궤도선 갈릴레오호·220   갈릴레오호의 궤도선 역추진과 목성의 위성을 이용한 중력도움·224   태양광 패널 대신 사용한 '방사성 동위원소 열전기 발전기'·225   목성을 향해 날아간 태양 탐사선 율리시스호·228   태양광 패널을 장착한 목성 궤도선 주노호, 주스호, 유로파클리퍼호·230   토성 궤도선 카시니-하위헌스호·233

11   수성 궤도선과 태양 탐사선

지구에서 가장 가까운 행성은?·242   탐사선이 수성에 곧바로 가려면·244   수성 궤도선이 되기 위해 감속해야 하는 속도·246   최초의 수성 궤도선 메신저호·252   이온 추진체를 사용하는 수성 궤도선 베피콜롬보호·256   수성보다 태양에 더 가까이 가는 태양 탐사선 파커호·260

12 삼체문제와 탄도포획

이체문제와 삼체문제의 차이 • 266　라그랑주 점 근처에서의 움직임은 삼체문제 • 268　지구-달 라그랑주 점 주위를 도는 우주선 • 270　혜성의 궤도 변화와 중력도움 • 272　역추진 없이도 중력에 갇히는 탄도포획 • 276　탄도포획을 이용한 달 탐사선 • 279　탄도포획을 이용해 이온 추진체만으로 달 궤도선이 된 사례 • 282

13 혜성, 소행성, 왜행성 탐사

행성과 소행성은 무엇이 다를까? • 288　긴 꼬리를 지닌 혜성과 혜성 탐사선 • 291　혜성 충돌 시험을 한 딥임팩트호와 혜성 주위를 공전한 로제타호 • 295　감자처럼 생긴 소행성을 탐사한 탐사선들 • 299　소행성 물질을 채집해 지구로 보낸 탐사선 • 301　소행성 충돌 실험 DART • 306　왜행성을 탐사한 돈호와 뉴호라이즌스호 • 308

14 스타십을 이용한 유인 달 탐사와 화성 탐사

완전 재사용이 목표인 스타십 • 314　로켓 역사상 가장 강력한 스타십 • 316　스타십 1회 발사에 필요한 추진제 비용은 얼마일까? • 318　달 착륙선으로 사용하는 스타십 우주선 • 321　스타십 HLS의 달 탐사 과정 • 324　스타십 HLS는 얼마나 많은 연료를 충전해야 할까? • 329　스타십으로 화성에 가려면 • 330　화성에서 지구로의 귀환 • 335

에필로그 • 339　　주 • 342　　그림 출처 • 360

초기 우주과학에서
나치 독일의
V-2 로켓까지

인공위성이 지구 주위를 도는 원리를 설명하는 뉴턴의 대포

치올콥스키의 로켓 방정식과 고더드의 액체연료 로켓

최초로 우주에 도달한 인공물체는 나치 독일의 V-2 로켓

우주과학의 시작

지구 주위를 도는 물체를 쏜다는 생각을 했던 때는 17세기까지 거슬러 올라간다. 운동법칙과 중력법칙을 확립해 고전물리학의 기틀을 세운 아이작 뉴턴Isaac Newton은 달이 지구 주위를 도는 것도 지구의 중력이 달을 끌어당기기 때문이라는 것을 증명했다. 이를 좀 더 직관적으로 설명하기 위해 뉴턴은 '뉴턴의 대포'라는 사고실험을 제시했다. '아주 높은 산에 올라가 수평으로 대포를 쏘면 대포알이 어떻게 날아가는가'에 대한 내용이었다.

대포로 쏜 대포알은 포물선과 비슷한 모양의 궤적으로 날아가 땅에 떨어진다. 대포알의 속도가 빠르지 않으면 대포알이 멀리 날아가지 않고 땅에 떨어진다. 짧은 거리에서는 지표면이 거의 평평하고, 대포알이 날아가는 거리는 대포알을 쏘는 속도의 제곱에 비례해 늘어난다. 하지만 대포알 속도가 빨라서 수십 킬로미터 이상 날아가면 이야기는 달라진다. 둥근 지구의 영향이 나타나기 때문이다.

지구가 매끈하게 둥글다고 가정하면, 지표면은 11.3킬로미터마다 수직으로 10미터 휘고, 113킬로미터마다 수직으로 1킬로미터가 휜다. 수직으로 휜 만큼 대포알은 더 오랫동안 떨어지고, 더 오랫동안 떨어지는 대포알은 수평으로도 날아가기 때문에 더 멀리 날아간다. 공기저항이 없다고 가정하고 초속 7.9킬로미터의 매우 빠른 속도로 대포알을 쏘면, 대포알은 1초에 수평으로 7.9킬로미터를 날아가고 수직으로는 4.9미터씩 떨어진다. 둥근 지구는 7.9킬로미터마다 4.9미터씩 휘기 때문에, 대포알이 떨어지는 거리와 대포알 밑의 둥근 지구가 휘는 정도가 같아진다. 이런 상황에서는 대포알이 지표면과 같은 높이를 유지하면서 땅에 닿지 않고 계속 지구 주위를 돈다. 대포알이 떨어지면서 지구 주위를 도는 것이다.

뉴턴은 대포로 쏜 대포알이 지구 주위를 돈다는 표현을 했지만, 지금의 개념으로 이 대포알은 인공위성이다. 지구 대기권을 뚫는 가상의 높은 산에서 대포를 쏜다거나 지구에 대기가 없어서 공기저항도 없다는 비현실적인 설정이 필요하다. 대포알의 움직임에 영향을 끼치는 지구의 자전도 따지지 않아야 한다.

대포알을 쏜 속도가 초속 7.9킬로미터보다 빠르면, 발사 직후 대포알은 1초에 7.9킬로미터보다 먼 거리를 날아가고 수직으로는 4.9미터 떨어진다. 7.9킬로미터보다 먼 거리에서 지표면이 수직

그림 1-1 뉴턴의 대포. 지구가 둥글기 때문에, 대포알을 더 빠르게 쏠수록 대포알은 더 많이 떨어지면서 추가로 더 멀리 날아간다. 특정 속도 이상으로 빠르게 대포알을 쏘면 대포알이 떨어지는 만큼 둥근 지구도 휘면서 대포알이 지표면에 닿지 않고 지구를 한 바퀴 돌고 제자리로 되돌아온다.

으로 휜 정도는 4.9미터보다 크기 때문에, 지표면과 대포알 사이의 거리가 더 늘어난다. 멀리 날아갈수록 대포알의 높이가 점점 커지고, 날아가는 방향도 좀 더 위를 향한다. 이렇게 커지는 대포알의 높이는 지구 반대편에 도달했을 때 최대가 되고, 대포알이 날아가는 속도는 최소가 된다. 날아가는 방향도 다시 수평으로 돌아온다. 이때부터 대포알이 수직으로 떨어지는 거리는 아래의 지표면이 휘는 거리보다 커진다. 대포알은 지표면에 조금씩 더 가까워지기 시작하고, 날아가는 방향도 좀 더 아래를 향한다. 이런 대포알이 지구를 한 바퀴 돌면, 대포알은 원래 대포를 쏜 위치에 도달한다. 타원모양의 궤도를 도는 것이다. 대포알의 속도가 빠를수록 대포알이 지구 반대편 지표면에서 멀어지는 거리는 커진다.

대포를 쏜 속도가 충분히 빠르면 대포알이 다다를 수 있는 최대 높이가 달이 위치한 높이 이상으로 멀어질 수 있다. 그러면 달에 도달할 수 있는 대포알이 되는 것이다. 프랑스의 작가 쥘 베른Jules Verne의 1865년의 소설 『지구에서 달까지De la terre à la lune』에 기반한 1902년의 프랑스 영화 〈달나라 여행Le Voyage dans la Lune〉에는 커다란 대포로 쏴 달까지 날아가는 우주선 이야기가 나온다. 뉴턴의 대포와 같은 방식이다. 지금의 우주선 발사 시스템과 비교하면 터무니없어 보이는 발사 방식이지만, 발사속도가 매우 빠르면 지구 주위를 도는 것을 넘어 달에도 갈 수 있는 우주선이 될 수 있다는 것을 시각적으로 잘 표현했다.

한편, 대포알을 쏘는 것에는 로켓 추진의 원리가 적용된다. 대포알 내부를 채운 화약을 점화하면 폭발한 화약은 대포알의 뚫린 부분을 통해 빠른 속도로 내뿜어져 나온다. 폭발한 화약을 내뿜는 힘의 반작용으로 인해 대포알은 화약이 내뿜어지는 방향과 반대로

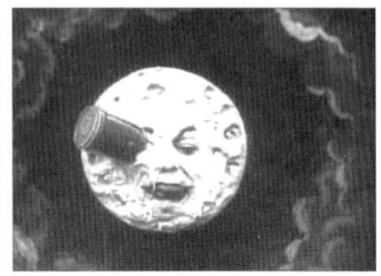

그림 1-2   최초의 SF 영화로 알려진 1902년의 프랑스 영화 〈달나라 여행〉에서 우주선을 대포로 쏘는 장면. 왼쪽 위: 프랑스어 영화 제목. 오른쪽 위: 사람이 탄 우주선을 대포에 장전하는 장면. 왼쪽 아래: 대포로 우주선을 쏘는 장면. 오른쪽 아래: 우주선이 달 표면에 박힌 장면.

가속되어 날아간다. 화약이 고체상태인 것을 감안하면 대포알은 일종의 고체연료 로켓인 셈이다. 조선시대 세종 때 만들어진 신기전이라는, 화약으로 날아가는 화살도 이 기준에서는 고체연료 로켓이다. 화약은 종이, 나침반, 인쇄술과 함께 중국의 4대 발명품 중 하나로, 9세기 당나라에서 처음 만들어진 것으로 알려졌다. 로켓의 역사는 화약을 발명한 9세기까지 거슬러 올라가는 셈이다.

현대 우주과학의 태동

현대 우주과학의 이론적 기반은 19세기 말과 20세기 초에 걸쳐 본격적으로 다져졌다. 1857년에 태어난 러시아의 콘스탄틴 치올콥스키Константин Эдуардович Циолковский는 우주여행과 로켓에 관한 개념과 이론을 제시했고, 이후 로켓과학의 발전에 중요한 영향을 끼쳤다. 1897년에 확립한 치올콥스키 로켓 방정식은 최근에도 로켓과 관련된 계산을 하는 데 자주 사용한다. 치올콥스키는 다단계 로켓과 우주 엘리베이터의 개념도 제안했던, 시대를 앞서가는 로켓 과학자였다. 청력에 문제가 있었던 치올콥스키는 집에서 교육을 받고, 모스크바 도서관에서 3년을 보낸 후, 교사 시험에 합격해 학교 교사로 일한 독특한 이력을 가지고 있다.[1]

1882년에 태어난 미국의 로버트 고더드Robert Hutchings Goddard는 최초로 액체연료 로켓을 개발했다. 1926년 3월 16일 최초의 액체연료 로켓 시험비행에서 로켓은 2.5초 동안 날아서 최고 높이 12.5미터까지 올라갔고 56미터 거리를 날아갔다.[2] 그가 만든 로켓 옆에 서서 찍은 사진은 로켓의 역사와 관련된 콘텐츠에 자주 등장한다. 1932년에는 자이로스코프를 이용한 유도장치를 개발해 이를 장착한 로켓의 시험비행을 수행했다. 1935년 시험비행에서는 자이로스코프 유도장치의 도움으로 수직 방향으로 상승해 1.46킬로미터 높이까지 올라간 후 수평으로 방향을 바꿔 거의 4킬로미터를 날아갔다. 최고 속도는 시속 885킬로미터(초속 246미터)에 이르렀다.[2]

그림 1-3   콘스탄틴 치올콥스키과 로버트 고더드의 사진. 왼쪽: 치올콥스키 사진 위에 쓰인 수식은 '치올콥스키 로켓 방정식'으로 최근에도 로켓과 관련된 계산을 하는 데 여전히 쓰이고 있는 중요한 방정식이다. 오른쪽: 고더드가 최초의 액체연료 로켓과 함께 찍은 사진이다.

V-2 로켓의 등장

제2차 세계대전이 막바지에 이른 1944년 9월 6일에 독일은 프랑스 파리를 향해 탄도미사일을 발사했다. 독일이 프랑스 파리에서 패퇴하고 불과 11일 후였다. 이틀 후에는 영국의 런던에 미사일 폭격을 가했다. 이전에는 볼 수 없었던 무기의 전격적인 등장이었다. 전쟁이 끝날 때까지 총 1,100여 번의 미사일 폭격이 있었고 이

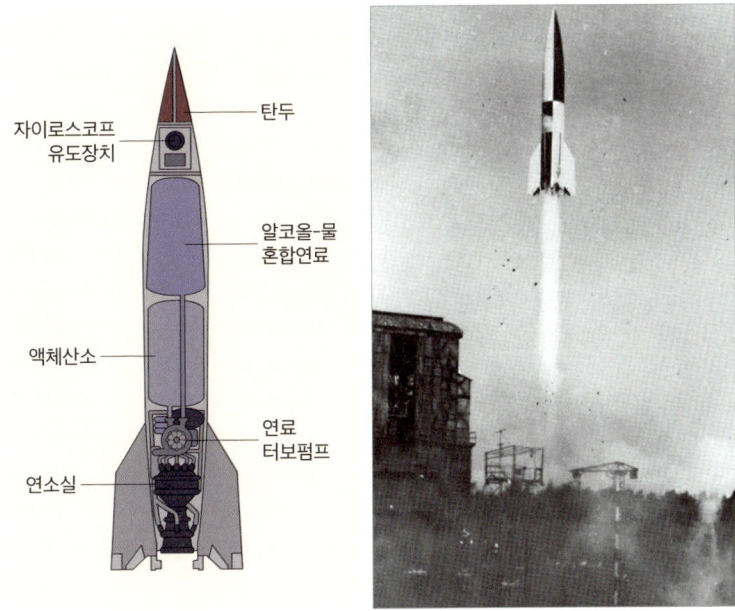

그림 1-4 V-2 로켓의 내부 구조(왼쪽)와 1942년 10월 3일에 독일이 시행한 V-2 로켓 시험 발사 장면(오른쪽).

로 인해 약 9,000명의 민간인과 군인이 사망했다. 보복무기라는 의미의 독일어 단어 Vergeltungswaffe 앞머리를 따서 V-2라고 불린 이 탄도미사일은 나치 독일의 지원을 받아 베르너 폰 브라운 Wernher von Braun이 이끄는 독일의 로켓 과학자들이 개발했다. 알코올과 물을 섞은 연료와 액체산소를 산화제로 이용하는 액체연료 로켓으로 추진했다.

1톤의 탄두를 싣고 최대 300킬로미터 거리까지 날아갈 수 있었

그림 1-5 1946년 10월 24일에 미국이 발사한 V-2 로켓에서 찍은 지구 사진. 최고 105 킬로미터 고도까지 올라가면서 1초마다 지구 사진을 찍었다. 최초로 우주에서 찍은 지구 사진이다.

던 V-2 로켓은 현대의 미사일 분류 기준으로는 단거리 탄도미사일에 해당한다. 전쟁 중에 발사한 V-2 로켓이 도달한 최고 높이는 174.6킬로미터였다.[3] 우주가 시작되는 높이를 100킬로미터로 보고 있으므로, V-2 로켓은 우주에 올라갔다가 다시 내려오는 무인 탄도 우주비행을 한 로켓이었다. 사람이 만든 물체를 우주에 올린 최초의 나라는 독일이었던 셈이다.

제2차 세계대전이 끝난 후 독일의 V-2 로켓 개발 인력과 시설은 미국과 소련으로 옮겨 가 1950년대부터 시작된 미국과 소련 사이의 우주경쟁의 기술적 토대가 되었다. 그중 V-2 로켓 개발을 주도한 폰 브라운은 제2차 세계대전 이후 미국에서 로켓 개발을 이어갔다. 그는 미국 항공우주국NASA 마셜우주비행센터Marshall Space Flight Center의 책임자 위치까지 올라 1972년 은퇴할 때까지 미국의 우주개발을 이끌었다.

탄도미사일을 이용한 동물의 우주비행

제2차 세계대전의 승전의 결과로 V-2 로켓과 관련 기술을 전리품으로 챙긴 미국과 소련은 로켓 개발을 이어가면서 동물을 우주로 보내는 시험도 수행했다. 앨버트 2Albert II로 불렸던 원숭이는 1949년 6월 14일에 미국에서 발사된 V-2 로켓을 타고 134킬로미터 상공의 우주에 올라갔다. 최초로 우주에 도달한 포유류 동물이었다. 하지만 귀환할 때 낙하산이 제대로 펴지지 않아서 살아서 돌아오지 못했다.[4] 포유류가 아닌 동물까지 확장하면, 우주에 도달한 최초의 동물은 초파리로, 1947년 2월 20일에 미국에서 발사된 V-2 로켓에 실려 109킬로미터 고도까지 올라간 기록이 있다.[4]

우주에 도달한 후 살아서 돌아온 최초의 포유류는 개였다. 1951년 7월 22일, V-2 로켓에 기반한 소련의 R-1 로켓은 데직Дезик과 최간Цыган이란 이름의 두 마리의 개를 싣고 발사되어 101킬로미터 상공의 우주에 도달한 후 지상에 무사히 귀환했다.[5] 이 로켓의 최대 속도는 초속 4.2킬로미터에 이르렀고, 로켓 추진을 멈춘 후 탄도비행을 하는 약 4분 동안 무중력상태였다. 2021년부터 본격적으로 시작한 블루오리진Blue Origin의 우주여행 상품도 이와 비슷한 높이까지 올라가 비슷한 시간 동안 무중력을 체험하는 우주여행 상품이다. 미국도 몇 차례 동물을 실은 로켓이 우주에 도달했지만 탑승 동물을 무사히 귀환시키는 데 실패하다가, 소련보다 많이 늦은 1959년 5월 28일에 두 마리의 원숭이를 실은 중거리 탄도 미사일인 주피터 AM-18이 우주에 올라간 후 지상에 무사히 귀환하는 데 성공했다.

우주탐사의
역사

THE BRIEF HISTORY OF
SPACE EXPLORATION

미국과 소련의 초기 우주 경쟁

첫 인공위성인 소련의 스푸트니크 1호가 서방세계에 안긴 충격

지구 중력을 벗어나는 우주선과 달 충돌 우주선 경쟁

유인 우주비행에서도 미국을 앞선 소련

인공위성 경쟁

본격적인 우주탐사의 첫 신호탄은 1957년 10월 4일에 발사된 소련의 스푸트니크 1호Спутник-1였다. 단순히 우주가 시작되는 높이에 도달하는 것을 넘어, 그 이상의 높이에 올라가서 지구 주위를 돈 첫 인공위성이었다. 스푸트니크 1호의 질량은 83.6킬로그램으로, 지금의 기준으로는 비교적 작은 크기의 인공위성이었다. 스푸트니크 1호가 지구 주위를 도는 궤도에서 지구에 가장 가까운 위치인 근지점perigee은 215킬로미터 상공이었고, 가장 먼 위치인 원지점apogee은 939킬로미터 상공이었다.[1] 30일 후인 11월 3일에 발사된 두 번째 인공위성 스푸트니크 2호는 질량이 508.3킬로그램이었고 라이카Лайка라는 이름의 살아 있는 개를 싣고 올라갔다. 라이카는 지구로 귀환할 계획이 없이 우주에 보내졌고, 궤도를 돌던 중에 과열로 인해 죽은 것으로 알려졌다. 스푸트니크 2호는 212킬

로미터 상공의 근지점과 1,660킬로미터 상공의 원지점을 지나는 궤도를 돌았다.[2]

스푸트니크 1호와 2호의 성공은 소련이 미국 본토에 도달하는 대륙간 탄도미사일intercontinental ballistic missile, ICBM을 발사할 수 있는 기술을 획득했음을 의미했다. 미국 안보에 대한 위협이었을 뿐만 아니라 미국과 소련 사이의 과학기술 격차를 드러냈다. 서방세계에는 큰 충격이었고, 이른바 '스푸트니크 위기Sputnik crisis'를 불러온 사건이었다. 이를 계기로 미국은 인공위성 발사에 더욱 박차를 가했고 과학, 교육, 국방에서의 변화가 시작됐다. 미국과 소련 사이에 냉전cold war이 본격적으로 시작된 것도 이때부터이다. 스푸트니크 1호 발사 10개월 후인 1958년 7월 29일에는 미국 항공우주국이 설립됐다.

미국은 소련이 스푸트니크 1호를 발사한 지 2개월 후, 스푸트니크 2호를 발사한 지 1개월 후인 1957년 12월 6일에 1.5킬로그램에 불과한 뱅가드Vanguard 1A 위성을 실은 로켓 발사를 시도했지만, 1미터를 올라간 후 폭발하면서 실패했다. 이로부터 약 2개월 후인 1958년 2월 1일에 익스플로러 1호Explorer 1를 발사해 인공위성 궤도에 올리는 데 성공했다.[3] 소련의 스푸트니크 1호보다 4개월 늦은 미국의 첫 인공위성이었다. 궤도에 오른 익스플로러 1호의 질량은 14킬로그램으로, 먼저 인공위성 궤도에 오른 스푸트니크 1호와 2호 질량의 6분의 1, 36분의 1에 불과했다. 2월 5일과 3월 5일에 뱅가드Vanguard 1B 위성과 익스플로러 2호Explorer 2를 발사했

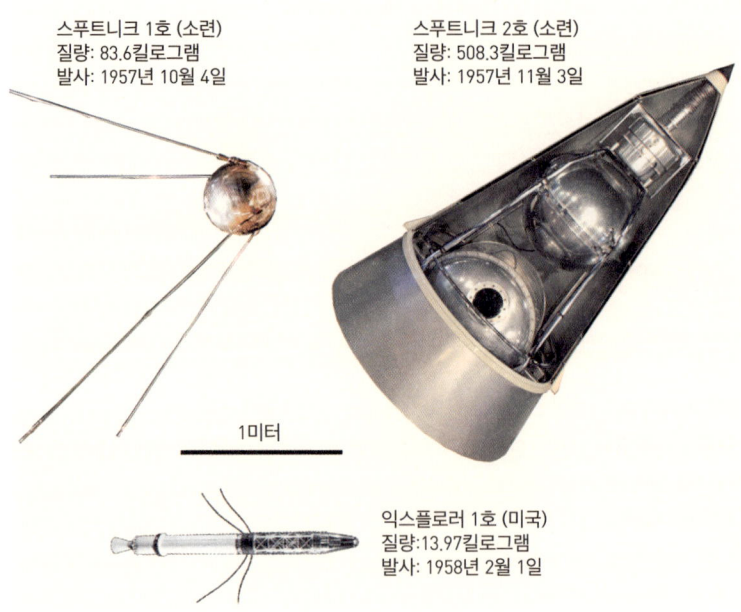

그림 2-1 세계 최초의 인공위성 소련의 스푸트니크 1호(왼쪽 위), 두 번째 인공위성 스푸트니크 2호(오른쪽 위), 그리고 미국의 첫 인공위성 익스플로러 1호(아래). 복제품 사진의 크기를 실제 발사된 인공위성의 크기 비율에 맞춰 재조정했다. 스푸트니크 2호 사진에서는 내부 구조를 볼 수 있다.

지만 인공위성 궤도에 오르는 데 실패했고, 3월 17일과 3월 26일에 발사된 뱅가드 1호Vanguard 1C와 익스플로러 3호는 성공적으로 인공위성 궤도에 올랐다. 불과 4개월 20일의 짧은 기간 동안 미국은 인공위성 발사를 6회 시도했고, 그중 3회를 성공했다.

대한민국이 독자 기술로 개발한 누리호의 경우 1차와 2차 발사

표 2-1 발사에 성공한 소련과 미국의 초기 인공위성

인공위성	국가	발사일	인공위성 질량	기타
스푸트니크 1호	소련	1957년 10월 4일	83.6킬로그램	
스푸트니크 2호	소련	1957년 11월 3일	508.3킬로그램	개 한 마리 탑승
익스플로러 1호	미국	1958년 2월 1일	13.97킬로그램	
뱅가드 1호	미국	1958년 3월 17일	1.46킬로그램	
익스플로러 3호	미국	1958년 3월 26일	14.1킬로그램	

사이의 시차는 8개월이고 2차와 3차 발사 사이의 시차는 11개월인 것을 감안하면, 당시 1개월 또는 그보다 짧은 시차로 인공위성을 계속 발사했던 미국과 소련 간의 인공위성 발사 경쟁이 얼마나 치열했는지를 알 수 있다.

독일의 V-2 로켓에서 스푸트니크 1호 전까지의 우주비행은 우주가 시작된다고 보는 100킬로미터를 넘는 높이에 도달했다가 바로 지상으로 돌아오는 탄도 우주비행 방식이었다. 2021년부터 블루오리진이 제공하는 우주여행 상품의 비행 방식과 비슷하다. 참고로 블루오리진이 우주여행 비행 중에 도달하는 최대 속도는 초속 1킬로미터 정도이다.[4] 스푸트니크 1호 이후의 인공위성은 발사에서 궤도에 오르기 전까지만 로켓 추진을 하고, 그 이후부터는 로켓 추진 없이 관성만으로 지구 주위를 계속 도는 궤도 우주비행을

한다. 인공위성 궤도에 오르려면 초속 8킬로미터에 육박하는 빠른 속도를 내야 하기 때문에, 탄도 우주비행보다 훨씬 더 강력한 로켓이 필요하다.

인공위성 속도와 지구 중력 탈출속도

로켓의 성능을 나타내는 수치의 하나로 속도증분delta-v이라는 수치가 있다. 중력과 공기저항이 없다는 가정하에 로켓이 높이거나 줄일 수 있는 속도이다. 로켓 전체의 질량과 연료의 질량, 그리고 로켓이 연료를 내뿜는 속도를 치올콥스키의 로켓 방정식에 넣어 계산할 수 있는 수치이다. 지상에서 발사하는 경우 중력과 공기저항이 속도 증가를 방해하기 때문에, 인공위성을 궤도에 올리기 위해 필요한 로켓의 속도증분은 인공위성의 최종 속도보다 더 크다. 250킬로미터 상공의 저궤도에서 인공위성의 속도는 초속 7.76킬로미터이지만, 발사에서부터 이 궤도에 오르는 데 필요한 속도증분은 초속 9.3킬로미터 이상이다.[5] 인공위성의 최종 질량이 클수록 연료를 더 많이 실어야 하고 로켓의 성능도 더 강력해야 한다.

지구 중력을 거슬러 올라간 인공위성도 지구 중력에 갇혀 지구 주위를 돌 뿐 지구 중력에서 완전히 벗어나지 못한다. 지구 중력을 완전히 벗어나려면 속도를 더 높여야 한다. 일정한 고도를 유지하는 원 모양의 지구 저궤도를 도는 경우, 궤도를 도는 속도보다 $\sqrt{2} \simeq 1.414$배 이상 더 큰 속도를 내야 지구 중력을 벗어날 수 있다.

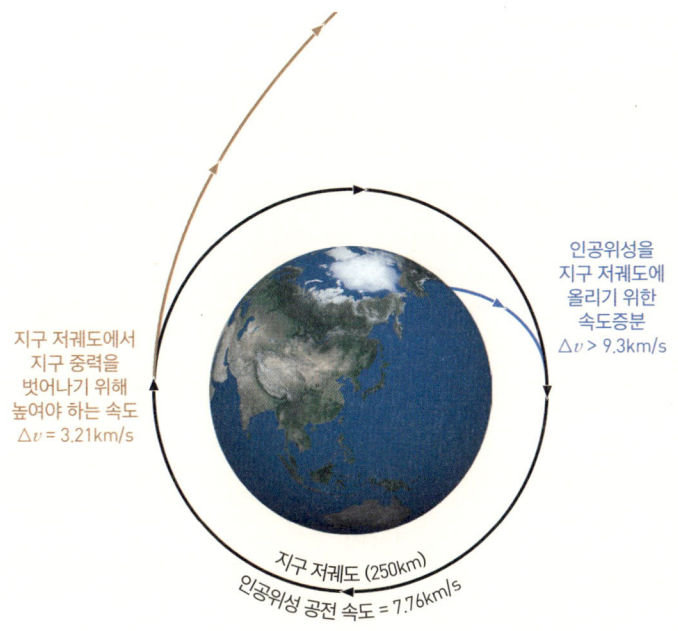

그림 2-2   250킬로미터 상공의 지구 저궤도에 인공위성을 올리려면 초속 9.3킬로미터 이상의 속도증분이 필요하다. 이후 지구 중력을 벗어나려면 추가로 높여야 하는 속도는 초속 3.21킬로미터이다. 시각적으로 잘 보이도록 그림 속의 공전궤도는 실제의 높이보다 더 과장되게 그렸다.

'지구 중력 탈출속도'라고 부르는 속도이다. 250킬로미터 고도의 우주에서 지구 중력을 벗어나려면 초속 10.97킬로미터 이상의 속도를 내야 한다. 이 고도에서 지구 주위를 도는 우주선의 공전 속도가 초속 7.76킬로미터이므로, 추가로 초속 3.21킬로미터 이상의 속도를 더 내야 지구 중력 탈출속도에 도달해 지구 중력을 완전히 벗어날 수 있다.

중력이 도달하는 거리는 무한대이기 때문에, 엄밀하게 따지면 지구 중력을 완전히 벗어나려면 무한대로 멀리 떨어져야 한다. 우리가 지구 중력을 벗어난다고 말하는 것은, 이론적으로 지구 중력을 벗어나는 속도로 높여서 지구에서 충분히 먼 위치에 도달하는 것을 의미한다. 그러면 지구의 중력에 비해 태양의 중력이 훨씬 커지는 위치에 도달하면서, 사실상 지구 중력을 벗어난 위치가 된다.

미국과 소련의 지구 중력 벗어나기 경쟁

지구 중력을 처음으로 벗어난 우주선도 소련의 차지였다. 달에 충돌할 목적으로 1959년 1월 2일에 발사한 루나 1호Луна-1는 발사할 때의 오류로 인해 달에 충돌하지 못하고 달에서 5,995킬로미터 떨어진 곳을 지나갔다.[6] 달에 충돌한다는 원래의 목적을 달성하지는 못했지만, 대신 지구 중력을 벗어나 태양 주위를 도는 최초의 인공행성이 되었다. 달에 충돌한 첫 우주선은 같은 해 9월 12일에 발사된 소련의 루나 2호였다.[7] 21일 후인 10월 3일에 발사된 루나 3호는 달 중력을 이용해 달 뒷면을 돌아 지구에 다시 돌아오는 방법으로, 지구와 가깝게는 500킬로미터 멀게는 50만 킬로미터 떨어진 긴 타원 궤도를 돌았다.[8]

미국도 소련이 루나 1호를 발사한 지 2개월 후인 1959년 3월 3일에 파이어니어 4호Pioneer 4를 발사해 달에서 약 6만 킬로미터

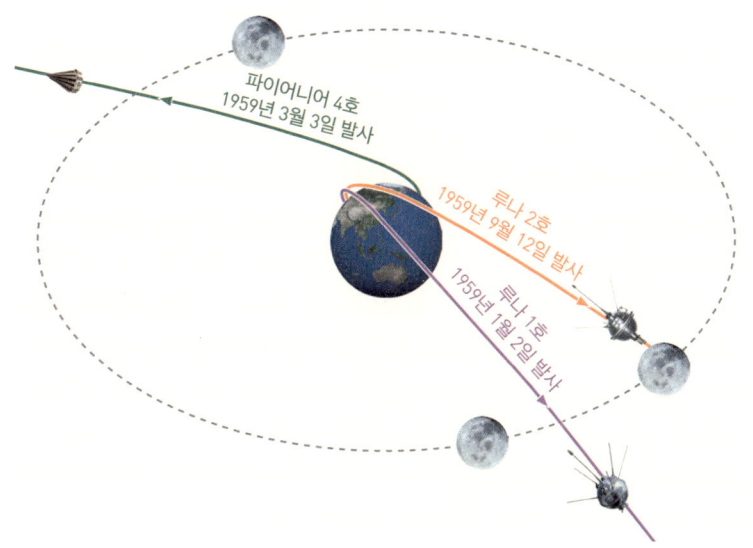

그림 2-3 지구 중력을 처음 벗어난 소련의 루나 1호(보라색), 두 번째로 벗어난 미국의 파이어니어 4호(초록색), 그리고 달에 처음으로 충돌한 루나 2호(주황색).

떨어진 곳을 지나 지구 중력을 벗어났다.[9] 주목할 점은 우주선의 질량이다. 루나 1호의 질량은 361킬로그램이었던 반면, 파이어니어 4호의 질량은 6.1킬로그램으로 루나 1호의 60분의 1에 불과했다. 우주선의 최종 질량이 클수록 발사체도 더 강력해야 함을 감안하면, 당시 지구 중력을 벗어나는 우주 경쟁에서도 소련이 미국보다 확실한 우위에 있었음을 알 수 있다.

동물을 태우고 우주비행을 하는 경험도 쌓였다. 1960년 8월 19일에 발사된 스푸트니크 5호는 벨카Белка와 스트렐카Стрелка라는 이름의 두 마리의 개를 싣고 27시간 동안 지구 주위를 17바퀴 돌고 지구에 귀환했다.[10] 동물이 궤도 우주비행을 한 후 무사히 귀환한 최초의 사례이다. 궤도 우주비행을 마친 귀환 모듈은 대기권에 진입해 초속 8킬로미터에 육박하는 속도를 대기의 공기저항으로 줄인다. 이 과정에서 귀환 모듈의 운동에너지가 열에너지로 바뀌고, 이 열에너지는 귀환 모듈을 섭씨 1,500도에 이르는 매우 높은 온도로 가열한다.[11] 탑승한 동물들이 귀환했다는 것은 귀환 모듈이 높은 온도를 잘 견디고 지상에 무사히 착륙하는 기술을 획득했다는 것을 의미한다. 유인 우주비행에서 탑승한 우주인이 무사히 귀환하기 위해 반드시 필요한 기술이다.

유인 우주비행 경쟁

최초로 유인 우주비행에 성공한 우주선은 소련의 보스토크 1호 Восток-1였다. 첫 유인 우주비행 우주인 후보는 유리 가가린Юрий Алексеевич Гагарин과 게르만 티토프Герман Степанович Титов였다. 그중 보스토크 1호 우주인으로는 가가린이 선정됐고, 티토프는 두 번째 유인 우주비행을 한 보스토크 2호의 우주인으로 선정됐다. 가가린을 태우고 1961년 4월 12일에 발사된 보스토크 1호는 181~327킬로미터 상공을 초속 7.6~7.8킬로미터의 속도로 지구를 한 바퀴 돈 후 지상으로 귀환했다.[12] 대기권에 진입한 후 대기의 공기저항으로 속도를 줄이는 동안 보스토크 1호 안에는 지표면 중력의 8배에 이르는 인공중력이 만들어진 것으로 알려졌다. 낙하하는 귀환 모듈이 7킬로미터 상공에 이르렀을 때, 귀환 모듈의 출구가 열렸고 탑승하고 있던 가가린은 귀환 모듈 밖으로 내보내졌다. 가가린은 귀환 모듈에서 나온 지 2초 만에 펴진 낙하산을 타고 10분 후에 지상에 착륙했다. 발사로부터 우주인이 귀환 모듈에서 나올 때까지 걸린 시간은 1시간 48분이었다.

미국의 첫 유인 우주비행 우주선은 머큐리-레드스톤 3호Mercury-Redstone 3이다.[13] 앨런 셰퍼드Alan Shepard를 태운 머큐리-레드스톤 3호는 보스토크 1호보다 23일 늦은 1961년 5월 5일에 발사됐다. 187.5킬로미터 높이까지 올라간 후 하강해 낙하산으로 속도를 줄인 후 해상에 착수했다. 발사에서 착륙까지 총 15분 22초가 걸렸다. 우주로 보는 높이 이상으로 올라간 후에 바로 내려오는 상대적으로 낮은 수준의 탄도 우주비행(또는 준궤도 우주비행sub-orbital spaceflight)이었다. 머큐리-레드스톤 3호의 최고 속도는 초속 2.3킬로미터로, 보스토크 1호가 궤도를 돌던 속도와 비교하면 3분의 1에도 미치지 못했다. 같은 해 7월 21일에 발사된 미국의 두 번째 유인 우주선 머큐리-레드스톤 4호의 비행도 탄도 우주비행이었다.[14]

한편, 1961년 8월 6일에 발사된 보스토크 2호는 우주인 티토프를 태우고 25시간 동안 지구 주위를 17회 돈 후에 지상으로 귀환했다. 미국은 최초 두 번의 유인 우주비행이 모두 탄도 우주비행이었던 반면, 소련은 최초 두 번의 유인 우주비행 모두 더 높은 수준

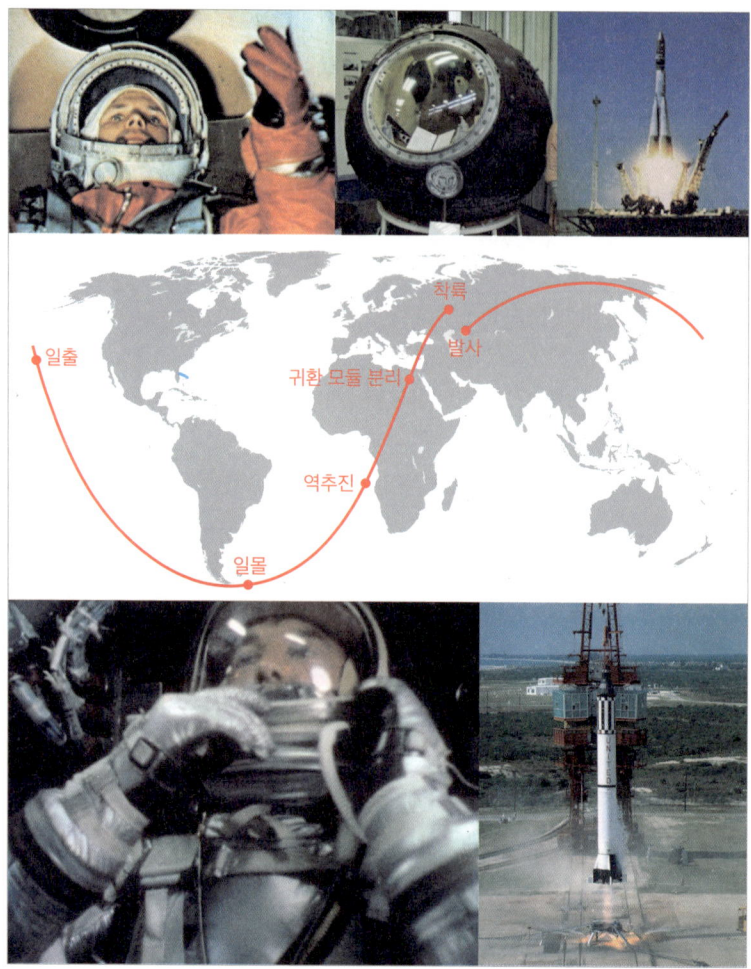

그림 2-4 위: 인류 최초의 우주인 유리 가가린(왼쪽), 가가린이 타고 돌아온 귀환 모듈(가운데)과 보스토크 1호 발사 장면(오른쪽). 가운데: 최초의 유인 우주비행을 한 소련의 보스토크 1호의 비행 궤적(빨간색 곡선)과 미국의 첫 유인 우주비행을 한 머큐리-레드스톤 3호의 비행 궤적(미국 플로리다 동쪽의 조그만 파란색 곡선). 아래: 미국 최초의 우주인 앨런 셰퍼드(왼쪽)와 머큐리-레드스톤 3호 발사 장면(오른쪽).

표 2-2 소련과 미국의 초기 유인 우주비행

유인 우주선	국가	발사일	비행시간	우주비행 방식
보스토크 1호	소련	1961년 4월 12일	1시간 48분	궤도 우주비행
머큐리-레드스톤 3호	미국	1961년 5월 5일	15분 22초	탄도 우주비행
머큐리-레드스톤 4호	미국	1961년 7월 21일	15분 37초	탄도 우주비행
보스토크 2호	소련	1961년 8월 6일	25시간 18분	궤도 우주비행
머큐리-애틀러스 6호	미국	1962년 2월 20일	4시간 55분	궤도 우주비행

의 우주비행인 궤도 우주비행 방식으로 수행했다. 티모프도 가가린과 마찬가지로 귀환 모듈에서 내보내진 후 낙하산을 타고 지상에 착륙했다. 미국의 첫 유인 궤도 우주비행에 성공한 우주선은 머큐리-애틀러스 6호 Mercury-Atlas 6였다.[15] 1962년 2월 20일에 우주인 존 글렌 John Herschel Glenn, Jr을 태우고 발사되어 지구를 세 바퀴 돈 후 거의 5시간 후에 해상에 착수했다. 소련의 첫 유인 우주비행인 보스토크 1호가 발사된 때보다 10개월 늦은 시점이었다. 이때까지만 해도 소련은 우주경쟁에서 미국을 수개월의 시차로 앞서고 있었다.

초기 행성 탐사와 통신위성

- 금성과 화성에 가는 우주선의 속도는 얼마나 빨라야 할까?
- 소련의 인류 첫 행성 탐사선은 통신에 실패한 절반의 성공
- 금성이나 화성에 가는 것만큼 어려운 동기위성이나 정지위성

THE BRIEF HISTORY OF ⊙ SPACE EXPLORATION

지구 밖 행성에 가려면

지구 밖 행성에 가려면 먼저 지구 중력을 벗어나야 한다. 지구 중력을 벗어날 수 있는가는 우주선의 속도에 달려 있다. 그 기준은 지구 중력 탈출속도이다. 지구에서 본 우주선의 속도가 지구 중력 탈출속도보다 커야 지구 중력을 벗어날 수 있다. 지구 중력 탈출속도보다 느리게 날아가는 우주선은 지구에서 멀어지다가도 특정 거리에 도달하면 다시 지구에 가까워진다. 이런 우주선은 지구에서 멀어졌다 가까워졌다를 반복하면서 지구 중력의 영향권에 머문다. 지구 중력을 벗어나지 못한 우주선은 다른 행성에도 다가가지 못한다.

　지구 중력 탈출속도로 날아가는 우주선은 이론적으로 지구 중력을 벗어날 수 있다. 지구 중력만 있다고 가정하면, 지구에서 충분히 멀리 떨어진 거리에서 이 우주선이 지구에서 멀어지는 속도는 0에 가깝다. 실제 상황에서는 지구의 중력뿐만 달과 태양의 중력도 영향을 끼친다. 지구에서 멀어질수록 지구 중력의 영향이 작아지고 태양 중력의 영향이 커진다. 우주선이 지구에서 충분히 멀어지면 지구 중력과 태양 중력이 비슷해지는 영역에 이르고, 그보다 더 멀어지면 태양 중력이 지구 중력보다 훨씬 더 커지는 태양 중력 영향권에 들어간다. 이렇게 지구 중력 탈출속도로 지구를 떠나 태양 중력 영향권에 도달한 우주선을 태양의 위치에서 보면, 우주선은 지구의 공전 속도와 거의 비슷한 속도로 날아간다. 이런 우주선이 태양 주위를 도는 공전궤도는 지구가 태양 주위를 도는 공전궤도와 비슷하다.

다른 행성의 공전궤도는 지구의 공전궤도와 많이 다르다. 지구와 가장 가까운 행성인 금성의 공전궤도는 지구의 공전궤도보다 28% 더 작고, 그다음으로 가까운 화성의 공전궤도는 지구의 공전궤도보다 42% 더 크다. 더 멀리 떨어진 행성의 공전궤도는 지구의 공전궤도와 비교해 더 많은 차이가 난다. 지구 중력 탈출속도로 날아가 지구 중력 영향권을 벗어난 우주선은 지구의 공전궤도와 비슷하게 날아가기 때문에 이런 행성에 다가갈 수 없다. 지구 중력 탈출속도보다 충분히 더 빠르게 날아가야 한다. 그래야 우주선이 지구의 공전궤도와 많이 벗어난 궤도로 날아가면서 다른 행성에 다가갈 수 있다.

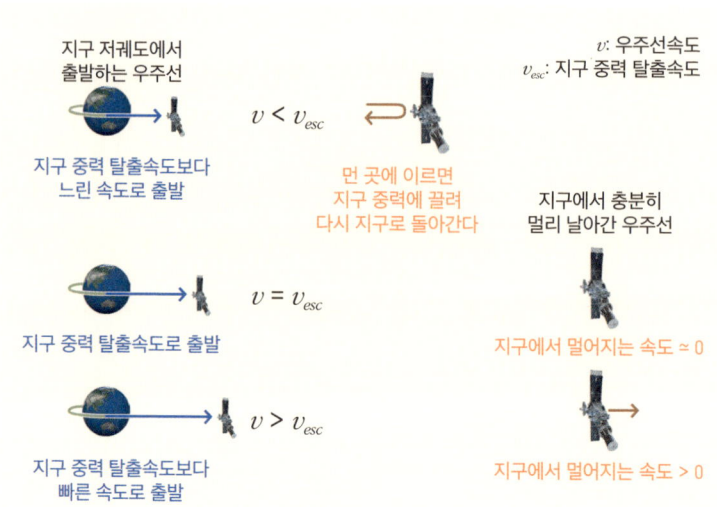

그림 3-1 지구를 떠나는 우주선의 출발 속도에 따라 달라지는 우주선의 움직임. 우주선의 속도(v)가 지구 중력 탈출속도(v_{esc})보다 느리면 멀리 날아간 우주선은 지구 중력에 끌려 지구로 다시 돌아오고, 지구 중력 탈출속도와 같거나 더 빠른 속도로 날아가는 우주선은 지구 중력을 벗어날 수 있다. 지구 중력 탈출속도보다 빠르게 날아가는 우주선은 지구에서 충분히 멀어져도 지구에서 멀어지는 속도는 0보다 크다.

우주선이 날아가는 방향이 중요한 이유

태양의 위치에서 보는 우주선의 속도는 우주선이 지구에서 어떤 방향으로 멀어지는가에 따라 다르다. 지구의 공전 속도보다 빠를 수도 있고 느릴 수도 있다. 먼저 우주선이 지구가 공전하는 방향으로 날아가는 경우를 보자. 태양의 위치에서 보는 우주선의 속도는 지구가 공전하는 속도에 우주선이 지구에서 멀어지는 속도를 더

한 속도이다. 따라서 지구가 공전하는 방향으로 지구에서 멀어지는 우주선은 지구의 공전 속도보다 빠른 속도로 지구를 앞서 날아간다. 지구 중력 탈출속도보다 빠르게 날아가는 우주선은 지구에서 충분히 멀어져도 지구의 공전 속도보다 더 빠르게 날아간다. 지구의 공전 속도보다 빠르게 날아가는 우주선은 지구에서 멀어짐에 따라 지구의 공전궤도 바깥 방향으로 벗어나면서 더 큰 공전궤도로 태양 주위를 돈다. 발사 시기와 속도를 잘 조절하면, 이런 우주선은 화성과 같이 지구의 공전궤도 바깥에서 더 큰 궤도를 공전하는 행성에 다가갈 수 있다.

우주선이 지구의 공전 방향과 반대 방향으로 멀어지는 경우를 보자. 이 우주선을 태양의 위치에서 보면, 우주선의 속도는 지구의 공전 속도에서 우주선이 멀어지는 속도를 뺀 속도이다. 우주선은 지구의 공전 속도보다 느리게 지구에서 뒤처져서 날아간다. 지구 중력 탈출속도보다 빠른 속도로 지구에서 뒤처지는 우주선은 지구에서 충분히 멀어져도 지구의 공전 속도보다 더 느리게 날아간다. 지구의 공전 속도보다 느리게 날아가는 우주선은 지구에서 멀어짐에 따라 지구의 공전궤도 안쪽으로 벗어나면서 더 작은 공전궤도를 돈다. 발사 시기와 속도를 잘 조절하면, 이런 우주선은 금성과 같이 지구의 공전궤도 안쪽에서 더 작은 궤도를 공전하는 행성에 다가갈 수 있다.

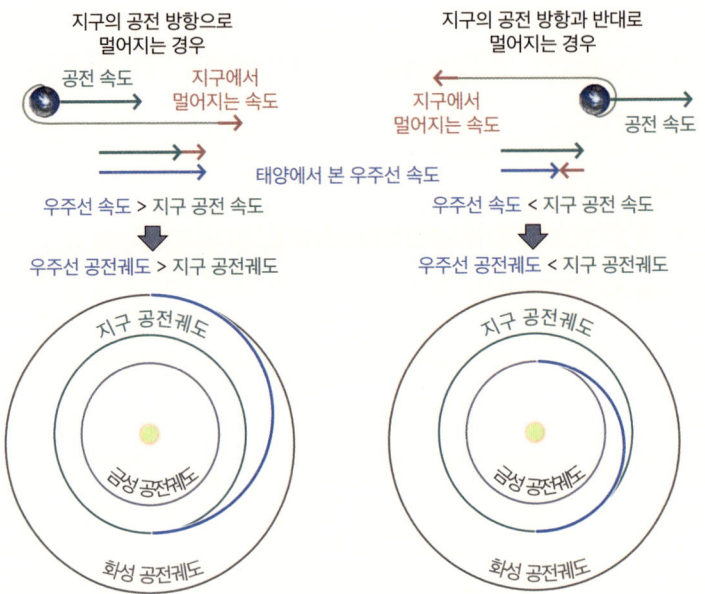

그림 3-2　지구 중력 탈출속도보다 빠르게 날아가는 우주선이 금성과 화성에 다가가는 방법. 왼쪽: 우주선이 지구와 공전하는 방향으로 지구에서 멀어지면 태양에서 본 우주선의 속도는 지구의 공전 속도보다 커지면서, 지구의 공전궤도 바깥쪽의 화성 궤도로 다가간다. 오른쪽: 우주선이 지구와 공전하는 방향과 반대로 지구에서 멀어지면 태양에서 본 우주선의 속도는 지구의 공전 속도보다 작아지면서, 지구의 공전궤도 안쪽의 금성 궤도로 다가간다.

금성 근접비행과 화성 근접비행

공전궤도 사이의 거리로 따지면 금성이 지구에서 가장 가까운 행성이다. 250킬로미터 상공의 지구 저궤도를 돌고 있는 우주선이 금성에 다가가려면 속도를 초속 3.5킬로미터 더 높여야 한다. 태양과 금성 사이의 평균 거리로 계산한 값이다. 지구 250킬로미터 상공에서의 지구 중력 탈출속도에 도달하기 위해 추가로 높여야 하는 속도보다 초속 0.3킬로미터 더 큰 속도이다. 우주선이 지구를 벗어나는 방향은 지구가 공전하는 방향과 반대여야 한다. 태양의 위치에서 보면, 지구에서 충분히 멀어진 우주선은 지구가 태양을 공전하는 속도보다 느린 초속 27.3킬로미터의 속도로 날아간다. 이 우주선은 지구에서 멀어질수록 지구의 공전궤도 안쪽으로 벗어나면서, 지구의 공전궤도보다 작은 공전궤도를 돌고 있는 금성을 향해 갈 수 있다.

화성에 다가가려면 지구 저궤도에서 속도를 초속 3.6킬로미터 더 높여야 한다. 이 속도도 태양과 화성 사이의 평균 거리로 계산한 값이다. 우주선이 지구를 벗어나는 방향은 지구가 공전하는 방향과 같은 방향이어야 한다. 태양의 위치에서 보면, 지구에서 충분히 멀어진 우주선은 지구가 태양을 공전하는 속도보다 빠른 초속 32.7킬로미터의 속도로 날아간다. 우주선은 지구에서 멀어질수록 지구의 공전궤도 바깥쪽으로 벗어나면서, 지구의 공전궤도보다 큰 공전궤도를 돌고 있는 화성을 향해 갈 수 있다.

미국과 소련은 지구에서 가장 가까운 행성인 금성에 먼저 탐사선을 보냈다. 소련은 첫 금성 탐사선 베네라 1호Венера-1를 1961년 2월 12일에 발사했다. 발사 후 96일이 지난 같은 해 5월 19일에 베네라 1호는 금성에서 10만 킬로미터 이내로 접근한 것으로 알렸다. 지구와 달 사이 거리의 3분의 1도 안 되는 거리이다. 그러나 금성을 향해 가던 중이었던 2월 22일에 탐사선과의 통신을 시도했지만 실패했다. 지구에서 320만 킬로미터 떨어진 곳을 지나가던 중이었다. 이후에도 통신이 계속 실패하면서 소련의 첫 금성 근접비행은 통신 없이 이뤄진 절반의 성공으로 남았다.[1] 미국의 첫 금성 탐사선 매리너 2호Mariner 2는 소련의 베네라 1호보다 1년 6개월이나 늦은 1962년 8월 27일에 발사됐다. 발사 110일 후인 12월 14일에 금성에서 약 3만 4,773킬로미터 떨어진 곳까지 접근했다. 근접비행을 마치고 금성에서 멀어지던 1963년 1월 3일까지도 지구와의 통신을 유지한 성공적인 탐사였다.[2]

화성에 근접비행을 한 첫 탐사선은 1962년 11월 1일에 발사된 소련의 마스 1호Mapc-1였다. 발사 후 230일이 지난 1963년 6월 19일에 19만 킬로미터까지 접근한 것으로 알려졌다. 하지만 마스 1호도 화성으로 가던 중이던 1963년 3월 21일 통신이 끊겼다.[3] 미국의 첫 화성 탐사선 매리너 4호Mariner 4는 소련의 마스 1호보다 1년 8개월이 늦은 1964년 11월 28일에 발사됐다. 발사 후 229일이 지난 1965년 7월 15일, 매리너 4호는 화성에 약 1만 킬로미터까지 접근했고, 이때 찍은 화성의 사진을 지구로 전송하는 등 성공적으로 임무를 완수했다.[4]

소련은 베네라 1호와 마스 1호 이후에도 금성·화성 근접비행과 대기 진입 비행등을 수행했지만 도중에 통신이 끊기는 문제를 겪으면서, 먼 우주탐사에 중요한 통신 기술에서의 약점을 보였다. 미국은 금성과 화성에 근접 비행하는 우주선을 소련보다 1년 6개월

그림 3-3 금성과 화성에 다가간 탐사선들. 최초로 금성에 근접 비행한 소련의 베네라 1호(왼쪽 위)와 매리너 2호(오른쪽 위), 그리고 최초로 화성에 근접 비행한 소련의 마스 1호(왼쪽 아래)와 미국의 매리너 4호(오른쪽 아래). 소련은 첫 금성 근접비행과 화성 근접비행을 통신이 두절된 상태에서 수행했다. 미국은 첫 금성 근접비행과 화성 근접비행이 소련보다 1년 6개월과 1년 8개월 더 늦었지만, 통신을 유지하면서 행성 탐사를 수행했다.

이상 늦게 보냈지만, 지구와의 통신도 유지하는 성공적인 행성 탐사를 수행했다. 미국이 행성 근접비행 우주선과의 통신을 성공적으로 수행했던 것은 이전부터 통신위성을 개발하는 등 통신 기술 개발에 적극적이었던 것과 무관하지 않다.

통신위성: 통신이 주목적인 인공위성

본격적인 우주 경쟁이 시작되기 전부터 이미 미국에서는 통신과 방송 사업이 번창하면서 관련 기술도 계속 발전하고 있었다. 통신을 주목적으로 하는 인공위성인 통신위성도 비교적 빨리 등장했다. 최초의 통신위성은 1958년 12월 18일에 발사한 미국의 스코어호Signal Communication by Orbiting RElay, SCORE이다. 지구와 가까울 때는 지상 185킬로미터 상공을 지나가고 멀 때는 1,484킬로미터 상공을 지나가는 공전궤도를 돌았다.[5] 길이가 21.9미터이고 지름이 3.05미터인 대륙간 탄도미사일 상단부를 위성으로 사용한 스코어호는 당시까지 가장 큰 인공위성이었다. 스코어호는 지상에서 송신한 전파를 수신해 녹음하고 재송신하는 통신 실험을 수행했고, 녹음 없이 전파를 실시간으로 중계하는 실험도 수행했다. 스코어호가 아이젠하워 대통령의 성탄절 메시지를 단파shortwave radio를 이용해 지구로 방송한 것은 우주에서 지구로 송출한 최초의 음성방송이었다. 미군US Army에 의해 제작되고 운영됐던 스코어호는 12일 동안 작동했고, 34일 동안 궤도에 머물렀다.

미국의 주요 기업들은 인공위성이 앞으로 관련 분야에 큰 파급력을 가져올 것이라는 사실을 알고 있었다. 미국에서 전화사업을 독점하고 있던 AT&TAmerican Telephone and Telegraph Company는 1960년 미국 연방통신위원회Federal Communications Commission, FCC에 실험용 통신위성 발사 허가 신청서를 제출했지만, 허가 여부를 결정하기 위해 필요한 정책이 없었던 미국 정부는 놀라워하는 반응을 보였

그림 3-4 1958년 12월 18일에 발사된 최초의 통신위성인 미국의 스코어호. 당시 미국 대통령이었던 아이젠하워의 성탄절 메시지를 단파로 방송했다. 우주에서 지구로 송출한 최초의 음성방송이었다.

다는 에피소드가 있다.[6] 당시 라디오와 TV 개발의 선도 기업이었던 RCA~Radio Corporation of America~는 릴레이 프로그램~Relay Program~의 통신위성을 개발하는 계약을 NASA와 체결했고, AT&T도 NASA의 발사 지원을 받는 통신위성 텔스타~Telstar~를 개발하고 있었다. 이들이 개발했던 통신위성은 수천 킬로미터 상공의 지구 중궤도~Medium Earth Orbit~를 도는 통신위성이었다.

TV 방송 전파를 받아 다른 대륙에 다시 보내는 위성중계를 처음으로 성공한 통신위성은 1962년 6월 10일에 발사한 텔스타 1호~Telstar 1~였다. 텔스타 1호는 지구와 가까울 때는 북반구 952킬로미터 상공을 지나고 멀 때는 남반구 5,933킬로미터 상공을 지나는 타원 궤도를 2시간 37분 만에 한 바퀴씩 돌았다. 1962년 7월 11일에 미국이 프랑스로 보내는 비공개 TV 영상을 중계했고, 12일 후인 7월 23일에는 미국과 유럽 사이를 오고 가는 공개 TV 방송을 중계했다. 텔스타 1호는 TV 방송뿐만 아니라 미국과 유럽 사이의 전화통화와 컴퓨터 디지털 데이터 전송도 성공적으로 중계했다.[7]

RCA가 개발한 릴레이 1호~Relay 1~는 1962년 12월 13일에 발사됐다. 지구와 가깝게는 남반구 1,322킬로미터 상공을 지나고 멀게는 북반구 7,439킬로미터 상공을 도는 타원 궤도를 3시간 5분 만에 한 바퀴씩 돌았다. 릴레이 1호는 1963년 11월 22일에 미국과 일본 사이의 TV 방송을 처음으로 중계했다.[8] 미국, 유럽, 아시아 모두 북반구에 위치하고 있기 때문에, 북반구에서의 궤도 높이가 훨씬 더 높았던 릴레이 1호는 텔스타 1호보다 훨씬 더 먼 거리로 통신과 방송 전파를 중계할 수 있었다.

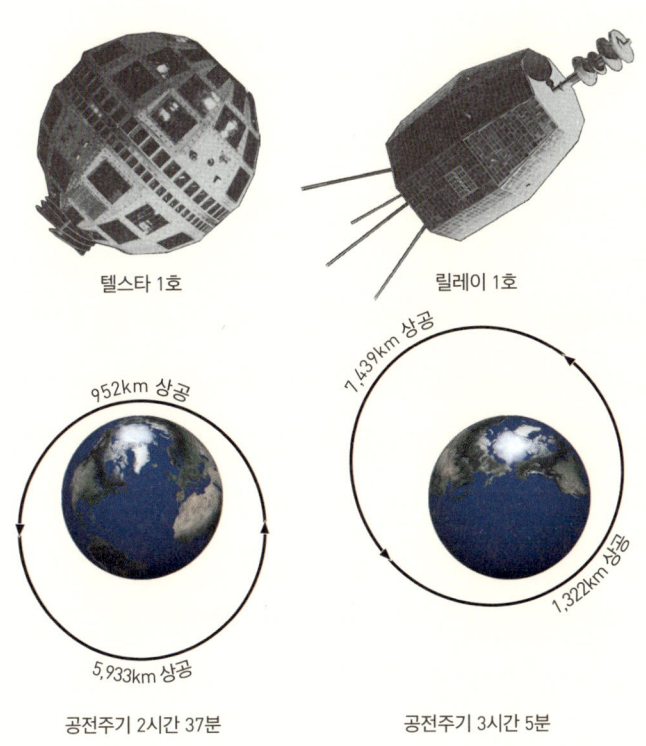

그림 3-5 최초의 통신위성들. 미국과 유럽 사이의 TV 방송을 최초로 중계한 텔스타 1호(왼쪽 위)는 북반구에서 근지점을 지나고(왼쪽 아래), 미국과 일본 사이의 TV 방송을 최초로 중계한 릴레이 1호(오른쪽 위)는 남반구에서 근지점을 지난다(오른쪽 아래). 두 위성 모두 공전주기가 지구의 자전주기와 많이 다르기 때문에 위성 아래의 지상 위치는 계속 변한다. 적도를 기준으로 텔스타 1호는 지구를 한 바퀴 돌 때마다 4,380킬로미터씩 서쪽으로 이동하고, 릴레이 1호는 5,160킬로미터씩 서쪽으로 이동한다.

공전주기를 지구의 자전주기와 맞춘 지구동기궤도위성

텔스타 1호와 릴레이 1호의 문제는 지구에서 보이는 위성의 위치가 계속 변한다는 것이다. 3시간 정도에 지구를 한 바퀴 도는 통신위성의 공전주기가 지구의 자전주기와 많이 달랐기 때문이다. 텔스타 1호가 2시간 37분 만에 지구 주위를 한 바퀴 돌아 제자리로 돌아오면, 그동안 지구도 자전을 해서 적도를 기준으로 동쪽으로 4,380킬로미터씩 움직인다. 지구에서 보면 텔스타 1호가 지구를 한 바퀴 돌 때마다 서쪽으로 이동한다. 공전주기가 3시간 5분인 릴레이 1호는 지구를 한 바퀴 돌 때마다 5,160킬로미터씩 서쪽으로 이동한다. 적도를 기준으로 44.8도와 47.5도 기울어진 궤도를 돌았던 이 인공위성들은 남북 방향으로도 움직였다. 이 때문에 특정 지점 사이의 통신이나 방송 중계는 짧은 시간만 할 수 있었고, 위성이 비슷한 자리로 되돌아오려면 거의 하루가 걸렸다.

지구가 자전하기 때문에 지구 주위를 도는 인공위성이 서쪽으로 이동하는 문제는, 인공위성의 공전주기를 지구의 자전주기와 같게 하는 방법으로 해결할 수 있다. 인공위성이 지구를 한 바퀴 돌고 제자리로 돌아오면, 지구도 자전해서 한 바퀴 돌고 제자리로 돌아오기 때문이다. 인공위성의 공전주기는 하루 24시간이 아닌 지구의 자전주기인 23시간 56분 4초로 맞춰야 한다. 이런 공전주기의 궤도를 지구동기궤도geosynchronous orbit라고 부르고, 이 궤도를 도는 인공위성을 지구동기궤도위성geosynchronous satellite이라고 부른다.

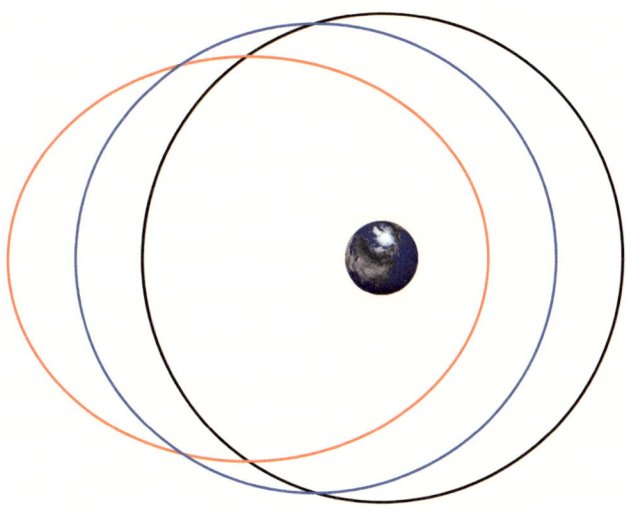

그림 3-6   원 모양과 타원 모양의 지구동기궤도. 타원 궤도의 긴 축의 반지름인 긴반지름이 4만 2,164킬로미터이면 공전주기가 23시간 56분 4초로 지구의 자전주기와 같아진다.

    인공위성의 공전주기는 타원 궤도에서 긴 축의 반지름인 긴반지름semi-major axis에 따라 달라진다. 긴반지름의 길이가 4만 2,164킬로미터가 되면, 궤도의 공전주기가 지구의 자전주기인 23시간 56분 4초가 되면서 지구동기궤도가 된다. 짧은 축의 반지름인 짧은반지름semi-minor axis의 크기는 공전주기와 상관없다. 긴반지름과 짧은반지름이 같은 원 모양의 지구동기궤도는 적도의 지구 평균 반지름 기준으로는 3만 5,786킬로미터 상공을 유지하고, 지구 전체의 평균 반지름 기준으로는 3만 5,793킬로미터 상공을 유지한다. 만약에 긴반지름과 짧은반지름이 다른 타원 모양의 지구동기궤도라면, 근지점은 적도 기준 3만 5,768킬로미터 상공보다 낮은 상공을 지나면서 더 빠른 속도로 지가나고, 원지점은 3만 5,786킬로미터 상공보다 높은 상공을 지나면서 더 느린 속도로 지나간다.

지구에서 일정한 높이의 상공을 도는 원 모양의 지구동기궤도에 인공위성을 올리려면, 세 단계의 로켓 추진을 거친다. 먼저 인공위성을 지구에서 발사해 지구 저궤도에 올린다. 250킬로미터 상공의 지구 저궤도라면 인공위성은 초속 7.76킬로미터의 속도로 공전한다. 이 궤도에서 다시 로켓 추진을 해 인공위성의 속도를 초속 10.20킬로미터(Δv=10.20-7.76=2.44km/s)로 높이면, 인공위성은 지구 저궤도와 지구 적도 상공 3만 5,786킬로미터를 거치는 타원 모양의 궤도를 돈다. 지구에서 가장 먼 곳을 지나갈 때 인공위성의 속도는 초속 1.60킬로미터이다. 이 위치에서 다시 로켓 추진으로 속도를 초속 3.07킬로미터(Δv=3.07-1.60=1.47km/s)로 높이면, 인공위성은 3만 5,786킬로미터의 고도를 일정하게 유지하며 지구의 자전주기와 같은 주기로 지구 주위를 공전한다. 지구 저궤도에서 출발해 지구동기궤도까지 가기 위해 높여야 하는 속도의 총합은 초속 3.91킬로미터로, 같은 질량의 탐사선을 화성에 보내고도 남는 속도증분이다.

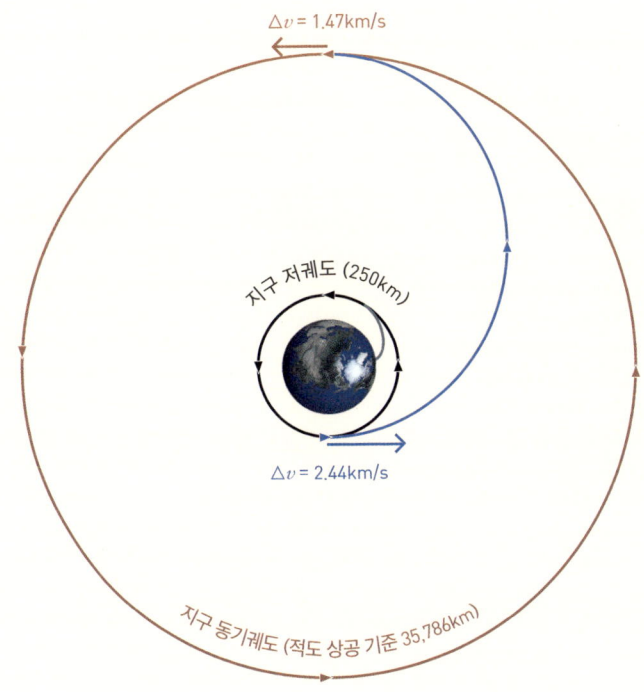

그림 3-7 지구 저궤도에서 원 모양의 지구동기궤도로 위성을 올리는 방법. 먼저 위성을 지구 저궤도에 올린다. 지구 저궤도에서 로켓 추진으로 속도를 초속 2.44킬로미터 더 높여서, 지구 저궤도와 지구동기궤도를 걸치는 타원 궤도로 옮겨 간다. 적도 상공 기준 3만 5,786킬로미터 높이에 이르면, 다시 로켓 추진으로 속도를 초속 1.47킬로미터 더 높여서 지구동기궤도로 옮겨 간다. 이렇게 타원 모양의 전이궤도를 거쳐서, 작은 공전궤도에서 큰 공전궤도로 옮겨 가는 것을 호만 전이 Hohmann transfer라고 부른다. 지구 저궤도의 높이는 250킬로미터로 잡았다.

최초의 지구동기궤도위성은 1963년 7월 26일에 발사된 미국의 신콤 2호Syncom 2로 항공기와 미사일을 제작하는 기업이었던 휴즈항공Hughes Aircraft Company이 제작했다.[9] 신콤 2호는 서쪽으로 계속 치우치는 문제는 해결했지만, 남북으로 움직이는 문제가 있었다. 지구의 적도와 비교해 33.1도 기운 방향으로 공전하면서 하루의 반은 북반구 하늘에 위치하고 하루의 반은 남반구 하늘에 위치했기 때문이다.

지구정지궤도위성: 적도 상공에 떠 있는 지구동기궤도위성

지구동기궤도위성이 남북 방향으로 움직이는 문제는 위성을 지구 적도 상공의 공전궤도에 올리는 방법으로 해결할 수 있다. 적도 상공의 공전궤도에 올라간 인공위성은 지구의 자전과 무관하게 항상 적도 상공을 돌기 때문이다. 적도 상공에서 높이를 일정하게 유지하는 동기궤도위성을 지구에서 보면, 인공위성이 하늘의 한곳에 정지해 있는 것처럼 보인다. 이런 공전궤도를 지구정지궤도geostationary orbit라고 부르고, 이 궤도를 도는 인공위성을 지구정지궤도위성geostationary satellite이라고 부른다. 지구정지궤도는 지구동기궤도의 특별한 경우이다. 지구정지궤도와 원 모양의 궤도를 도는 지구동기궤도 모두 적도를 기준으로 3만 5,786킬로미터 높이의 상공에서 초속 3.07킬로미터의 속도로 지구 주위를 23시간 56분 4초마다 한 바퀴씩 돈다.

최초의 정지궤도위성은 1964년 8월 19일에 발사된 미국의 신

그림 3-8 신콤 2호의 지구동기궤도(주황색)와 신콤 3호의 지구정지궤도(파란색). 신콤 2호는 적도와 비교해 33.1도 기운 동기궤도를 돌고, 신콤 3호는 적도 주위를 돈다. 두 궤도 모두 적도 상공 기준 3만 5,786킬로미터 상공의 궤도를 지구의 자전주기와 같은 공전주기로 돈다.

콤 3호Syncom 3였다.[10] 신콤 3호는 1964년 10월에 열렸던 도쿄 올림픽 경기 TV 방송을 일본에서 미국으로 중계했다. 미국에서 수신한 도쿄 올림픽 경기 TV 방송은 유럽에도 다시 전송되었는데, 이를 중계한 위성은 중궤도 위성인 릴레이 1호였다. 신콤 2호와 3호는 1965년 1월 1일부터 미국 국방부가 운영을 맡았고, 특히 신콤 3호는 전쟁 중이었던 베트남에서의 미국 국방부의 통신을 지원했다.

표 3-1 자전하는 지구의 움직임으로 발사체가 덤으로 얻는 속도

우주기지	위도	발사체가 덤으로 얻는 속도
바이코누르 우주기지	북위 45도 58분	초속 0.323킬로미터
케네디 우주센터	북위 28도 31분	초속 0.409킬로미터
기아나 우주센터	북위 5도 14분	초속 0.463킬로미터
나로 우주센터	북위 34도 26분	초속 0.383킬로미터

정지궤도위성은 적도 상공을 돌아야 한다는 조건이 추가되기 때문에, 적도에 가까운 곳에서 발사하거나 적도 주위를 돌도록 인공위성의 방향을 수정하는 과정이 필요하다. 대한민국이 개발해 다양한 임무를 수행한 지구정지궤도위성인 천리안 1호, 2A호, 2B호는 각각 2010년 6월 26일, 2018년 12월 5일, 그리고 2020년 2월 19일에 아리안 5 ECA 발사체에 실려 남아메리카의 프랑스령 기아나에 위치한 기아나 우주센터Centre spatial guyanais에서 발사됐다.[11] 기아나 우주센터는 적도에 가까운 곳에 위치하고 있어서, 적도 상공을 도는 정지궤도위성을 발사하기에는 최적의 장소이다.

발사체는 지구가 자전해서 움직이는 속도를 덤으로 얻는다. 발사하는 위치가 적도에 가까울수록 발사체가 덤으로 얻는 속도도 더 커진다. 러시아는 북위 45도 58분에 위치한 카자흐스탄의 바이

코누르 우주기지Космодром Байконур를 임대해서 발사장으로 사용하고 있다. 이곳에서는 발사하는 우주선은 이곳의 자전속도인 초속 0.323킬로미터의 속도를 덤으로 얻는다. 북위 28도 31분에 위치한 미국의 케네디 우주센터Kennedy Space Center에서 발사하는 우주선은 초속 0.409킬로미터, 북위 5도 14분에 위치한 기아나 우주센터에서 발사하는 우주선은 초속 0.463킬로미터의 속도를 덤으로 얻는다. 덤으로 얻는 속도가 클수록 그 차이만큼 로켓 추진을 덜해도 되기 때문에 로켓연료를 절약할 수 있다.

다인승 유인 우주비행과 무인 달 궤도선·착륙선 경쟁

- 제미니 계획으로 우주 경쟁에서 기선을 잡은 미국
- 소련의 정치 변동 영향을 받은 보스호트 계획
- 미국과 소련이 달 착륙선과 달 궤도선을 성공한 방법

THE BRIEF HISTORY OF SPACE EXPLORATION

유인 달 탐사 계획의 시작

소련의 스푸트니크 1호에 인류 첫 인공위성을 내준 미국은 유인 우주비행에서는 소련보다 앞서겠다는 목표로 우주 경쟁에 적극적으로 나섰다. 1958년 7월 29일에 미국 항공우주국을 설립했고, 첫 유인 우주비행 계획인 머큐리 계획 Project Mercury을 같은 해 10월 7일에 공식적으로 승인했다. 그러나 유리 가가린을 태운 소련의 보스토크 1호가 1961년 4월 12일에 지구를 한 바퀴 도는 궤도 우주비행에 성공하면서, 인류 첫 유인 우주비행도 소련에게 내줬다. 보스토크 1호 발사 23일 후인 5월 5일에 미국도 유인 우주비행에 성공했다. 하지만 미국의 첫 유인 우주비행은 지구 주위를 도는 궤도에 오르지 못하고 단순히 높은 고도의 우주에 올라갔다가 바로 내려오는 탄도 우주비행이었다.

 미국이 머큐리 계획으로 수행한 총 6회의 유인 우주비행 중에서, 처음 2회는 탄도 우주비행이었고 나머지 4회는 지구 주위를 도는 궤도 우주비행이었다.[1] 머큐리 계획보다 조금 더 일찍 시작해 비슷한 기간 동안 진행된 소련의 보스토크 계획은 인류 최초의 유인 우주비행이었던 보스토크 1호를 포함한 총 6회의 유인 우주비행을 수행했고, 모두 궤도 우주비행이었다. 이 계획의 다섯 번째 우주선인 보스토크 5호는 발레리 비콥스키Валерий Фёдорович Быковский를 태우고 4일 23시간 7분 동안 우주비행을 했고, 이는 우주인 1명이 혼자 수행한 가장 긴 우주비행 기록으로 남아 있다. 마지막 우주선인 보스토크 6호는 세계 최초의 여성 우주인인 발렌티나 테레시코바Валентина Владимировна Терешкова가 수행한 유인 우주비행이었다.[2]

인류 첫 유인 우주비행을 소련에 내준 미국은 새로운 목표가 필요했다. 미국의 첫 유인 우주비행 20일 후인 1961년 5월 25일에 미국 대통령 존 F. 케네디John Fitzgerald Kennedy는 미 의회 상하원 합동회의에서 "사람을 달에 착륙시키고 안전하게 지구로 귀환시키는landing a man on the moon and returning him safely to the earth" 목표를 1960년대가 지나기 전에 달성하겠다는 유인 달 탐사를 제안했다. 같은 해 NASA는 유인 달 탐사 계획인 아폴로 계획을 시작했다. 1962년 9월 12일 라이스대학교에서 케네디는 "우리는 달에 가기로 결정했다We choose to go to the Moon"라는 말로 유명한 연설로 유인 달 탐사 계획을 확고히 했다.

그림 4-1　왼쪽: 1961년 5월 25일 미 의회 상하원 합동회의에서 유인 달 탐사를 제안하는 미국 대통령 존 F. 케네디. 오른쪽: "우리는 달에 가기로 결정했다"라는 말로 유명한 1962년 9월 12일 미국 라이스대학교에서의 존 F. 케네디의 연설 모습.

제미니 계획: 미국의 다인승 유인 우주비행 계획

아폴로 계획으로 유인 달 탐사를 하겠다는 목표를 세운 미국은 새로운 유인 우주비행 계획인 제미니 계획Project Gemini을 시작했다. 라틴어 단어 '제미니'는 쌍둥이를 의미한다. 이름이 의미하는 것처럼 제미니 계획은 2명의 우주인이 탑승하는 유인 우주비행 임무를 수행했다. 이 계획의 목적은 유인 달 탐사에 필요한 기술을 확립하는 것이었다. 주로 200~300킬로미터 상공의 지구 저궤도를 도는 우주비행을 통해, 유인 달 탐사에 필요한 긴 시간 동안의 우주비행, 우주선 사이의 도킹, 선외활동extravehicular activity, EVA(우주선 밖에서의 우주 활동), 그리고 미리 정해진 위치로의 귀환 등의 과제를 수행했다. 1964년 4월 8일에 발사된 제미니 1호와 1965년 1월

19일에 발사된 제미니 2호는 무인 탄도 우주비행이었고, 1965년 3월 23일에 발사된 제미니 3호부터 1966년 11월 15일에 발사된 제미니 12호까지는 유인 궤도 우주비행이었다.

1965년 3월 2일에 2명의 우주인을 태우고 발사되어 제미니 계획의 첫 유인 우주비행을 수행한 제미니 3호는, 161.2킬로미터 상공의 근지점과 224.2킬로미터 상공의 원지점을 지나는 궤도를 돌았다. 궤도를 한 바퀴 돈 제미니 3호는 궤도 자세 및 기동 시스템 Orbit Attitude and Maneuvering System의 추진으로 궤도를 158.0킬로미터 상공의 근지점과 169.0킬로미터 상공의 원지점을 지나는 궤도로 수정했다. 제미니 3호는 다음 임무로 지구 적도면에 대한 제미니 3호의 궤도 기울기를 0.02도 수정했다.[3] 유인 우주비행에서 최초로 수행한 궤도 수정이었다. 궤도를 세 바퀴 돈 후 대기권에 진입해 귀환한 제미니 3호의 우주비행 시간은 4시간 52분이었다. 1965년 6월 3일에 발사된 제미니 4호는 4일 2시간 동안 우주비행을 했고, 탑승했던 두 우주인 중의 한 명인 에드 화이트Ed White는 발사 당일 우주선 밖으로 나가 미국의 첫 우주유영을 수행했다.[4] 1965년 8월 21일에 발사된 제미니 5호는 7일 22시간 55분 동안 유인 우주비행을 함으로써 이전에 보스토크 5호가 세운 기록을 경신했다.[5]

제미니 6호는 다른 우주선과 결합하는 도킹docking을 수행할 예정이었다. 그러나 제미니 6호와 도킹할 아제나 표적기Agena Target Vehicle를 발사하는 데 실패하면서, 제미니 6호의 발사는 연기됐

그림 4-2 왼쪽 위: 제미니 4호 에드 화이트의 미국의 첫 우주유영. 오른쪽 위: 미국의 첫 우주선 랑데부 때 제미니 6A호에서 바라본 제미니 7호. 제미니 6호는 발사가 연기된 후 이름이 제미니 6A호로 변경됐다. 왼쪽 아래: 최초의 우주선 도킹 때 제미니 8호에서 본 아제나 표적기의 모습. 오른쪽 아래: 긴급 상황을 해결하고 계획보다 일찍 귀환해 일본 오키나와 동쪽 800킬로미터 해상에 착수한 제미니 8호의 우주인 데이비드 스코트(왼쪽)와 닐 암스트롱(오른쪽).

다. 제미니 6호는 제미니 6A호로 이름이 바뀌었고, 1965년 12월 15일에 발사됐다. 제미니 6A호는 도킹 실험 대신 도킹 장치가 없는 제미니 7호에 가까이 다가가는 랑데부 실험을 수행했다.[6] 제미니 7호는 제미니 6A호보다 11일 먼저 발사됐다. 13일 18시간 35분 동안 우주비행을 수행해 제미니 5호가 세운 기록을 다시 한 번 경신했다.[7] 무인 우주선 아제나 표적기와의 도킹은 1966년 3월 16일에 발사된 제미니 8호가 수행했다. 그러나 도킹 후 우주선이 자세를 제대로 못 잡고 회전하는 비상 상황이 발생했다. 사령관이었던 닐 암스트롱Neil Armstrong은 지구 귀환 재진입용 역추진 로켓을 사용해 문제를 해결하고 제미니 8호를 아제나 표적기와 분리했다. 우주유영을 포함한 제미니 8호의 나머지 임무는 모두 취소되었고, 일정을 앞당겨 대기권에 재진입해 일본 오키나와 동쪽 800킬로미터 해상에 무사히 착수했다.[8]

제미니 12호까지 수행된 제미니 계획의 유인 우주비행에서 우주인 우주유영, 우주인 신체 상태 측정, 다른 우주선과의 랑데부 및 도킹, 도킹한 아제나 표적기의 엔진을 이용한 고도 상승, 컴퓨터가 제어하는 자동 지구 대기권 진입 등의 임무를 수행했고, 여러 과학 실험도 수행했다.[9]

계획대로 실행되지 못한 소련의 보스호트 계획

소련도 보스토크 계획에 이어 다인승 유인 우주비행 계획인 보스호트Восход 계획을 1964년과 1965년 사이에 수행했다. 첫 다인승 우주선 우주비행도 소련이 미국보다 앞섰다. 미국의 첫

2인승 유인 우주선이었던 제미니 3호가 1965년 3월 23일에 발사됐던 반면, 우주인 3명을 태운 보스호트 1호는 이보다 5개월 10일 이른 1964년 10월 12일에 발사됐다. 보스호트 우주선은 이전의 보스토크 우주선을 기반으로 만든 2인승 우주선이었다. 하지만 탑승자 선정 과정에서의 우여곡절 끝에 엔지니어와 의사를 포함한 총 3명의 우주인이 탑승한다는 결정을 내렸다. 3명이 탑승하기에 부족한 우주선 공간과 적재량 초과 문제로 인해, 우주인들은 우주복을 착용하지 않고 다이어트까지 한 상태로 보스호트 1호에 탑승해 1일 17분 동안의 우주비행을 수행했다.[10]

한편, 보스호트 1호가 지구로 귀환한 다음 날, 우주비행 계획 지원에 적극적이었던 니키타 흐루쇼프Ники́та Серге́евич Хрущёв 제1서기가 축출되고 레오니트 브레즈네프Леони́д Ильи́ч Бре́жнев 제1서기를 비롯한 삼두 체제로 소련의 지도부가 바뀌는 정치적 변화가 있었다.

보스호트 1호 발사 5개월 후인 1965년 3월 18일에 소련은 인류 두 번째 다인승 유인 우주선인 보스호트 2호를 발사했다. 보스호트 2호에는 정상 탑승 인원인 2명의 우주인이 우주복을 입고 탑승했다. 보스호트 2호 탑승 우주인 중의 한 명인 알렉세이 레오노프Алексе́й Архи́пович Лео́нов는 우주선 밖으로 나가 인류 최초로 우주유영을 수행했다. 제미니 4호의 에드 화이트가 수행한 미국의 첫 우주유영보다 2개월 15일 이른 우주유영이었다.

보스호트 3호의 준비가 지연되는 동안, 미국의 제미니 계획은 총 10회의 유인 우주비행을 수행하면서 보스호트 계획에서 수행

그림 4-3 보스호트 2호에 탑승한 알렉세이 레오노프가 1965년 3월 18일 인류 최초로 우주유영을 하는 모습.

하려고 했던 목표들을 먼저 달성했다. 결국 6호까지 예정되어 있던 보스호트 계획의 남은 4회의 유인 우주비행은 취소됐다. 이후 소련은 2년 넘게 유인 우주선을 발사하지 않다가, 미국이 제미니 계획을 마친 지 약 5개월이 지난 1967년 4월 23일에 소유즈 1호 Союз-1를 발사하면서 유인 우주비행을 재개했다. 하지만 소유즈 1호는 귀환하던 중 낙하산이 펴지지 않아 추락하는 사고가 일어나면서, 탑승했던 우주인 블라디미르 코마로프Владимир Михайлович Комаров가 사망했다. 우주비행에서 우주인이 사망한 첫 사고였다. 코마로프는 보스호트 1호에 탑승했던 3명의 우주인 중 1명이었다.

　최초의 다인승 유인 우주비행을 소련의 보스호트 1호에 내줬던 미국은 1965년 3월 제미니 3호 발사부터 1966년 11월 제미니 12호 발사까지 1년 8개월 동안 10회의 유인 우주비행을 수행했다. 1964년 10월 12일과 1965년 3월 18일에 보스호트 1호와 2호를 발사한 후 2년 넘게 유인 우주선을 발사하지 않은 소련과는 대조적이었다. 이때부터 미국은 우주 경쟁에서 소련을 따라잡고 앞서기 시작했다. 당시 NASA를 이끌었던 사람은 제임스 웹James Edwin Webb으로, 국무부 차관을 지냈던 관료 출신이었다. 과학자 출신이 아님에도 불구하고 그의 이름은, 2021년 12월 25일에 발사되어 요즘 왕성한 관측 활동을 하고 있는 제임스웹 우주망원경James Webb Space Telescope 이름에 쓰였다.

미국과 소련의 무인 달 궤도선과 달 착륙선 경쟁

유인 달 탐사를 하려면 달 주위를 도는 달 궤도선이나 달 착륙선이 필요하다. 탑승한 우주인이 안전하게 달 탐사를 마치고 지구로 무사히 귀환해야 하기 때문에, 유인 달 탐사의 이전 단계로 무인 달 궤도선 또는 착륙선을 시험하는 것은 필수이다. 다른 행성 주위를 도는 궤도선이나 착륙선을 보내기 전 단계로도 무인 달 탐사는 중요하다.

달 주위를 도는 달 궤도선을 보내는 것은 단순히 달을 지나치는 근접비행보다 더 어렵다. 우주선이 지구 중력 탈출속도와 비슷한 빠른 속도로 출발하는 것에 더해, 달에 가장 가까이 접근했을 때 역추진으로 속도를 충분히 줄여야 달 궤도선이 될 수 있기 때문이다. 지구에서 출발해 달 전이궤도를 거쳐 달에 접근하는 우주선이 아무것도 하지 않으면, 우주선이 달에 접근하는 속도는 달 중력 탈출속도보다 크다. 이런 우주선은 달을 스쳐 지나간 후 달에서 다시 멀어진다. 달 전이궤도로 달에 다가가는 우주선이 달 주위를 도는 궤도에 진입하게 하려면, 로켓을 역추진해서 달의 위치에서 보는 우주선의 속도를 달 중력 탈출속도보다 작게 줄여야 한다. 그래야 우주선이 달의 중력에 갇혀 달 주위를 돈다.

지구에서 출발해 달로 다가가는 우주선이 달 궤도선이 되려면, 달 100킬로미터 상공 저궤도에 진입하는 경우를 기준으로 초속 0.82킬로미터 정도를 줄여야 한다.[11] 달에 가장 가까운 위치가 아닌 곳에서 감속하면 속도를 더 많이 줄여야 한다. 지구에서 지구 중력 탈출속도보다 초속 0.1킬로미터 더 느린 속도로 출발해서 달에 다가가는 우주선이 초속 0.82킬로미터를 감속해야 달 궤도선이 된다는 것은, 지구 중력 탈출속도보다 초속 0.72킬로미터 더 큰 속도가 필요한 것과 같다. 우주선이 금성이나 화성에 다가가려면 지구에서 중력 탈출속도보다 초속 0.3~0.4킬로미터 더 빠르게 출발해야 하는 것을 감안하면, 달 궤도선을 보내는 것이 금성이나 화성을 근접 비행하는 탐사선보다 더 많은 로켓 추진이 필요하다는

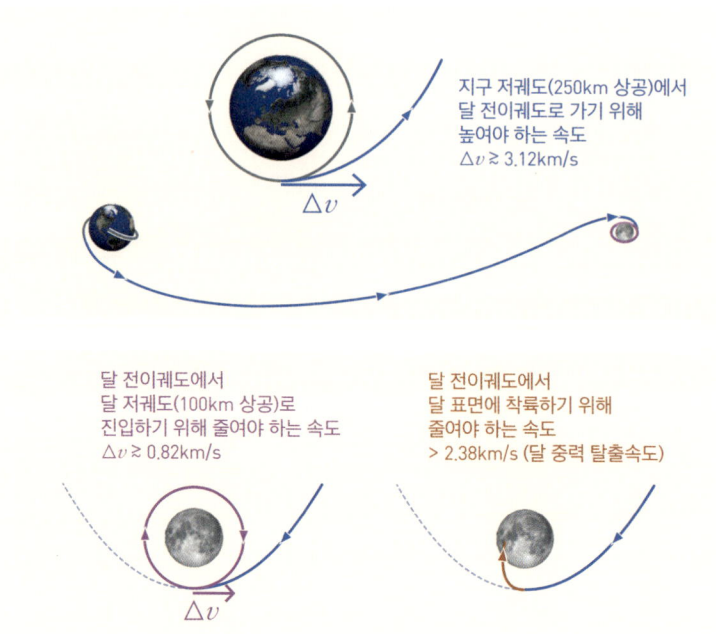

그림 4-4 달 궤도선과 달 착륙선이 되기 위해 필요한 추가 속도(또는 속도증분). 지구 저궤도(250킬로미터 상공)에서 달 전이궤도로 진입하려면 초속 3.1킬로미터의 추가 속도가 필요하다(파란색). 달 전이궤도에서 달 저궤도(100킬로미터 상공)에 진입하려면 적어도 초속 0.82킬로미터를 감속해야 한다(보라색). 달 전이궤도에서 달에 착륙하려면 달 표면에서의 달 중력 탈출속도인 초속 2.38킬로미터 이상을 감속해야 한다(주황색). Δv 위에 있는 화살표는 속도를 줄이거나 늘리는 방향과 크기를 나타낸다.

것을 알 수 있다.

한편, 사람이 달 표면에 가려면 달 표면에 추락하거나 충돌하면 안 된다. 달 표면에 도착하는 순간 착륙선의 속도를 거의 0이 되도록 줄여 사뿐히 착륙하는 연착륙을 해야 한다. 달 표면에는 대기가 없기 때문에 공기저항으로 우주선의 속도를 줄일 수 없고 낙하산도 쓸 수 없다. 로켓 추진만으로 속도를 줄여야 한다. 달 표면에서의 중력 탈출속도가 초속 2.38킬로미터이므로, 속도를 줄이지 않고 달의 중력에 끌려 달 표면에 충돌하면 우주선이 달에 충돌하는 속도는 초속 2.38킬로미터 이상이다. 따라서 탐사선이 달에 사뿐히 착륙하려면 초속 2.38킬로미터를 넘는 속도를 감속해야 한다. 달 궤도선보다 더 많은 감속을 해야 하므로, 감속에 필요한 로켓연료도 더 많이 필요하다.

달 궤도선보다 먼저 성공한 달 착륙선

달 궤도선보다 달 착륙선이 더 많은 로켓 추진을 해야 함에도 불구하고, 미국과 소련 모두 달 착륙선을 먼저 성공했다. 달 표면에 처음으로 연착륙한 무인 우주선은 1966년 1월 31일에 발사된 루나 9호Луна-9였다.[12] 달에 다가간 루나 9호는 달 표면 7만 4,855미터 상공부터 로켓 역추진으로 감속하기 시작해 달 표면 260~265미터 상공에 이를 때까지 초속 2.6킬로미터 이상을 감속했다. 달 표면에 닿기 직전에 에어백에 둘러싸인 99.8킬로그램의 달 착륙선이 떨어져 나와 달에 착륙했다. 발사한 지 3일 7시간 후였다. 지구와의 통신도 성공적이었다. 소련 해체 후 공개된 자료에 의하면, 루나 9호를 발사하기 3년 전이었던 1963년부터 1월부터 1965년

12월 사이에 소련은 달에 연착륙하기 위한 우주선을 총 11차례 발사해서 실패했을 만큼 많은 달 착륙 시도를 했다.[13]

처음으로 달 주위를 돈 무인 달 궤도선은 1966년 3월 31일에 발사된 소련의 루나 10호였다. 발사 3일 후인 4월 3일에 달 표면 8,000킬로미터 상공에서부터 역추진을 시작해 초속 0.64킬로미터의 속도를 줄여 달 공전궤도에 진입한 루나 10호는 248.5킬로그램의 달 궤도선을 분리했다. 지구가 아닌 다른 천체의 주위를 공전한 첫 우주선이었다. 루나 10호의 달 궤도선은 달에 가까울 때는 달 상공 350킬로미터, 달에서 멀 때는 1,016킬로미터의 공전궤도를 돌았다.[14] 사회주의의 상징 노래인 〈인터내셔널가 The Internationale〉 음악을 루나 10호가 송신해 소련의 23차 공산당대회 중인 4월 4일에 방송할 예정이었고, 전날인 4월 3일 밤에 리허설에도 성공했다. 하지만 음악에서 한 음이 빠진 것을 알고 다음 날 소련 공산당대회에서 전날 밤 녹음 테이프를 재생하고 달 궤도선에서 보내는 생방송 음악이라고 주장했다는 에피소드가 있다.[12]

미국도 달 궤도선보다 달 착륙선을 먼저 보냈다. 미국의 첫 무인 달 착륙선은 1966년 5월 30일에 발사해 6월 2일에 달 표면에 착륙한 서베이어 1호 Surveyor 1였다. 4개월 전 소련의 달 착륙선 루나 9호가 달에 연착륙할 때는 로켓 역추진 이후 일부 남은 달 착륙 속도의 충격을 달 착륙선을 둘러싼 에어백으로 흡수한 반면, 서베이어 1호는 로켓 역추진으로 충분히 속도를 줄여 에어백 없이 3개의 다리로 사뿐히 착륙했다. 미국의 첫 달 궤도선인 루너 오비터 1호

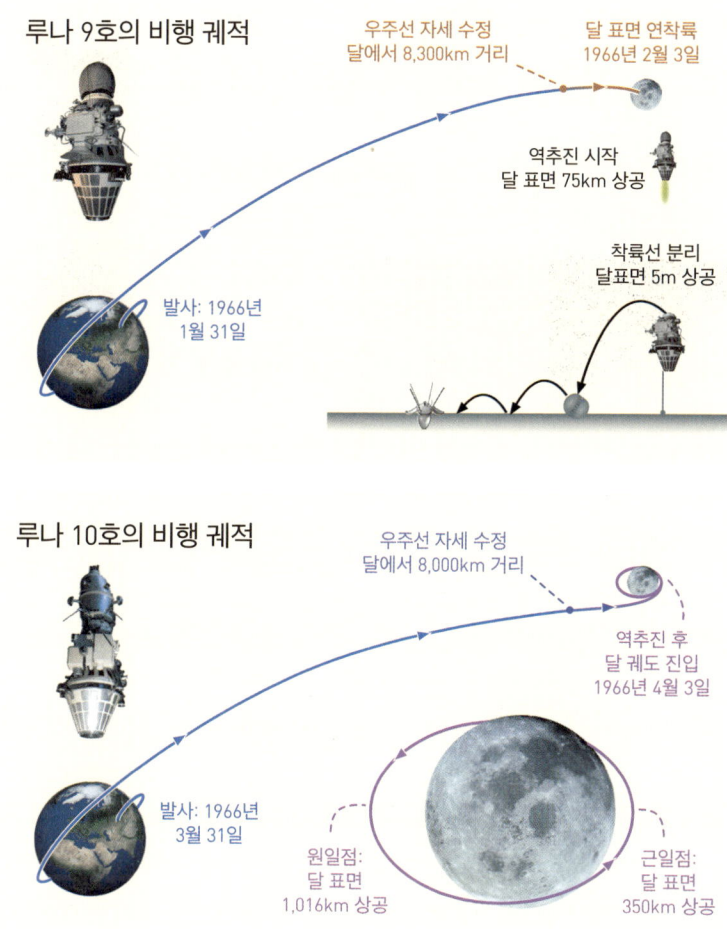

그림 4-5 소련의 첫 달 착륙선 루나 9호(위)와 달 궤도선 루나 10호(아래). 달 표면에 도착하기 전까지 속도를 충분히 줄인 후 분리된 루나 9호의 달 착륙선은 에어백을 이용해 충돌 충격을 흡수하면서 연착륙에 성공했다. 루나 10호는 달에 가까이 접근했을 때 역추진해 속도를 초속 0.64킬로미터를 줄여 달에 가장 가까울 때는 350킬로미터 상공을, 가장 멀 때는 1,016킬로미터 상공을 도는 타원 모양의 달 공전궤도에 진입했다.

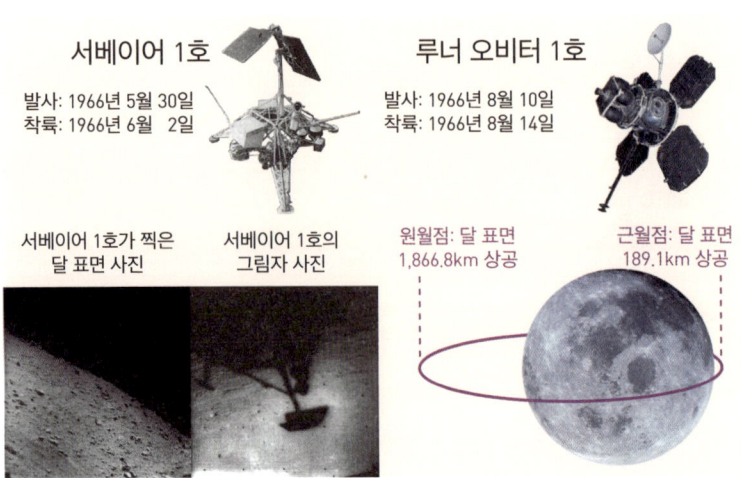

그림 4-6 미국의 첫 달 착륙선 서베이어 1호(왼쪽)와 달 궤도선 루너 오비터 1호(오른쪽). 서베이어 1호는 로켓으로 충분히 속도를 줄여 에어백 없이 3개의 다리로 사뿐히 착륙했다. 루너 오비터 1호는 달에 가장 가까운 근월점은 189.1킬로미터 상공을, 달에서 가장 먼 원월점은 1,866.8킬로미터 상공을 도는 타원 모양의 공전궤도에 진입했다. 미국은 소련의 루나 9호와 10호보다 각각 약 4개월 정도 늦게 달 착륙과 달 궤도 진입에 성공했다.

Lunar Orbiter 1는 1966년 8월 10일에 발사되어 8월 14일에 달에 가깝게는 189.1킬로미터, 멀게는 1,866.8킬로미터인 타원 모양의 달 공전궤도에 진입했다.

소련과 마찬가지로 미국도 달 착륙선과 달 궤도선의 성공 이전에 수차례의 실패가 있었다. 달 궤도선을 목적으로 1958년에 파이어니어 0호, 1호, 2호를, 1959년에는 파이어니어 P-1호, P-3호, P-30호, P-31호를 발사했으나 지구를 벗어나지 못하고 실패했다.

달 착륙이 목적이었던 레인저Ranger 3호, 4호, 5호도 1962년에 발사했으나 모두 실패했다는 기록이 있다.[15]

  소련과 미국의 초기 달 궤도선과 달 착륙선을 포함한 대부분의 달 탐사선은 지구에서 달까지 가는 데 3~4일 정도 걸렸다. 반면, 2022년 8월 5에 발사됐던 대한민국의 다누리호는 달로 직접 향해 가지 않고 지구에서 150만 킬로미터 이상 떨어진 곳까지 간 다음에 다시 돌아오는 매우 긴 경로를 거쳐 약 4개월 만에 달에 접근했다. 탄도형 달 전이Ballistic Lunar Transfer, BLT라고 부르는 이 방식은 궤도 진입에 필요한 로켓 역추진을 줄일 수 있는 방식이다. 탄도형 달 전이에 대한 좀 더 자세한 설명은 이 책 후반부에서 다룬다.

새턴 로켓 개발과 아폴로 계획

유인 달 탐사는 어떻게 할까? 그리고 왜 어려울까?

초대형 로켓인 미국의 새턴 로켓과 소련의 N1 로켓 비교

아폴로 계획을 통해 미국의 완승으로 끝난 유인 달 탐사 경쟁

THE BRIEF HISTORY OF SPACE EXPLORATION

유인 달 탐사는 어떻게 할까?

사람이 타고 가지 않는 무인 달 탐사선은 지구로 돌아오지 않아도 된다. 통신으로 지구와 정보를 주고받으면서 임무를 수행하면 되기 때문이다. 그러나 사람이 타고 가는 유인 달 탐사선은 임무를 마치고 지구로 귀환해야 한다. 달 기지나 유인 정거장 같은 거주 시설이 설치되지 않은 상황에서 사람이 달이나 달 근처에서 영원히 머물 수는 없기 때문이다. 무인 달 탐사선에 비해 유인 달 탐사선은 크기와 질량이 훨씬 더 커야 한다. 탐사선 안에 우주인이 탑승해 생활할 공간을 확보해야 하고, 우주인이 우주에서 생활하는 데 필요한 식량과 장비를 실어야 하고, 지구로 안전하게 귀환하는 귀환선의 기능도 갖춰야 하기 때문이다. 훨씬 큰 질량의 유인 탐사선을 달에 보내고 달 탐사를 마친 우주인이 귀환선을 타고 다시 지구로 돌아오려면, 훨씬 더 강력한 로켓으로 더 많이 추진을 해야

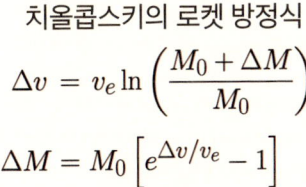

치올콥스키의 로켓 방정식

$$\Delta v = v_e \ln\left(\frac{M_0 + \Delta M}{M_0}\right)$$

$$\Delta M = M_0 \left[e^{\Delta v/v_e} - 1\right]$$

Δv : 속도증분
M_0 : 우주선 질량
v_e : 연료 내뿜는 속도
ΔM : 연료 질량

그림 5-1 치올콥스키의 로켓 방정식. 우주선과 연료 질량, 그리고 연소한 연료를 내뿜는 속도로부터 속도증분을 계산할 수 있다. 반대로 우주선 질량과 연료를 내뿜는 속도, 그리고 속도증분으로부터 필요한 연료의 질량을 계산할 수 있다. 수식에서 ln은 자연로그함수이고, e는 자연상수이다.

한다. 그만큼 유인 달 탐사가 어려울 수밖에 없다.

로켓 과학에서는 로켓 추진으로 속도가 얼마나 많이 변하게 할 수 있는지를 나타내는 속도증분(Δv: delta-v)이 중요하다. 공기저항과 중력이 없는 상황에서 로켓 추진으로 낼 수 있는 속도 변화인 속도증분은 로켓연료 사용량과 직접 연결된다. 치올콥스키의 로켓 방정식을 이용하면, 로켓 추진 전후의 우주선 질량과 로켓이 연료를 내뿜는 속도로부터 속도증분을 계산할 수 있다. 속도증분을 내기 위해 필요한 로켓연료의 질량은 로켓 추진 전후의 우주선 질량 차이이다. 필요한 속도증분을 알면, 거꾸로 로켓연료가 얼마나 필요한지 계산할 수 있다. 우주탐사에서 로켓 추진을 얼마나 많이 해야 하는지 또는 얼마나 많은 로켓연료를 싣고 가야 하는지를 알려면, 얼마나 많은 속도증분이 필요한지를 따져야 한다.

속도증분으로 알아보는 유인 달 탐사

유인 달 탐사는 지구에서 출발해 달로 가는 전반부의 편도비행과, 달 탐사를 마치고 지구로 귀환하는 후반부의 편도비행으로 나눌 수 있다. 달 착륙선을 기준으로, 지구에서 출발해 달에 착륙하는 전반부 편도비행 과정은 다음과 같다.

(1) 지상에서 발사해 지구 주위를 도는 지구 저궤도 Low Earth Orbit, LEO에 올라가는 단계
(2) 지구 저궤도에서 달을 향하는 달 전이궤도 Lunar Transfer Orbit, LTO로 진입하는 단계
(3) 달 전이궤도에서 달 주위를 도는 달 저궤도 Low Lunar Orbit, LLO로 진입하는 단계
(4) 달 저궤도에서 달 표면에 착륙하는 단계

지구 저궤도로 올라가는 첫 번째 단계와 달 전이궤도로 진입하는 두 번째 단계에서는 로켓 추진으로 우주선 속도를 높여야 하고, 달 저궤도로 진입하는 세 번째 단계와 달에 착륙하는 네 번째 단계

에서는 로켓 역추진으로 우주선의 속도를 줄여야 한다. 속도를 높이는 가속과 속도를 줄이는 감속은 로켓을 추진하는 방향만 다를 뿐 로켓 추진을 하는 것 자체는 다르지 않다. 가속 과정이나 감속 과정에서, 로켓 추진으로 속도가 얼마나 많이 변하는가를 나타내는 속도증분이 중요하다.

각 단계에서 필요한 속도증분은 어느 정도일까? 지상에서 발사해 지구 저궤도에 오르는 데 필요한 속도증분은 초속 9.3킬로미터 이상이다. 달 탐사 전체에서 가장 큰 부분을 차지한다. 250킬로미터 고도의 지구 저궤도에서 우주선이 지구 주위를 공전하는 속도는 초속 7.76킬로미터이다. 발사해서 지구 저궤도에 오르는 속도증분이 공전속도보다 더 크다. 그 이유는 지상에서 지구 저궤도로 올라가는 동안 지구 중력과 공기저항이 속도를 높이는 것을 방해하기 때문이다. 로켓의 추력이 작아서 지구 저궤도에 올라가는 데 걸리는 시간이 길어지면, 지구 중력과 공기저항이 더 오랫동안 우주선 속도를 높이는 것을 방해한다. 그만큼 필요한 속도증분은 더 늘어나고 로켓연료를 더 많이 소모한다. 로켓의 추력이 충분히 크면 더 빨리 가속할 수 있기 때문에, 상대적으로 적은 속도증분으로 지구 저궤도에 올라갈 수 있다. 그만큼 로켓연료도 덜 소모한다.

지구 저궤도에 오른 우주선이 달을 향해 가려면, 우주선 타원 궤도의 원지점을 달 공전궤도 거리 이상으로 멀어지도록 우주선의 궤도를 키워야 한다. 달 전이궤도라고 부르는 이 궤도에 진입하려면, 250킬로미터 상공의 지구 저궤도를 도는 우주선의 경우, 우주선의 속도가 초속 10.88킬로미터 이상이 되어야 하고, 그러려면 초속 3.12(=10.88-7.76)킬로미터의 속도증분이 필요하다. 지구 중력을 벗어나기 위한 속도증분보다 초속 0.09킬로미터 더 작은 속도증분이다. 속도를 높인 우주선은 달보다 더 먼 곳까지 갈 수 있는 긴 타원 궤도를 따라 날아가기 시작한다. 우주선이 타원 궤도를 날아가는 도중에 달에 가까워지면, 우주선은 달의 중력에 끌려 달에 다가간다.

달 전이궤도에서 달에 다가갔을 때 아무것도 하지 않으면, 우주선은 달에 가까이 다가갔다가 다시 멀어지면서 달의 중력에서 벗어난다. 달에서 보면 우주선의 속도가 달 중력 탈출속도보다 크기 때문이다. 달 주위를 도는 궤도에 진입하려면, 로켓 역추진으로 속도를 줄여서 달에서 보는 우주선의 속도를 달 중력 탈출속도보다 작게 만들어야 한다. 달 전이궤도에서 달 표면 100킬로미터 상공을 도는 달 저궤도에 진입하려면 초속 0.82킬로미터를 줄여야 한다.

100킬로미터 고도의 달 저궤도에 진입한 우주선은 달 주위를 초속 1.63킬로미터의 속도로 공전한다. 달 저궤도에서 출발해 달에 착륙하려면 달 표면에 닿는 순간에 속도가 0이 되도록 속도를 줄여야 한다. 이 단계에서는 초속 2.05킬로미터 이상의 속도증분이 필요하다.[1] 달의 중력이 끌어당겨서 커지는 속도가 추가되기 때문이다. 결국 지구에서 출발해 달에 착륙하는 편도비행 전체 과정의 각 단계에서 필요한 속도증분을 모두 더한 값은 초속

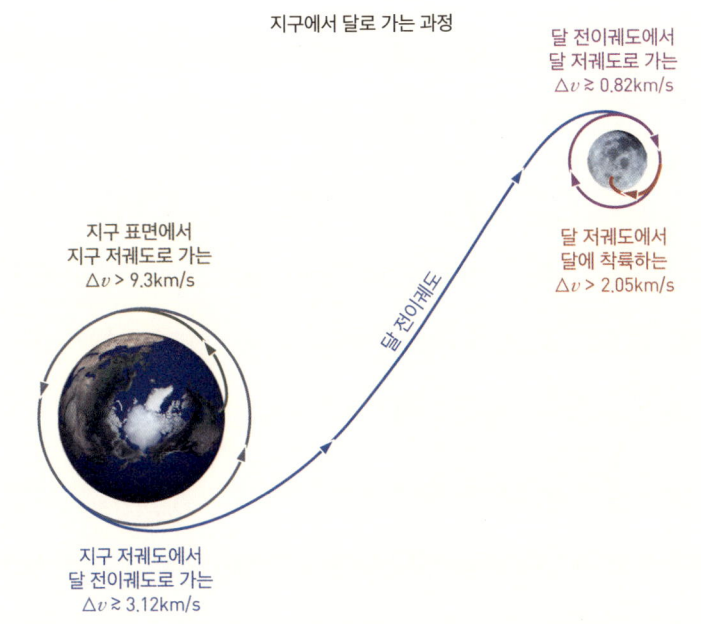

그림 5-2 지구에서 발사해 달 표면에 착륙하기까지의 각 단계에서 필요한 속도증분. 지구에서 달의 상대적 방향이 고정된 좌표계에서 표현한 궤적이다.

15.29(=9.3+3.12+0.82+2.05)킬로미터이다.

지구로 귀환할 때는 지구 대기의 공기저항을 이용한다

달 표면에서 지구로 귀환하는 후반부의 편도비행은 지구에서 달에 가는 전반부의 편도비행을 거꾸로 한 것과 비슷하다. 하지만 지구로 귀환하는 마지막 과정의 세부 내용은 많이 다르다. 지구에 대기가 존재한다는 특별한 조건이 있기 때문이다. 달에서 지구로 날아온 귀환선은 지구 저궤도에 진입하는 과정 없이 곧바로 지구 대기권에 진입하고, 지구 대기의 공기저항으로 귀환선의 속도를 줄인다. 지구 저궤도에 진입하기 위해 속도를 줄이는 과정이 생략되면서 그만큼 로켓 추진을 덜 한다. 지구에서 발사할 때는 지구 중력이 끌어당기는 것을 극복하고 대기의 공기저항도 뚫고 속도를 내야 하기 때문에 더 많은 로켓 추진이 필요한 반면에, 지구로 귀환할 때는 대기의 공기저항으로 속도를 줄이기 때문에 로켓 추진을 거의 사용하지 않는다. 지구 대기의 존재가 때로는 로켓 추진을 더 많이 하게 만들기도 하고, 때로는 로켓 추진을 덜 하게 만들기도 하는 것이다.

달 탐사선이 달 표면을 출발해서 지구로 귀환하는 왕복비행의 후반부를 정리하면 다음과 같다.

(1) 달 표면에서 이륙해서 달 저궤도로 올라가는 단계
(2) 달 저궤도에서 지구로 향하는 지구 전이궤도로 진입하는 단계
(3) 지구 대기에 진입해 착륙하는 단계

첫 번째와 두 번째의 단계는 속도를 높이는 가속 단계이고, 마지막 단계는 속도를 낮추는 감속 단계이다. 달 표면에서 달 저궤도로 올라가려면 적어도 초속 1.86킬로미터의 속도증분이 필요하고,

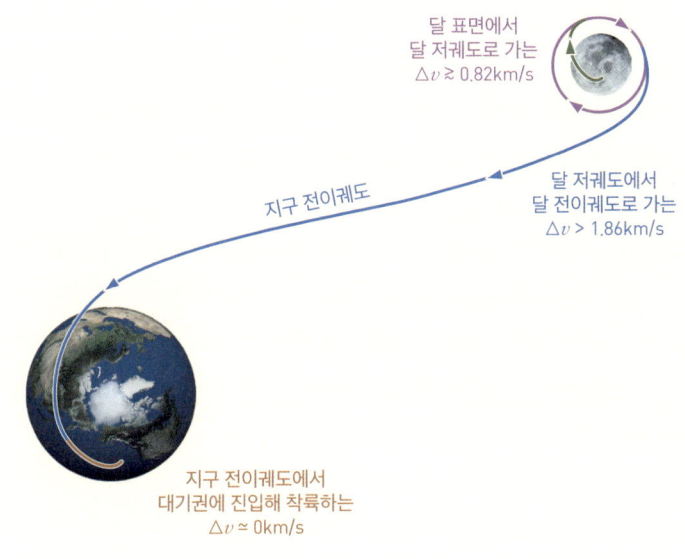

그림 5-3 달 표면에서 이륙해 지구에 귀환하기까지의 각 단계에서 필요한 속도증분.

달 저궤도에서 지구 전이궤도로 진입하려면 초속 0.82킬로미터 이상의 속도증분이 필요하다.

지구 전이궤도에서 지구 대기권 가까이에 접근했을 때 우주선의 속도는 초속 11.1킬로미터에 이른다. 세 번째 단계에서는 곧바로 지구 대기권에 진입해 공기저항으로 우주선의 속도를 충분히 줄이고, 마지막에는 낙하산을 이용해 떨어지는 속도를 거의 0으로 줄인다. 지구 대기의 공기저항이 초속 11.1킬로미터의 속도를 줄이는 로켓 역추진의 효과를 내는 것이다. 달 표면에서 출발해 지구로 돌아오기 위해 로켓 추진으로 내야 하는 최소 속도증분을 모두 더하면 초속 2.68(=1.86+0.82)킬로미터이다. 지구에서 달 표면까지 가는 전반부 과정에 필요한 최소 속도증분인 초속 15.29킬로미터보다 훨씬 작다.

지구를 떠나 달 표면에 착륙하는 데까지 필요한 최소 속도증분인 초속 15.29킬로미터와, 달 표면에서 출발해 지구로 귀환하는 데까지 필요한 최소 속도증분인 초속 2.68킬로미터를 더하면, 유인 달 탐사 전체 과정에서 필요한 최소 속도증분인 초속 17.97킬로미터가 나온다. 비상 상황에 대비한 여유분의 속도증분을 더하면 유인 달 탐사 전체 과정에서는 초속 18킬로미터를 넘는 속도증분이 필요하다.

남은 문제는 우주인과 화물을 포함한 달 탐사선의 질량이다. 유인 달 탐사선은 우주인이 탑승해 8일 이상의 긴 시간 동안 비행을 해야 하기 때문에, 탑승 공간도 충분해야 하고 우주인에게 필요한 장비와 화물도 많다. 달 착륙선도 싣고 가야 한다. 그만큼 유인 달 탐사선의 크기와 질량은 무인 달 탐사선보다 훨씬 클 수밖에 없다. 속도증분도 크고 탐사선의 질량도 크기 때문에, 로켓 추진도 많이 해야 하고 그만큼 많은 로켓 연료를 소모해야 한다. 훨씬 더 강력하고 큰 발사체가 필요하고, 다단계 추진 방식으로 추진의 효율도 극대화해야 한다.

20세기 로켓 중 가장 강력했던 새턴 로켓의 개발

유인 우주비행에 사용한 발사체만 보면, 1960년대 중반까지는 소련의 발사체가 미국의 발사체보다 확실하게 앞서는 것처럼 보였다. 표 5-1에서 볼 수 있듯이, 소련의 첫 다인승 우주비행 계획인 보스호트 계획까지 사용한 발사체의 질량은 연료를 포함해서 약 300톤이고, 최대 5.9톤의 화물을 지구 저궤도에 올릴 수 있었다. 반면, 비슷한 시기의 다인승 우주비행 계획이었던 미국의 제미니 계획에서 사용한 발사체의 질량은 150톤이고, 3.6톤의 화물을 지구 저궤도에 올릴 수 있었다. 유인 우주선 발사를 위한 발사체를 기준으로, 소련의 발사체가 미국의 발사체보다 전체 질량에서는 2배 더 컸고 지구 저궤도에 올릴 수 있는 질량은 64% 더 컸다.

   미국과 소련 사이의 우주 경쟁이 치열해진 와중에 미국은 1950년대 말부터 더 강력한 발사체인 새턴 로켓을 개발하고 있었다. 첫 새턴 로켓인 새턴 1Saturn I 로켓은 총 질량이 510톤이고 지구 저궤도에 올릴 수 있는 최대 탑재화물질량은 9.1톤인 발사체였다.[2] 제미니 계획이 본격적으로 수행되기 전인 1964년 1월 29일의 시험 발사에서 무인 궤도 우주비행에 성공했다. 새턴 1BSaturn IB 로켓은 총 질량이 590톤이고 지구 저궤도에 올릴 수 있는 최대 탑재화물질량은 21톤인 발사체였다.[2] 1967년 2월 21일에 발사 예정이었던 아폴로 1호에 사용하려고 했으나, 지상에서 수행한 사령선 사전 시험에서의 사고로 아폴로 1호가 취소되고 1968년 1월 22일에 발사된 아폴로 5호 무인 궤도 우주비행에서부터 사용하기 시작

표 5-1 소련과 미국의 주요 우주선 발사에 사용된 발사체

소련	미국
첫 인공위성	
스푸트니크 1호(1957년 10월 4일 발사) 발사체: 스푸트니크 8K71PS 최대 탑재화물질량(LEO): 500킬로그램 연료 포함 질량: 43톤	익스플로러 1호(1958년 2월 1일 발사) 발사체: 주노 I 최대 탑재화물질량(LEO): 11킬로그램 연료 포함 질량: 28.5톤
첫 유인 궤도 우주비행	
보스토크 1호(1961년 4월 12일 발사) 발사체: 보스토크-K 8K72K 최대 탑재화물질량(LEO): 4,730킬로그램 연료 포함 질량: 281톤	머큐리-애틀러스 6호(1962년 2월 20일 발사) 발사체: 애틀러스 LV-3B 최대 탑재화물질량(LEO): 1,360킬로그램 연료 포함 질량: 120톤
2인승 유인 궤도 우주비행	
보스호트 1호(1964년 10월 12일 발사) 발사체: 보스호트 11A57 최대 탑재화물질량(LEO): 5,900킬로그램 연료 포함 질량: 298.4톤	제미니 3호(1965년 3월 23일 발사) 발사체: 타이탄 II GLV 최대 탑재화물질량(LEO): 3,600킬로그램 연료 포함 질량: 150톤
소유즈/아폴로 계획 (주요 유인 우주비행)	
소유즈 1호(1967년 4월 23일 발사, 귀환 실패) 발사체: 소유즈 최대 탑재화물질량(LEO): 6,900킬로그램 연료 포함 질량: 305톤 소유즈 3호(1968년 10월 26일 발사) 발사체: 소유즈 1호와 동일 소유즈 4/5호(1969년 1월 14/15일 발사) 발사체: 소유즈 1호와 동일 소유즈 6호(1969년 10월 11일 발사) 발사체: 소유즈 1호와 동일	아폴로 7호(1968년 10월 11일 발사) 발사체: 새턴 1B SA-205 최대 탑재화물질량(LEO): 21톤 우주선과 연료 포함 총 질량: 590톤 아폴로 8호(1968년 12월 21일 발사) 발사체: 새턴 V SA-503 최대 탑재화물질량(LEO): 141톤 우주선과 연료 포함 총 질량: 2,822톤 아폴로 11호(1969년 7월 16일 발사) 발사체: 새턴 V SA-506 최대 탑재화물질량(LEO): 141톤 우주선과 연료 포함 총 질량: 2,938톤

그림 5-4 새턴 로켓의 세 가지 버전. 새턴 1(왼쪽), 새턴 1B(가운데), 새턴 5(오른쪽).

했다.

새턴 로켓의 결정판은 새턴 5Saturn V 로켓이다. 지구 저궤도에 올릴 수 있는 최대 탑재화물질량은 141톤이고, 달까지 보낼 수 있는 최대 탑재화물질량은 52.7톤인 대형 로켓으로, 총 질량은 2,800톤이 넘는다. 총 3단으로 구성된 이 발사체에서 가장 강력한 1단 로켓에는 지름 3.7미터의 대형 로켓엔진인 로켓다인 F-1Rocketdyne F-1 5개를 장착했고 추력은 3만 4,500킬로뉴턴kN: kilonewton이다.[3] 이 추력은 지상에서 3,500톤 이상의 질량을 들어 올릴 수 있는 힘이다. 새턴 5 로켓의 첫 우주비행은 1967년 11월 9일에 발사한 아폴로 4호 무인 궤도 우주비행이었다. 아폴로 우주선에서 시작해 스카이랩 우주정거장 발사까지 총 13회 사용한 새턴 5 로켓의 성능과 크기는 비슷한 시기에 진행된 소유즈 유인 우주비행에 쓰인 발사체를 압도했다.

새턴 로켓 개발의 중심에는 베르너 폰 브라운Wernher von Braun이 있었다. 1912년에 태어난 폰 브라운은 1934년에 액체연료 로켓 연구로 베를린 훔볼트대학교에서 물리학 박사 학위를 받았다. 같은 해 말 두 번의 시험비행에서 그의 주도로 개발한 A2 로켓은 각각 2.2킬로미터 상공과 3.5킬로미터 상공까지 올라가는 데 성공했다. '로켓의 아버지'라 불리는 고더드가 1935년에 개발해 1.46킬로미터높이까지 올라가고 4킬로미터의 수평거리를 날아간 로켓 시험비행보다도 빨랐다. 그가 이끈 로켓 개발팀은 나치 독일의 지원을 받아 1942년에 V-2 로켓을 개발했고, V-2로켓을 이용한 미사일 공격은 제2차 세계대전 막바지에 유럽에 큰 피해를 입혔다. 제2차 세계대전이 연합국의 승리로 끝난 후 미국은 폰 브라운과 약 1,500명의 로켓 개발자를 미국으로 데려와 로켓 개발을 이어갔다. 폰 브라운은 미국과 소련 사이의 우주 경쟁이 치열했던 1960년에 NASA의 마셜우주비행센터 소장으로서 새턴 로켓 개발을 이끌었다.[4]

소련도 새턴 로켓에 버금가는 N1(키릴문자 표현: Н1) 로켓을 개발하고 있었다. 미국이 새턴 5 로켓으로 아폴로 4호를 발사한 지 16일이 지난 1967년 11월 25일에 소련은 N1 로켓의 모형을 공개했다. N1 로켓 개발의 목적도 새턴 로켓과 마찬가지로 유인 달 탐사였다. 미국은 새턴 5 로켓의 1단에 추력 7,770킬로뉴턴의 대형

그림 5-5 로켓다인 F-1 엔진 5개로 구성된 새턴 5 로켓의 1단 로켓엔진과 새턴 로켓 개발을 이끈 폰 브라운.

로켓엔진 5개를 묶어 장착하는 방식을 선택한 반면, 소련의 N1 로켓 1단에는 지상 추력이 1,505킬로뉴턴인 로켓엔진 30개를 장착

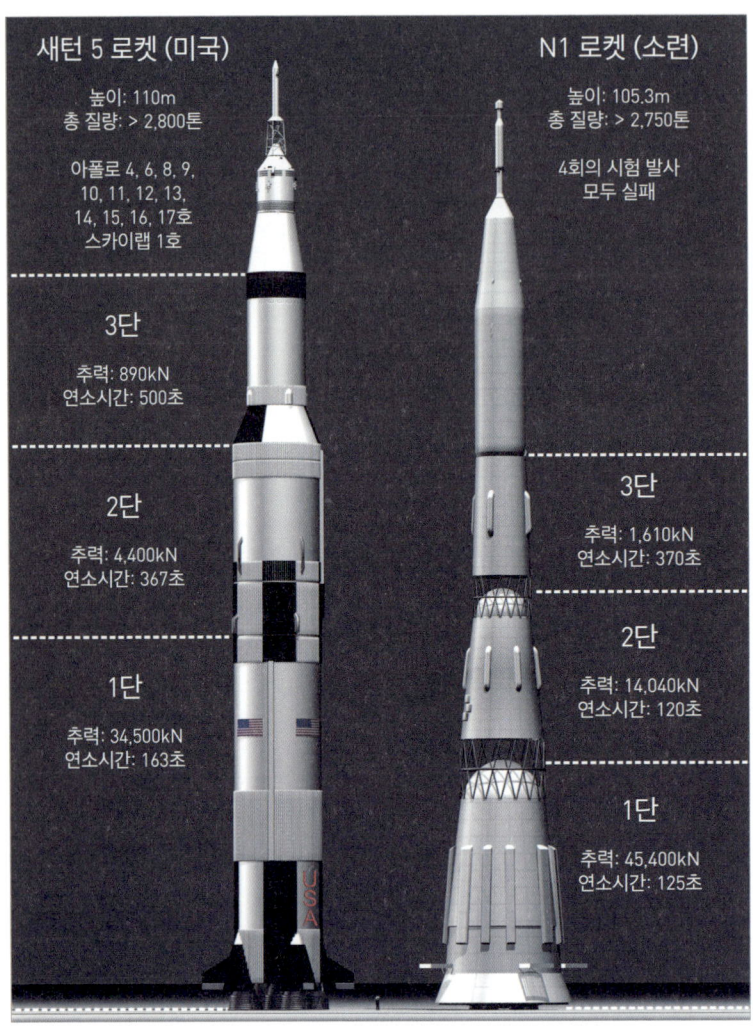

그림 5-6 미국의 새턴 5 로켓과 소련의 N1 로켓의 비교. 미국의 새턴 5 로켓은 실제 유인 달 탐사에 사용했으나, 소련의 N1 로켓은 시험 발사에서 모두 실패했다.

하는 방식을 선택했다. 최대 추력은 4만 5,400킬로뉴턴으로 새턴 5 로켓의 1단의 최대 추력 3만 4,500킬로뉴턴보다 컸다. 하지만 총 4회의 시험 발사를 모두 실패하면서 이후의 N1 로켓 개발은 취소됐다.[5]

2025년 현재, 우주선 제작 및 우주 운송을 하는 회사인 스페이스엑스Space Exploration Technologies Corp, SpaceX는 완전 재사용 우주선을 목표로 스타십Starship을 개발해 시험 발사를 하고 있다. 스타십의 1단 로켓인 슈퍼헤비Super heavy에는 랩터엔진Raptor engine 33개를 장착했다. 2024년 버전의 슈퍼헤비를 기준으로 랩터엔진 하나의 추력은 2,300킬로뉴턴이고, 슈퍼헤비의 최대 추력은 이의 33배인 7만 5,900킬로뉴턴이다. 지상에서 7,700톤 이상의 질량을 들어 올릴 수 있는 힘이다. 로켓 역사상 가장 강력한 로켓인 스페이스엑스의 슈퍼헤비가 상대적으로 작은 로켓엔진인 랩터엔진 33개를 묶어서 높은 성능을 낸다는 점은 소련의 N1 로켓의 1단과 닮았다.

아폴로 계획

미국이 유인 달 탐사 계획을 공개적으로 거론하기 시작한 때는 1961년까지 거슬러 올라간다. 1961년 5월 25일 미 의회 상하원 합동회의에서 미국 대통령 존 F. 케네디는 "사람을 달에 착륙시키고 안전하게 지구로 귀환시키는" 목표로 유인 달 탐사를 제안했다. 실제 유인 달 탐사 계획인 아폴로 계획Apollo Program도 같은 해에 시작됐다.[6] 제미니 계획을 통해 유인 달 탐사에 필요한 장시간 유인 우주비행, 우주선 사이의 도킹, 선외활동, 그리고 미리 정해진 위치로의 귀환 등의 목표를 달성했다. 그리고 달 탐사에 필요한 강력한 새턴 로켓을 개발하면서 유인 달 탐사를 위한 단계를 차근차근 밟아나갔다.

아폴로 1호는 1967년 2월 21일에 우주인 3명을 싣고 새턴 1B 발사체로 발사될 예정이었다. 하지만 1967년 1월 27일 사령선 Command Module으로 지상 시험을 하던 중에 화재로 3명의 우주비행사가 사망하는 사건이 발생하면서 아폴로 1호의 발사는 취소됐다. 사망한 3명의 우주인 중 거스 그리섬 Gus Grissom은 머큐리 계획의 두 번째 유인 탄도 우주비행과 제미니 계획의 첫 번째 유인 궤도 우주비행을 한 우주인이었다. 에드 화이트는 제미니 4호를 타고 궤도에 올라 미국인 최초로 우주유영을 한 우주인이었다. 로저 채피 Roger B. Chaffee는 당시까지 미국의 최연소 우주인으로 선발되어 첫 우주비행을 앞두고 있었다.

아폴로 2호와 아폴로 3호라는 이름은 실제 우주비행에 사용되지 않았고, 아폴로 4호가 아폴로 계획의 첫 우주비행이었다. 1967년 11월 9일에 발사된 아폴로 4호는 우주인이 탑승하지 않은 무인 우주비행이었고, 새턴 5 로켓을 사용한 첫 우주비행이었다. 고도 1만 8,092킬로미터까지 도달한 후 지구와 가까워지는 동안 로켓 추진으로 더 가속해 사령선이 달에서 귀환하는 속도로 지구 대기권에 진입했다. 1968년 1월 22일에 발사된 아폴로 5호도 무

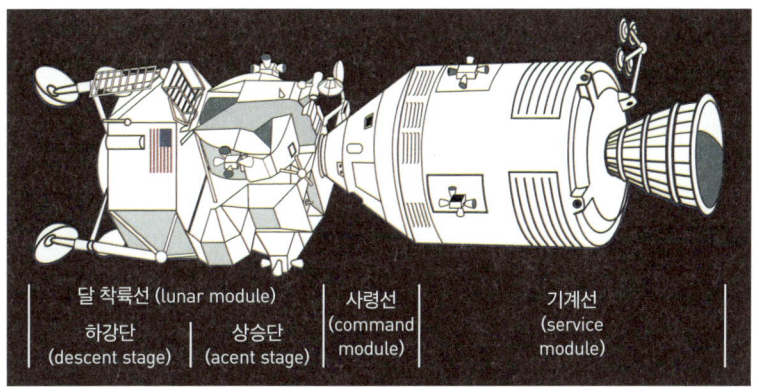

그림 5-7 달 착륙선, 사령선, 기계선. 달 착륙선은 하강단과 상승단으로 구성되어 있다.

인 우주비행이었고, 지구 저궤도에서 달 착륙선을 시험했다. 아폴로 1호에 사용할 예정이었던 새턴 1B 발사체를 사용했다. 1968년 4월 4일에 발사된 아폴로 6호는 새턴 5 로켓으로, 달만큼 떨어진 거리까지 무인 우주비행을 할 예정이었다. 하지만 1단과 2단 추진체에 문제가 발생해 지구에서 2만 2,000킬로미터 떨어진 곳까지 갔다 오는 것으로 임무가 수정됐다.

아폴로 계획에서 유인 우주비행은 1968년 10월 11일에 아폴로 7호를 새턴 1B 로켓으로 발사하면서부터 시작됐다. 아폴로 7호는 11일 동안 지구 주위를 163회 돌고 10월 22일에 귀환했다. 최초로 우주에서 TV 생중계를 한 우주선이었다. 새턴 5 로켓을 이용한 첫 유인 우주비행은 같은 해 12월 21일에 발사된 아폴로 8호로, 달 주위를 돌고 지구로 돌아왔다. 달에 착륙하지는 않았지만 지구를 벗어나 지구 밖 천체인 달에 다가간 최초의 유인 우주비행이었다. 원래는 1969년 초에 발사해 지구에서 수천 킬로미터에서 수만 킬로미터 떨어진 곳까지 가는 지구 중궤도Medium Earth Orbit, MEO를 돌 예정이었지만, 달까지 가는 것으로 임무가 변경됐고 발사 일정도 앞당겨졌다. 아폴로 8호부터 모든 아폴로 우주선은 새턴 5 로켓으로 발사됐다.

1969년 3월 3일에 발사된 아폴로 9호는 지구 저궤도를 돌면서 사령선, 기계선Service Module, 달 착륙선Lunar Lander을 모두 포함한 아폴로 우주선 완전체를 시험하는 임무를 수행했다. 10일간 지구 저궤도에 머물면서 사령선과 달 착륙선 사이의 도킹을 포함한 달 탐사 임무 중에 해야 하는 작업들을 성공적으로 수행했다. 1969년 5월 18일에 발사된 아폴로 10호는 달 착륙선으로 달 표면 15.6킬로미터 상공까지 내려갔다 다시 올라오는 시험을 했다.

아폴로 11호, 달에 첫발을 딛다

아폴로 11호는 인류 역사상 처음으로 지구 밖 천체에 착륙한 첫 유인 우주선이다. 닐 암스트롱, 마이클 콜린스Michael Collins, 버즈 올드린Buzz Aldrin이 탑승한 아폴로 11호는 1969년 7월 16일에 발사됐다. 발사 11분 23초 후에 약 185킬로미터 상공의 지구 저궤도에 올라 지구 주위를 한 바퀴 반을 더 돈 후, 남은 새턴 5 로켓의 마지막

3단 로켓을 5분 42초 동안 추진해 달로 향하는 달 전이궤도에 진입했다.[7] 3단 로켓에서 분리된 사령·기계선 Command/Service Module(사령선+기계선)은 180도 회전한 후 3단 로켓에 남아 있던 달 착륙선을 도킹해서 꺼낸 후 달을 향해 날아갔다.

7월 19일에 달 뒷면에 도달한 아폴로 11호는 로켓 역추진으로 감속해 달 주위를 도는 궤도에 진입했다. 7월 20일, 암스트롱과 올드린은 달 착륙선으로 이동했고 사령·기계선에서 분리된 달 착륙선은 30초 동안 역추진해 달 표면 14.5킬로미터 상공에 접근하는 타원 궤도에 진입했다. 달에 가까이 접근했을 때 달 착륙선은 다시 756.3초 동안 역추진해 속도를 줄여 달 표면에 착륙했다. 착륙 6시간 39분 후에 암스트롱은 달 착륙선에서 내려와 달 표면에 첫발을 디뎠고, 이 장면은 전 세계 6,000만 명 이상의 사람들이 TV 생중계로 지켜봤다. 1960년대 안에 달에 사람을 보내겠다는 1961년 존 F. 케네디의 선언이 실현되는 순간이었다. 이어서 올드린도 달 표면에 발을 디뎠다. 1967년 11월 9일에 발사된 아폴로 계획의 첫 우주선인 아폴로 4호부터, 1969년 7월 16일에 발사된 아폴로 11호까지, 불과 1년 8개월의 짧은 기간 동안 8회의 아폴로 우주선 발사로 달에 착륙하는 데 성공한 역사적인 쾌거였다.

달 착륙선은 매끈한 유선형이 아닌 다소 울퉁불퉁한 모양을 그대로 드러내고 있다. 달 표면은 대기가 거의 없어서 공기저항을 고려할 필요가 없기 때문이다. 암스트롱과 올드린은 2시간 13분 동안 달 표면에서 활동하면서 과학 실험장치를 설치하고 21.55킬로

그림 5-8 왼쪽 위: 아폴로 11호 발사 장면. 오른쪽 위: 달 착륙 전 사령·기계선에서 달 착륙선이 분리된 장면. 왼쪽 아래: 우주인 올드린, 달 표면에 설치한 지진계(올드린 바로 옆), 달 거리 측정용 레이저 반사경(지진계 뒷부분). 오른쪽 아래: 지구로 귀환해 태평양에 착수한 아폴로 11호 사령선.

그램의 암석과 흙을 채집하는 등의 임무를 수행했다. 우주인들은 착륙선에서 7시간 동안 잠을 잤고, 착륙한 지 21시간 37분 후에 달 착륙선의 윗부분인 상승단ascent stage만으로 이륙해 달 저궤도를 돌고 있던 사령·기계선과 도킹했다.⁸ 두 우주인이 사령선으로 이동한 후 달 착륙선을 떼어 냈고, 기계선 로켓을 추진해 지구를 향하는 지구 전이궤도에 진입했다. 지구에 가까워졌을 때 지구 대기권에 재진입할 수 있는 위치와 방향으로 조절한 후 기계선을 분리한 사령선은 대기권에 진입했다. 사령선은 공기저항으로 감속한 후 낙하산으로 속도를 더 줄여 태평양에 착수했다.

아폴로 유인 달 탐사는 다단계 로켓의 대표적인 사례이다. 새턴 5 로켓은 3단 로켓이었고, 기계선의 로켓, 그리고 달 착륙선 하강단descent stage의 로켓과 상승단의 로켓까지 포함하면 총 6단의 로켓이 사용됐다. 각각의 추진 단계에서 더 이상 필요 없는 로켓엔진과 연료탱크 그리고 주변 구조물을 제거해 질량을 줄여서 더 효율적으로 추진할 수 있는 방법이다. 지구에서 발사될 때 새턴 5 로켓을 합친 아폴로 11호 전체의 질량이 2,900톤이 넘었지만, 지구 대기권에 진입하기 전 사령·기계선의 본체 질량은 12톤 정도에 불과했다. 발사 때 질량의 0.4%만 남은 사령·기계선이 지구에 가까이 왔고, 사령·기계선도 대기권에 진입하기 전에 분리되어 우주인들이 탄 사령선만 안전하게 태평양 해상에 착수했다.⁹

아폴로 계획은 아폴로 11호부터 17호까지 7회의 탐사 중에서 13호를 제외하고 6회의 유인 달 착륙을 성공했다. 아폴로 13호는 지구에서 약 33만 킬로미터 떨어져서 날아가고 있을 때, 기계선의 산소탱크가 폭발하는 사고가 발생했다.¹⁰ 달 착륙은 취소됐고, 3명의 우주인들은 산소 여유분이 충분하지 않은 사령선에서 달 착륙선으로 이동했다. 이후 기계선의 로켓 대신 달 착륙선의 로켓을 추진해 지구로 귀환하는 궤도에 진입했다. 만약에 달 착륙 이전이 아닌 달 착륙 이후에 기계선 산소탱크가 폭발했다면, 탑승한 우주인들이 지구로 돌아오지 못하는 최악의 상황이 벌어질 수도 있었다. 아폴로 13호는 달 뒷면을 지나갈 당시 달 표면 254킬로미터 상공을 지나갔다. 이때 지구에서의 거리는 40만 171킬로미터로, 인간이 지구에서 가장 먼 곳까지 간 거리였다.[11]

우주탐사의
역사

THE BRIEF HISTORY OF
SPACE EXPLORATION

행성 궤도선·착륙선과 중력도움을 이용한 행성 탐사

- 금성 착륙선이 궤도선보다 먼저 갈 수 있었던 이유는?
- 로켓 추진 없이 탐사선 속도를 높이거나 줄이는 중력도움 항법
- JPL 연구소 인턴 2명이 찾아낸 외계행성 탐사의 돌파구

궤도선이 근접비행보다 어려운 이유

행성을 스쳐 지나가는 근접비행은 기술적으로 쉽고 비용도 상대적으로 적게 드는 반면, 가까운 위치에서 행성을 관측할 수 있는 시간이 짧다는 단점이 있다. 행성 궤도선과 착륙선은 이 단점을 극복할 수 있다. 궤도선은 행성 주위를 돌면서 오랫동안 행성 가까이에서 관측할 수 있고, 착륙선은 행성 표면에 착륙해 궤도선보다 훨씬 더 가까이에서 행성을 관측할 수 있다. 하지만 궤도선과 착륙선은 궤도 진입과 착륙 과정이 추가되기 때문에, 근접비행에 비해 기술적으로 더 어렵고 비용도 더 많이 든다.

지구에서 출발해 지구-행성 전이궤도를 거쳐서 행성을 향해 날아가는 탐사선을 보자. 목표 행성에서 보면 탐사선은 행성의 중력 탈출속도보다 빠르게 행성으로 다가온다. 이런 탐사선은 행성과 부딪치지 않으면 행성에 아무리 가깝게 다가가도 다시 멀어지면서 행성의 중력을 벗어난다. 행성 주위를 도는 궤도선이 되려면 탐사선은 로켓 역추진으로 탐사선의 속도를 줄여서 행성의 중력 탈출속도보다 느리게 만들어야 한다. 그러면 탐사선은 행성의 중력에 갇혀 행성의 중력 영향권 안에서 머물면서 행성 주위를 돌 수 있다.

궤도선이 되려면 행성을 기준으로 계산한 위치에너지와 운동에너지를 합한 전체 에너지가 중력에 갇히는 수준으로 작아야 한다. 특정 위치에서 위치에너지를 줄일 수는 없고, 탐사선 속도를 줄여 운동에너지를 줄여야 전체 에너지를 줄일 수 있다. 오베르트 효과 Oberth effect에 의하면 속도가 가장 클 때 속도를 줄이거나 늘려야 운동에너지가 가장 크게 변한다. 이 때문에, 가장 효과적으로 운동에너지를 줄이려면 탐사선의 속도가 가장 빠를 때 로켓 역추진으로 탐사선의 속도를 줄여야 한다.

탐사선의 속도는 행성에 가장 가까워졌을 때 가장 크다. 이때가 위치에너지가 가장 작고, 에너지 보존법칙에 의해 운동에너지는 가장 크기 때문이다. 따라서 탐사선이 행성에 가장 가까이 다가갔을 때 역추진하는 것이 가장 효과적이다. 반대로 행성의 중력에 갇혀 있는 탐사선이 행성의 중력을 벗어날 때도 오베르트 효과를 고려해야 한다. 이 경우에도 탐사선의 속도가 가장 빠른 때인 행성에 가장 가까워졌을 때 로켓 추진을 해야 가장 효과적으로 운동에너지를 높여서 중력을 벗어날 수 있다.

금성 궤도선과 화성 궤도선이 되는 과정

지구의 공전궤도 안쪽을 공전하는 금성에 궤도선을 보내는 경우를 보자. 탐사선은 지구를 출발해 금성으로 향하는 지구-금성 전이궤도를 거쳐서 금성을 향해 날아가야 한다. 금성에 다가갔을 때 로켓 역추진으로 속도를 줄이면, 금성의 중력에 갇혀 금성 주위를 도는 궤도선이 된다.

금성은 원일점에 있을 때 지구의 공전궤도와 가깝다. 원일점에 있는 금성에 다가가서 금성 400킬로미터 상공을 도는 궤도선이 되려면, 먼저 금성에 가장 가까이 다가가는 위치를 금성 400킬로미터 상공으로 맞춰야 한다. 탐사선이 이 위치에 도달했을 때 역추진으로 탐사선의 속도를 초속 3.3킬로미터를 줄이면 목표한 궤도에 진입할 수 있다. 달 표면 100킬로미터 상공을 도는 궤도에 진입할 때 줄이는 속도보다 약 4배 더 크다. 연소한 연료를 초속 3킬로미터로 내뿜는 로켓엔진을 사용해 탐사선의 속도를 초속 3.3킬로미터를 줄인다면, 탐사선 자체 질량의 2배에 해당하는 연료와 산화제를 싣고 가서 역추진에 사용해야 한다.

차선책으로, 금성에 가까울 때는 400킬로미터 상공이고 멀 때는 금성에서 더 멀리 떨어지는 타원 모양으로 금성 주위를 도는 궤도에 진입하는 방법이 있다. 금성에서 가장 먼 위치를 6,000킬로미터 상공까지 늘린 타원 궤도에 진입하려면 초속 1.6킬로미터를 감속해야 한다. 훨씬 더 먼 곳을 도는 궤도를 목표로 하면, 역추진으로 감속해야 하는 속도를 초속 1킬로미터 미만으로도 낮출 수 있

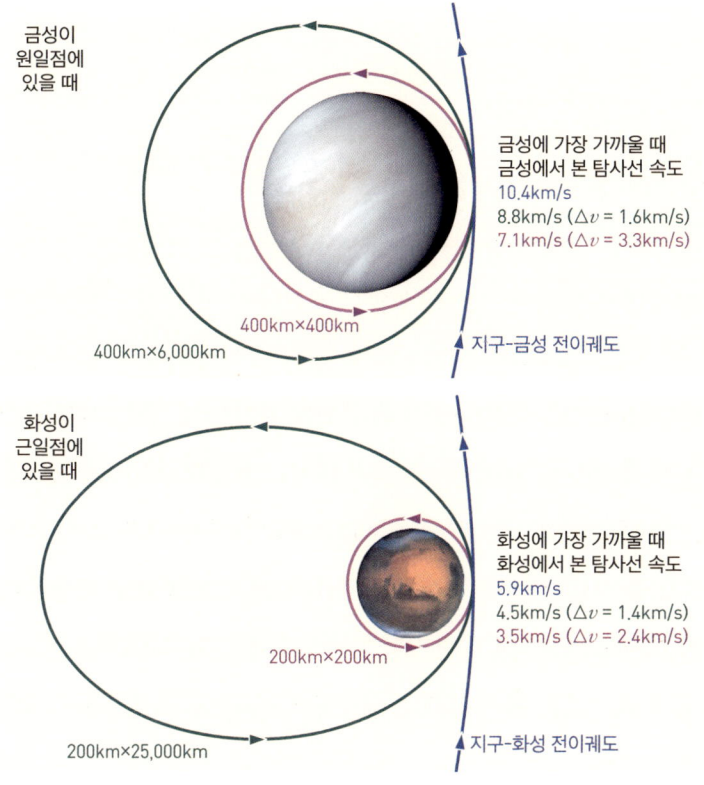

그림 6-1 금성과 화성의 궤도선이 되기 위해 역추진으로 감속해야 하는 속도. 위: 지구에서 금성으로 날아가는 지구-금성 전이궤도에서 금성 400킬로미터 상공의 저궤도에 진입하려면 속도를 초속 3.3킬로미터를 줄여야 한다. 원일점에 있는 금성에 다가간다고 가정했다. 아래: 지구-화성 전이궤도에서 화성 200킬로미터 상공의 저궤도에 진입하려면 초속 2.4킬로미터를 줄여야 한다. 근일점에 있는 화성에 다가간다고 가정했다. 행성에서 더 멀리 떨어져서 도는 궤도에 진입할 경우, 역추진으로 감속해야 하는 속도는 줄어든다. (400km×6,000km는 탐사선의 고도가 행성에 가장 가까울 때는 400킬로미터, 행성에서 가장 멀 때의 6,000킬로미터임을 의미한다.)

다. 역추진으로 초속 1킬로미터를 줄이려면 탐사선 자체 질량의 40%에 해당하는 연료와 산화제를 싣고 가야 한다. 대신 궤도선이 행성에서 멀리 떨어졌을 때는 그만큼 자세한 관측이 더 어려워 진다는 것은 감수해야 한다.

지구의 공전궤도 바깥쪽을 공전하는 화성에 궤도선을 보내는 경우를 보자. 화성은 근일점에 있을 때 지구의 공전궤도와 가깝다. 근일점에 있는 화성에 다가가 화성 200킬로미터 상공을 도는 궤도에 진입하려면 초속 2.4킬로미터를 감속해야 한다. 달 저궤도에 진입할 때 줄이는 속도보다 거의 3배 더 큰 속도이다. 화성에 가까울 때는 200킬로미터 떨어진 곳을 지나가고 멀 때는 훨씬 더 멀리 떨어진 곳을 지나가는 타원 궤도를 목표로 하면, 역추진으로 감속해야 하는 속도는 초속 1킬로미터 미만으로 줄일 수 있다. 이 경우도 더 멀리 떨어졌을 때는 자세히 탐사할 수 없다는 문제를 감수해야 한다.

달 궤도선과 비교하면, 금성 궤도선이나 화성 궤도선은 지구에서 더 빠른 속도로 날아가야 하고, 행성 주위를 도는 궤도에 진입할 때도 속도를 더 많이 줄여야 한다. 그만큼 달 궤도선보다 로켓 추진을 더 많이 해야 하기 때문에 더 많은 로켓연료를 싣고 가야 하고, 로켓연료를 실은 탐사선의 질량도 더 커진다. 더 큰 질량의 탐사선을 지구에서 발사해 행성에 다가갈 수 있는 속도로 날아가게 하려면 발사체는 더 크고 강력해야 한다.

행성 착륙선은 대기의 공기저항을 이용할 수 있다

행성 표면에 사뿐히 연착륙하려면 궤도선보다 훨씬 더 많이 속도를 줄여야 한다. 그런데 대기가 있는 행성은 로켓 역추진 대신 대기의 공기저항으로 속도를 줄일 수 있다. 지구에서 행성을 향하는 전이궤도에서 곧바로 행성의 대기에 진입하면, 행성 주위를 도는 궤도에 진입하는 중간 과정을 생략할 수도 있다. 로켓 추진을 덜 하는 만큼 탐사선에 싣고 가는 로켓과 로켓연료의 질량을 줄일 수 있다. 대기의 두께와 압력이 지구보다 큰 금성에서는 대기의 공기저항으로 속도를 줄이는 효과가 상당히 크다. 이 때문에, 아폴로 계획의 달 귀환선이 지구로 귀환할 때처럼 로켓 추진을 거의 사용하지 않고 공기저항으로 속도를 줄여 금성 표면에 연착륙할 수 있다. 화성의 대기는 지구에 비해 얇고 대기 압력도 표면 기준으로 지구의 16분의 1 수준에 불과하지만, 화성 대기의 공기저항으로 줄일 수 있는 속도도 적지 않다.

행성 궤도선과 착륙선 중에서 가장 먼저 성공한 탐사선은 금성 착륙선이다. 1970년 8월 17일에 발사된 소련의 베네라 7호Венера-7는 같은 해 약 4개월 후인 12월 15일에 금성 대기에 진입했다. 착륙선은 금성 표면 60킬로미터 상공에서부터 낙하산을 펴고 내려오면서 금성의 대기를 측정했고, 금성 지표면에 초속 17미터의 속도로 충돌했다. 이 충돌 속도에도 살아남은 베네라 7호는 23분간 전파 신호를 보냈다.[1]

금성 주위를 돈 첫 금성 궤도선은 소련의 베네라 9호Венера-9이

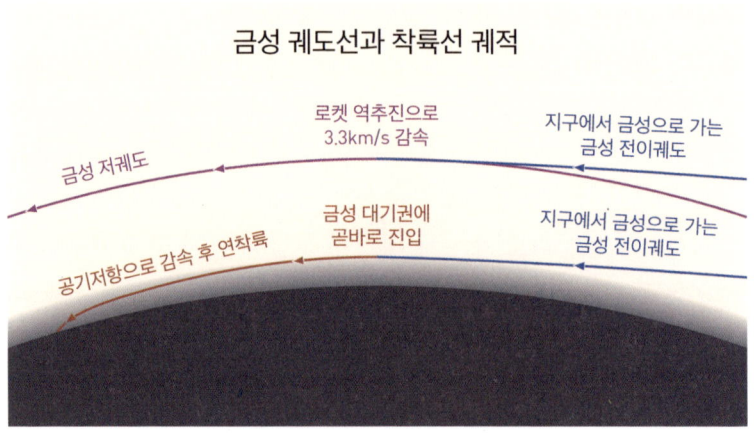

그림 6-2 금성 표면 400킬로미터 상공을 도는 궤도선이 되려면 금성에 가까이 접근했을 때 줄여야 하는 속도는 초속 3.3킬로미터이다. 금성에서 더 멀리 떨어져서 도는 궤도일수록 감속해야 하는 속도는 줄어든다. 금성 착륙선은 금성 대기권에 곧바로 진입해 공기저항으로 속도를 줄일 수 있기 때문에, 로켓 역추진을 거의 사용하지 않고도 금성 표면에 연착륙할 수 있다.

다. 궤도선과 함께 1975년 7월 8일에 발사됐다. 같은 해 10월 20일에 궤도선과 착륙선이 분리됐고, 궤도선은 10월 22일에 금성 주위를 도는 궤도에 진입했다.[2] 금성에 가장 가까울 때는 7,625킬로미터 상공을 지나고, 가장 멀 때는 11만 8,072킬로미터 상공을 지나는 긴 타원 궤도였다. 금성에서 먼 곳을 도는 궤도에 진입했기 때문에 역추진으로 감속한 속도는 초속 0.9킬로미터 미만이었을 것으로 추정한다. 착륙선은 10월 22일에 초속 10.7킬로미터의 속도로 금성 대기권에 진입했고, 대기의 공기저항과 낙하산으로 속도를 줄여 금성 표면에 초속 7미터의 속도로 착륙했다. 최초로 금성 표면 사진을 찍었다.

　미국은 소련보다 늦게 금성 궤도선과 착륙선을 보냈다. 미국의 첫 금성 궤도선은 파이어니어 비너스 1호Pioneer Venus 1로, 소련의 첫 금성 궤도선인 베네라 9호보다 2년 10개월 이상 늦은 1978년 5월 20일에 발사되어, 같은 해 12월 4일 금성 주위를 도는 타원 궤도에 진입했다.[3] 금성에 가장 가까울 때는 181.6킬로미터 상공을, 가장 멀 때는 6만 6,630킬로미터 상공을 도는 긴 타원 궤도였다. 미국의 첫 금성 착륙선은 파이어니어 비너스 2호Pioneer Venus 2로, 소련의 척 금성 착륙선인 베네라 7호보다 거의 8년 늦은 1978년 8월 8일에 발사됐다. 길이 2.5미터의 운반선bus, 지름 1.5미터의 대형 탐사선large probe, 그리고 지름 0.8미터의 소형 탐사선small probe 3개가 금성 대기권에 진입해 금성 표면에 충돌했다. 소형 탐사선 중 하나는 금성 표면에 충돌한 이후에도 살아남아 1시간 넘게 전파 신호를 보냈다.[4]

　화성 궤도선 경쟁은 미국과 소련이 막상막하였다. 소련은 첫 화성 궤도선과 착륙선을 포함한 마스 2호Mapc-2를 1971년 5월 19일에 발사한 반면,[5] 미국은 11일 뒤인 5월 30일에 첫 화성 궤도선 매리너 9호Mariner 9를 발사했다. 미국의 매리너 9호는 마스 2호보다 13일 이른 11월 14일에 화성 주위를 도는 공전궤도에 진입하면서, 간발의 차이로 첫 화성 궤도선이라는 타이틀을 차지했다. 매리너 9호의 궤도는 화성에 가까울 때는 1,398킬로미터 상공을 지나고

그림 6-3 위: 소련의 베네라 9호 착륙선과 미국의 바이킹 1호 착륙선. 가운데: 소련의 두 번째 금성 착륙선 베네라 9호가 1975년에 찍은 금성 표면 사진. 아래: 미국의 첫 번째 화성 착륙선 바이킹 1호가 1976년에 찍은 화성 표면 사진.

멀 때는 1만 7,915킬로미터 상공을 지나는 타원 궤도였다. 궤도에 진입할 때 매리너 9호는 약 14분 동안 역추진해서 초속 1.45킬로미터를 줄였다.[6] 소련의 마스 2호는 11월 27일에 화성 주위를 도는 공전궤도에 진입했다. 화성에 가까울 때는 1,380킬로미터 상공을 지나고 멀 때는 2만 4,840킬로미터 상공을 지나는 타원 궤도였다. 마스 2호는 궤도선이 된 후 얼마 되지 않아 화성 착륙선을 분리해 화성 표면에 착륙을 시도했지만 연착륙에 실패하고 추락했다.

화성 표면에 연착륙한 최초의 화성 착륙선은 마스 3호 Mapc-3로, 궤도선과 함께 1971년 5월 28일에 발사됐다. 같은 해 12월 2일에 궤도선은 화성 주위를 도는 공전궤도에 진입했고, 착륙선은 화성에 연착륙했다.[7] 착륙 90초 후에 20초 동안 통신이 유지됐지만 이후 통신이 두절됐다. 미국의 첫 화성 착륙선은 바이킹 1호 Viking 1로, 궤도선과 함께 1975년 8월 20일에 발사되어 다음 해인 1976년 7월 20일에 화성 표면에 착륙했다. 1982년 11월 11일 통신이 두절될 때까지 바이킹 1호는 6년 이상 작동했다.[8] 화성 착륙선 경쟁은 소련이 미국에 4년 이상 앞섰지만, 제대로 된 성과는 미국의 차지였다.

목성과 토성을 탐사한 파이어니어호의 중력도움 항법

금성과 화성에 이어 세 번째로 탐사한 행성은 목성이었다. 1972년 3월 3일에 발사된 파이어니어 10호 Pioneer 10는 1973년 12월 4일에 목성의 표면에서 약 13만 킬로미터 떨어진 위치까지 접근했다. 파이어니어 10호가 목성에 다가가기 전까지의 속도는 태양계를 벗어날 수 없는 속도였다. 목성 근처를 지나가지 않았다면, 목성 궤도보다 조금 더 멀리 갈 수 있는 정도의 속도였다. 하지만 목성을 근접 비행하고 난 후에는 파이어니어 10호의 속도는 더 빨라져서 태양계를 벗어날 수 있는 속도가 되었다. 단순히 목성 근처를 지나가는 것만으로 로켓 추진 없이 탐사선의 속도를 높이는 중력도움 항법의 결과였다. 파이어니어 10호는 첫 목성 탐사선이면서 태양계를 벗어나는 속도로 날아간 최초의 탐사선이기도 하다.[9]

  탐사선이 얼마나 더 먼 행성에 갈 수 있는지 또는 태양계에서 벗어날 수 있는지는 태양에서 본 탐사선의 속도에 달려 있다. 탐사선이 행성의 중력에 끌려 행성에 다가갔다가 멀어지는 과정에서 탐사선이 날아가는 방향을 바꾸기도 하지만, 태양에서 본 탐사선이 속도를 더 높이기도 하고 줄이기도 한다. 중력도움$_{\text{gravity assist}}$이라고 불리는 이 항법에서 탐사선의 속도를 더 높이고 줄이는 것은 탐사선이 행성에 다가가고 멀어지는 방향에 달려 있다.

  탐사선의 속도를 높이려면, 행성이 공전하는 방향과 다른 방향으로 행성에 다가가서, 행성이 공전하는 방향과 비슷하게 멀어져야 한다. 이 경우 목성을 따라가면서 보면, 탐사선은 쌍곡선 궤적으로 목성에 다가갔다가 멀어진다. 목성에서의 거리가 같으면 탐사선이 목성에 다가가는 속도와 멀어지는 속도는 같다. 하지만 태양에서 보면 탐사선의 속도는 목성의 공전 속도가 벡터 더하기 방식으로 더해지면서 행성에서 멀어질 때 탐사선의 속도가 더 크다. 목성 근처를 지나가면서 목성의 공전 속도 일부를 훔치는 셈이다. 파이어니어 10호는 목성을 이용한 중력도움 항법으로 탐사선의 속도를 초속 12.3킬로미터 더 높였다.

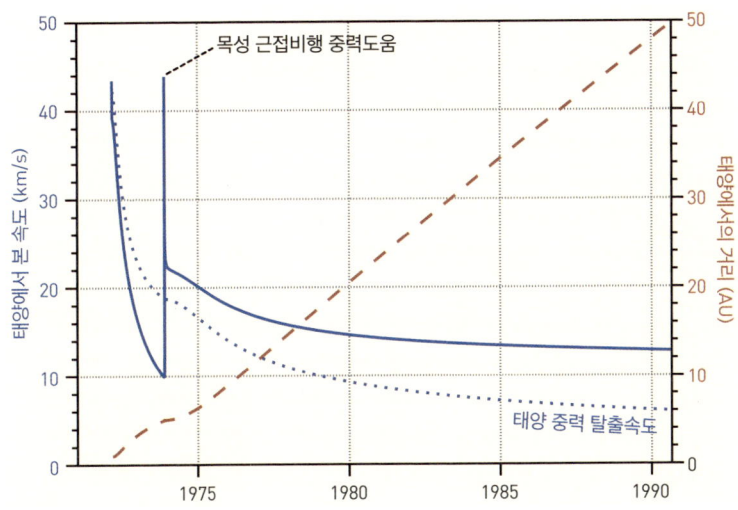

그림 6-4 파이어니어 10호의 속도와 거리 변화. 파란색 직선은 태양에서 본 파이어니어 10호의 속도이고, 파란색 점선은 태양 중력 탈출속도, 주황색 파선dashed line은 태양에서의 파이어니어 10호의 거리이다. 파이어니어 10호는 목성에 다가가기 전까지는 태양의 중력을 벗어날 수 없는 속도로 날아갔지만, 목성을 이용한 중력도움 항법 후에는 태양의 중력을 벗어날 수 있는 속도로 날아가고 있다.

 토성과 같은 목성 너머의 행성에 곧바로 가려면, 목성에 가기 위한 속도보다 더 빠른 속도가 필요하다. 더 빠른 속도를 내려면 로켓 추진도 더 많이 해야 한다. 그런데 목성 너머의 행성에 곧바로 가지 않고 목성을 거쳐 가면, 목성에 갈 수 있는 로켓으로도 목성 너머의 행성에 갈 수 있다. 목성을 이용한 중력도움 항법으로 로켓 추진 없이 탐사선의 속도를 더 높일 수 있기 때문이다.

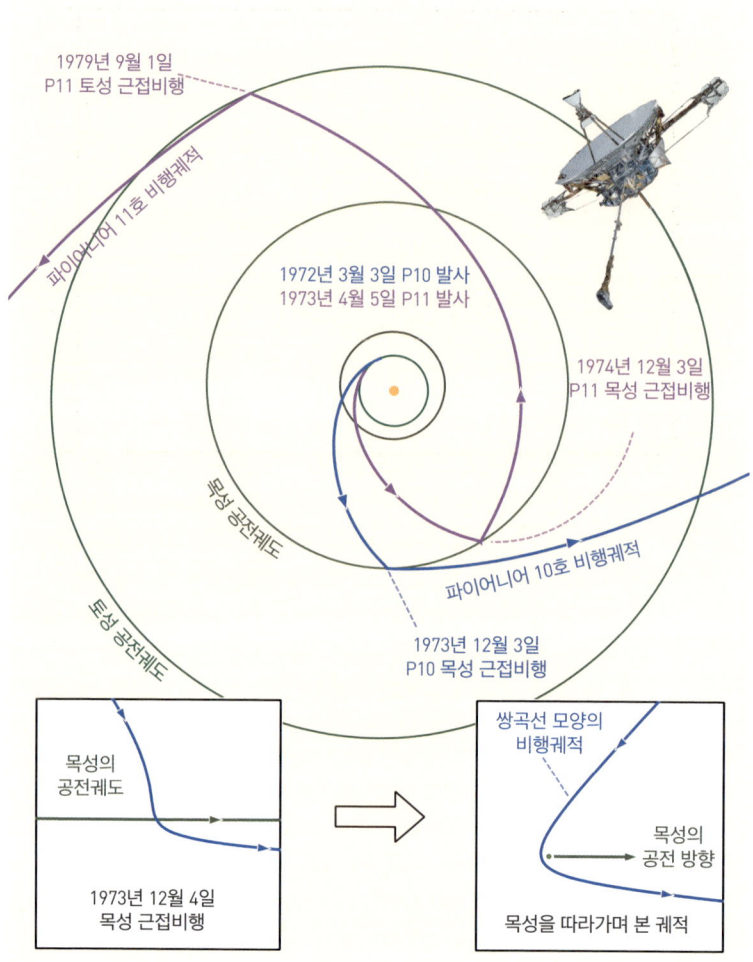

그림 6-5 파이어니어 10호와 11호의 비행 궤적. 파이어니어 10호(파란색)는 최초로 목성을 근접 비행했으며, 태양계를 벗어나는 속도를 달성한 최초의 탐사선이다. 파이어니어 10호는 로켓 추진 없이 목성을 근접 비행하는 중력도움 항법만으로 초속 10킬로미터 이상의 속도를 추가로 획득했다. 파이어니어 11호(보라색)는 목성 근접비행을 거쳐서 최초로 토성 근접비행을 했다. 그림에서 P10은 파이어니어 10호를, P11은 파이어니어 11호를 의미한다.

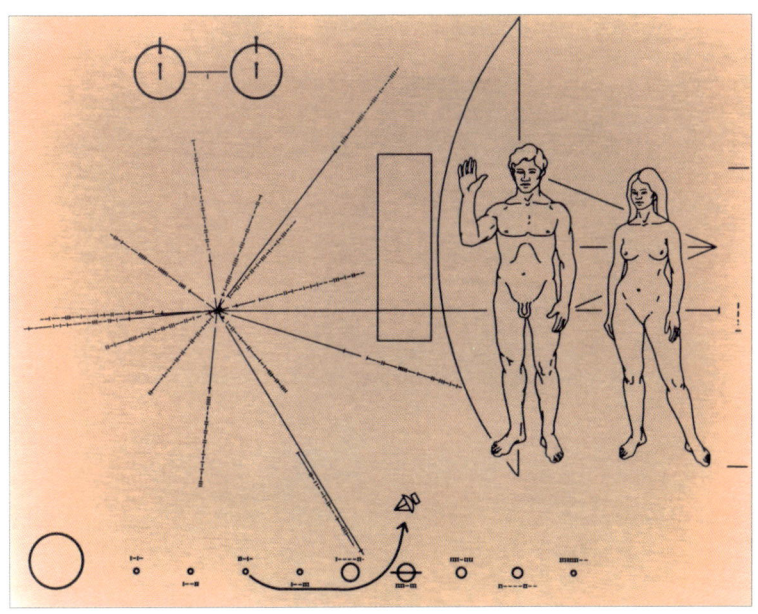

그림 6-6 파이어니어 10호와 11호에 실린 '파이어니어 금속판'. 금속판 왼쪽 그림의 방사 모양의 선들은 태양의 위치를 중심으로 태양계 주변의 14개 펄서 pulsa(전파를 내뿜으며 자전하는 중성자별)와 은하 중심의 위치와 거리를 나타낸 것으로, 태양계의 위치를 알 수 있다. 오른쪽 그림에서는 파이어니어호의 모양 앞에 사람 남녀의 모습을 그렸다. 아래 그림은 태양계와 파이어니어호가 태양계를 빠져나오는 것을 그렸다. 1970년대에는 명왕성이 아직 행성으로 분류되고 있어서 그림에 명왕성도 포함되어 있다.

목성 너머의 행성에 다가간 첫 탐사선은 파이어니어 11호Pioneer 11이다. 1973년 4월 5일에 발사된 파이어니어 11호는 1974년 12월 3일에 목성에서 약 4만 킬로미터 떨어진 곳까지 다가가는 중력도움 항법으로 방향을 바꾸고 속도를 높여 토성을 향해 날아갔고, 1979년 9월 1일에 토성에서 약 2만 킬로미터 떨어진 곳까지 다가갔다. 파이어니어 11호는 토성을 지나가면서 중력도움 항법으로 다시 한번 더 속도를 높여서 태양계를 벗어날 수 있는 속도로 태양계 밖을 향해 날아갔다.[10]

목성과 태양 사이의 거리는 지구와 태양 사이 거리의 5배 이상이다. 태양 빛의 밝기는 거리의 제곱에 반비례하기 때문에, 목성에서는 태양 빛 밝기가 지구에서보다 25배 더 어둡다. 20세기 태양광 패널 기술로는 목성 탐사선이나 목성보다 더 멀리 가는 탐사선을 운영하는 데 충분한 전기를 생산하기 어려웠다. 이 때문에 파이어니어 10호와 11호는 '방사성 동위원소 열전기 발전기Radioisotope Thermoelectric Generator, RTG'를 장착해 전기를 생산했다. 연료로 사용한 방사성 동위원소는 플루토늄-238이었다.

한편, 소련은 금성 탐사와 화성 탐사에서 미국보다 먼저 탐사 임무를 수행하기도 했지만, 금성과 화성 외의 다른 행성을 단독으로 탐사한 기록이 없다. 소련 해체 이후 러시아도 마찬가지로 단독으로 다른 행성에 탐사선을 보낸 기록이 없다.

수성을 3회 근접 비행한 매리너 10호가 시행한 중력도움

금성, 화성, 목성에 이어 인류가 네 번째로 탐사한 행성은 수성이다. 지구에서 발사하는 탐사선은 지구의 공전 속도인 초속 29.8킬로미터를 덤으로 얻고 날아간다. 탐사선이 지구의 공전궤도 안쪽으로 날아가려면, 탐사선은 태양에 더 가까이 다가가는 더 작은 공전궤도로 날아가야 한다. 그러려면 탐사선은 지구의 공전 속도보다 느리게 날아가야 한다. 이를 위해 탐사선은 지구 중력 탈출속도보다 빠른 속도로 지구가 공전하는 방향과 반대로 지구에서 멀어져야 한다. 그러면 탐사선의 속도는 지구가 공전하는 속도에서 탐사선이 지구에서 멀어지는 속도를 뺀 속도가 되면서, 탐사선은 지구의 공전 속도보다 느리게 날아간다.

수성은 금성보다 태양에 더 가깝기 때문에, 지구를 막 벗어난 수성 탐사선은 더 느린 공전 속도로 날아가야 한다. 그러면 반대쪽 공전궤도를 태양에 더 가깝게 줄이면서 수성에 다가갈 수 있다. 원일점에 있는 수성에 다가가려면, 탐사선은 250킬로미터 상공의 지구 저궤도에서 속도를 초속 4.8킬로미터를 더 높여서 지구가 공전하는 방향과 반대로 지구에서 멀어져야 하고, 근일점에 있는 수성에 다가가려면 초속 6.5킬로미터를 더 높여서 지구에서 멀어져야 한다. 금성에 가는 탐사선이 높여야 하는 속도인 초속 3.5킬로미터와 비교하면 초속 1.3킬로미터에서 초속 3.0킬로미터 더 크다. 그만큼 로켓 추진을 더 많이 해야 하고 로켓연료도 더 많이 필요하다. 수성은 태양에서 가장 가까운 행성인 만큼, 태양에 의한 열과 태양풍을 견딜 수 있도록 수성 탐사선을 만들어야 한다.

그런데 금성의 존재가 수성에 다가가는 문제를 쉽게 만든다. 지구와 수성의 공전궤도 사이에서 공전하는 금성을 지나가면서 중력도움 항법을 시행하면, 탐사선의 방향을 바꾸고 속도를 줄여서

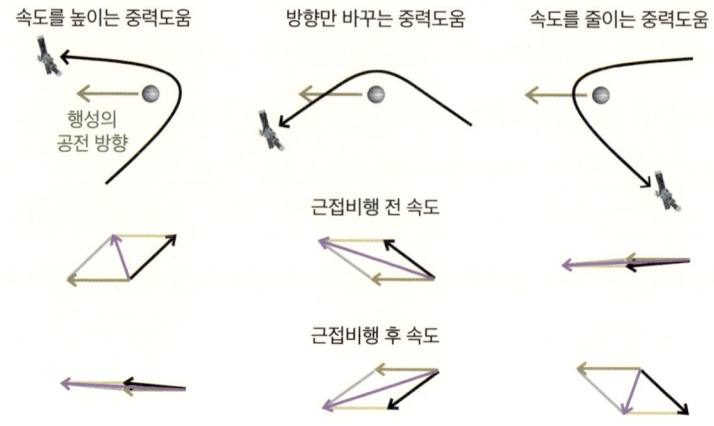

그림 6-7 세 가지 중력도움 항법. **왼쪽**: 탐사선의 속도를 높이는 중력도움. 행성의 공전 방향과 다르게 다가와서 비슷하게 멀어져야 한다. **가운데**: 탐사선의 방향만 바꾸는 중력도움. 다가올 때가 멀어질 때의 행성의 공전 방향과 다른 정도가 같아야 한다. **오른쪽**: 탐사선의 속도를 줄이는 중력도움. 행성의 공전 방향과 비슷하게 다가와서 다르게 멀어져야 한다. 행성을 따라가며 보는 탐사선의 속도(검은색 화살표)에 행성의 공전 속도(금색 화살표)를 벡터 더하기 방식으로 더하면, 태양에서 보는 탐사선의 속도(보라색 화살표)가 된다.

수성을 향해 날아갈 수 있기 때문이다. 금성에 갈 수 있는 탐사선으로 수성에도 갈 수 있는 것이다. 중력도움 항법으로 탐사선의 속도를 줄이려면 행성이 공전하는 방향과 비슷하게 행성에 다가가서, 행성이 공전하는 방향과 다르게 멀어져야 한다. 태양 주위를 공전하는 궤도의 크기는 태양에서 보는 탐사선의 속도에 달려 있다. 행성에서 본 탐사선의 속도에 행성의 공전 속도를 벡터 더하기 방식으로 더한 속도가 태양에서 보는 탐사선의 속도이다. 행성이 공전하는 방향과 비슷하게 다가간 탐사선이 행성이 공전하는 방향과 더 다른 방향으로 날아갈수록 태양에서 보는 탐사선의 속도는 더 작아진다.

수성에 근접 비행한 첫 탐사선은 1973년 11월 4일에 발사된 매리너 10호Mariner 10이다. 매리너 10호는 금성에 다가가는 중력도움 항법으로 수성을 향해 날아갔고, 탐사선이 태양 주위를 한 바퀴 도는 데 걸리는 시간인 공전주기를 176일로 만들었다. 수성의 공전주기인 88일의 2배였다. 탐사선이 수성을 근접 비행한 후 태양을 한 바퀴 돌고 돌아오면, 그사이 수성은 태양을 두 바퀴 돌고 돌아와 다시 만날 수 있다. 매리너 10호는 이 방법으로 1974년 3월 29일, 1974년 9월 21일, 1975년 3월 16일 이렇게 세 차례 수성에 다가가는 근접비행을 했다.[11] 수성에 접근한 거리는 704킬로미터, 4만 8,069킬로미터, 327킬로미터였다.

금성을 근접 비행하는 중력도움 항법으로 탐사선이 수성에 주기적으로 방문하는 아이디어를 제안한 사람은 이탈리아의 과학자 주세페 콜롬보Giuseppe Colombo였다. 그의 애칭인 베피 콜롬보Bepi Colombo는 2018년에 발사되어 2025년에 수성 주위를 도는 궤도에 진입하는 수성 궤도선 베피콜롬보호BepiColombo의 이름에 쓰였다.

1974년 12월 10일에 발사된 헬리오스 A호Helios-A와 1976년 1월 15일에 발사된 헬리오스 B호Helios-B는 태양에 가까이 가서 태양을 관측한 태양 탐사선이다. 독일 통일 전에 서독과 미국이 같이

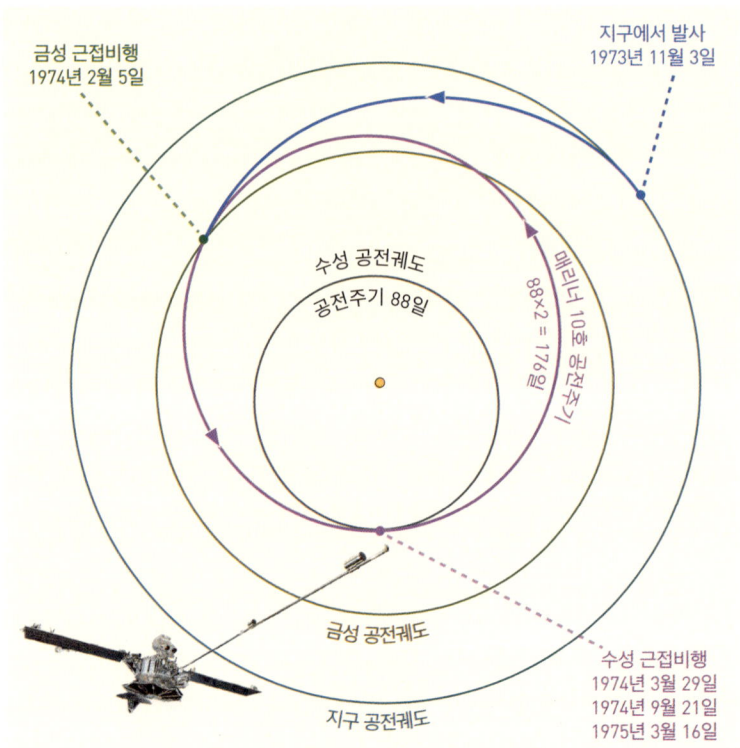

그림 6-8 첫 수성 탐사선 매리너 10호의 비행 궤적.[11] 금성을 근접 비행하는 중력도움 항법으로 탐사선이 날아가는 방향을 바꾸고 속도를 줄였다. 탐사선의 최종 공전궤도의 공전주기는 176일로, 수성의 공전주기인 88일의 2배이다. 탐사선이 수성을 근접 비행하고 태양을 한 바퀴 돌고 돌아오면 수성은 태양을 두 바퀴 돌고 돌아와 다시 만날 수 있었다.

만든 탐사선으로, 중력도움 항법을 시행하지 않고 태양에 가깝게 다가갔다. 태양에 가장 가까운 거리인 근일점은 헬리오스 A호가 4,600만 킬로미터로 수성의 근일점과 비슷하고,[12] 헬리오스 B호의 근일점은 4,300만 킬로미터로 수성의 근일점보다 태양에 더 가깝다.[13] 중력도움 없이 이 정도로 태양에 가깝게 접근하려면, 지구에서 출발하는 탐사선의 속도가 목성에 도달하기 위한 속도보다 더 빨라야 한다. 헬리오스호를 보내기 위해 사용한 발사체인 타이탄 3E_{Titan IIIE}는 이후 바이킹 1호와 보이저 1호, 2호의 발사에도 쓰였다.

1960년대 초 JPL의 젊은 인턴들이 발견한 특별한 사실

뉴턴의 운동법칙과 중력법칙이 확립된 17세기 이후, 2개의 천체가 서로 중력으로 끌어당겨서 나타나는 움직임은 잘 설명하고 예측할 수 있었다. 하지만 3개의 천체가 중력으로 끌어당겨서 나타나는 움직임은 특별한 경우를 제외하고는 예측하기가 어려웠다. '삼체문제_{three-body problem}'라고 불리는 이 문제의 대표적인 예로, 태양과 행성의 중력의 영향을 받으면서 움직이는 혜성이나 소행성의 경로를 예측하는 것이 있다. 혜성과 소행성이 다른 행성에 가까이 다가가지 않으면 태양의 중력만으로 그 궤도를 쉽게 계산할 수 있지만, 행성에 가까이 다가가면 태양의 중력뿐만 아니라 행성의 중력도 포함해서 궤도를 계산해야 한다. 태양과 행성 그리고 혜성/소행성, 이렇게 3개의 천체를 따지는 삼체문제가 되는 것이다.

1960년대 초 캘리포니아대학교 로스앤젤레스_{UCLA}에서 박사 과정을 밟고 있었던 마이클 미노비치_{Michael Minovitch}는 컴퓨터를 이용해 삼체문제를 풀고 있었다. 그가 사용했던 컴퓨터는 IBM 7090 컴퓨터로 1초에 10만 번의 연산을 할 수 있었다. 요즘 휴대폰 연산 속도의 100만분의 1 정도에 불과하지만, 당시에는 최고 성능의 컴퓨터였다. 미노비치는 1961년에 NASA의 제트추진연구소Jet Propulsion Laboratory, JPL에서 인턴으로 일하면서, 태양계 행성의 정확한 위치 데이터를 이용해 태양과 행성에 우주선이 추가되는 삼체문제를 컴퓨터로 계산했다. 그 과정에서 행성에 다가가는 근접비행만으로 로켓 추진 없이 우주선의 속도를 더 높이는 중력도움 항법이 가능하다는 것을 발견했다.[14] 목성 너머 행성 탐사의 돌파구를 제공한 발견이었다.

한편, 1964년에 같은 제트추진연구소에서는 캘리포니아공과대학교Caltech 박사 과정 학생인 개리 플랜드로Gary Flandro가 인턴으로 일하고 있었다. 그는 그곳에서 지구보다 태양에서 더 멀리 떨어져 있는 행성인 외계행성 탐사를 위한 기술을 연구하고 있었다. 공전하는 행성들이 미래에 어디에 위치하는지를 알아보던 과정에서 그는 중요한 사실을 발견했다. 1970년대 말 부터 시작해 목성, 토성, 천왕성, 해왕성을 하나의 우주선으로 모두 탐사할 수 있도록 행성들이 위치한다는 것이었다.[14] 목성을 지나가는 중력도움 항법으로 속도를 높이면 탐사선이 날아가는 방향에 토성이 위치하고, 토성을 지나가는 중력도움 항법으로 속도를 높이면 탐사선이 날아가는 방향에 천왕성이 위치하고, 천왕성 지나가는 중력도움 항법으로 속도를 높이면 탐사선이 날아가는 방향에 해왕성이 위치하는 최적의 행성 배치가 일어나면서, 10년이라는 짧은 기간 동안 하나의 탐사선으로 이 4개의 행성들을 모두 탐사할 수 있음을 알아냈다. 이 기회를 놓치면 176년을 더 기다려야 하는 드문 기회였다.

행성 대탐사 계획을 실현한 보이저 2호

중력도움 항법을 이용해 탐사선 하나로 목성·토성·천왕성·해왕성을 한꺼번에 탐사하는 '행성 대탐사 계획', 이른바 '그랜드 투어 프로그램Grand Tour program'은 보이저 2호에 의해 실현됐다. 1977년 8월 20일에 발사된 보이저 2호는 1979년 7월 9일 목성을 근접 비행했고, 1981년 8월 25일에는 토성을, 1986년 1월 24일에는 천왕성을, 1989년 8월 25일에는 해왕성을 근접 비행했다. 목성 근접비행에서 해왕성 근접비행까지 10년 1개월 16일이 걸렸다. 발사 시점부터 따지면 12년 5일이 걸렸다. 목성, 토성, 천왕성을 근접 비행하는 처음 3회의 중력도움은 탐사선의 속도를 높이고 방향을 수정해 다음 목표 행성에 다가가는 것이 주목적이었고, 마지막 해왕성을 근접 비행하는 중력도움은 탐사선의 방향을 태양계 공전면의 남쪽으로 향하도록 수정하는 것이 주목적이었다. 보이저 2호는 2025년 현재 태양계 공전면의 남쪽 방향으로 48도 꺾여 태양계를 벗어날 수 있는 속도로 날아가고 있다.[15]

보이저 1호는 보이저 2호보다 16일 늦은 1977년 9월 5일에 발

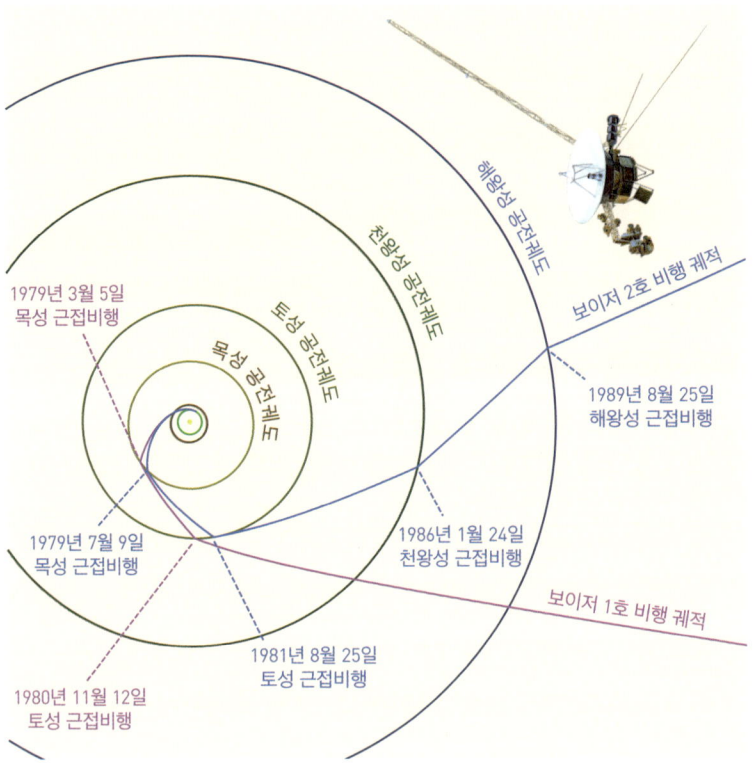

그림 6-9 보이저 1호와 보이저 2호의 비행 궤적. 보이저 1호(보라색)는 목성과 토성을 근접 비행하면서 중력도움 항법으로 탐사선의 속도를 높여 모든 탐사선들 중에서 가장 빠른 속도로 태양계를 벗어나고 있다. 보이저 2호(파란색)는 목성, 토성, 천왕성, 해왕성을 10년 만에 근접 비행하는 '그랜드 투어'를 한 최초이자 유일한 탐사선이다.

사됐다. 하지만 보이저 1호는 더 빨리 날아가 보이저 2호보다 4개월 빠른 1979년 3월 5일에 목성에 다가갔다. 보이저 1호도 목성에 다가가기 전에는 태양계를 벗어날 수 없는 속도였다. 지구 저궤도

그림 6-10 보이저 1호와 2호에 실린 '금으로 만든 음반'. 이 음반에는 여러 소리와 음악, 한국어를 포함한 55개 언어의 인사말, 당시 미국 대통령 지미 카터와 유엔 사무총장 쿠르트 발트하임의 메시지, 116개의 그림이 아날로그 형태로 저장됐다.

를 벗어난 직후 보이저 1호의 속도는 파이어니어 10호의 속도보다 빨랐지만, 목성을 만나지 않았다면 토성 궤도에 조금 못 미치는 곳까지만 갈 수 있는 속도였다. 보이저 1호는 목성을 이용한 중력도움 항법으로 속도를 더 높여 토성을 향해 날아갔다. 보이저 1호가 목성을 이용한 중력도움으로 높인 속도는 초속 10.9킬로미터였다. 이때 이미 보이저 1호는 파이어니어 10호보다 더 빠른 속도로 태양계를 벗어나는 속도가 되었다. 1980년 11월 12일에는 토성 근접비행을 하면서 태양계 공전면 북쪽을 향하도록 방향을 바꿨다. 토성을 근접 비행하는 중력도움으로 방향을 바꾸는 것뿐만 아니라 속도도 높인 보이저 1호는 탐사선들 중에서 가장 빠른 속

도로 태양계를 벗어나고 있다.[16]

보이저 1호와 2호도 당시의 태양광 패널로는 탐사선을 운영하기에 태양 빛의 밝기가 약한 목성 너머를 탐사했기 때문에, 탑재한 방사성 동위원소 열전기 발전기RTG로 전기를 생산해 탐사선을 운영했다. 파이어니어 10호와 11호에는 155와트w의 전기를 생산하는 RTG를 탑재한 반면, 보이저 1호와 2호는 발사할 때 470와트의 전력을 생산하는 RTG를 탑재했다. 파이어니어호와 보이저호의 RTG에 사용하는 연료는 플루토늄-38이다. 플루토늄-38의 반감기half-life는 87.7년이기 때문에 시간이 지날수록 생산할 수 있는 전력은 줄어든다.

우주탐사의 역사

THE BRIEF HISTORY OF SPACE EXPLORATION

맨눈 관측에서
우주망원경까지

천체망원경을 우주에 설치해야 하는 이유

우주망원경은 어디에 설치할까?

제임스웹 우주망원경을 설치한 L_2 헤일로 궤도

맨눈 천체관측에서 망원경의 발명까지

1979년 독일에서는 매머드 상아 조각이 발견됐는데, 사람 형상과 더불어 오리온 별자리로 추정되는 형상이 새겨져 있었다. 탄소 연대 측정 결과 그 상아 조각은 적어도 3만 2,500년 전에 만들어진 것임이 밝혀졌다.[1] 매머드 멸종 이전에도 인간이 별을 관측하고 기록했다는 흔적이다. 역사를 기록하기 시작한 이후에는 동서양을 망라하고 세계 곳곳에 천체관측 기록이 남아 있다. 문명과 함께 발달한 농업은 계절을 정확하게 예측하는 것이 필요했고, 이는 천체관측의 발전과 달력의 발명으로 이어졌다.

16세기 이전까지는 우주의 중심이 지구라는 지구중심설 Geocentrism(천동설이라고도 함)이 우주를 설명하는 정설로 자리 잡고 있었다. 이 우주관에 큰 변화를 가져온 사람은 니콜라우스 코페르니쿠스 Nicolaus Copernicus였다. 16세기 초에 이미 우주의 중심이 태양이라는 태양중심설heliocentrism(지동설이라고도 함)을 연구하고 있던 코페르니쿠스는 죽기 전에 출판한 『천구의 회전에 관하여De revolutionibus orbium coelestium』를 통해 공식적으로 태양중심설을 주장했다. 코페르니쿠스 사후에 태어난 16세기 후반 덴마크의 천문학자인 튀코 브라헤Tycho Brahe는 방대하면서도 정확한 행성 관측 자료를 남기면서 태양이 지구 주위를 돌고 다른 행성은 태양 주위를 돈다는 수정된 지구중심설인 '튀코 체계Tychonic system'를 주장했다. 브라헤의 제자이면서 후임이었던 요하네스 케플러Johannes Kepler는 브라헤의 관측 자료를 분석해, 행성들이 태양 주위를 타원 모양으로 돈다는 태양중심설에 기반한 행성운동법칙을 17세기 초에 발표했다. 주목할 점은 브라헤가 남긴 천체관측 자료는 모두 맨눈으로 관측한 결과라는 사실이다.

 망원경을 처음 제작한 시기는 네덜란드의 안경 제작자인 한스 리퍼헤이Hans Lipperhey가 망원경과 관련한 특허를 신청한 1608년으로 보는 것이 정설이다.[2] 케플러 행성운동법칙의 기반이 된 관측 자료를 남긴 브라헤는 이보다 7년 이른 1601년에 사망했다. 망원경이 발명된 후에는 맨눈으로는 볼 수 없는 천체들도 볼 수 있게 되었고, 좀 더 정확한 천체관측이 가능해졌다. 17세기 후반 아이작 뉴턴은 운동법칙과 중력법칙(만유인력의 법칙)으로 천체의 움직임을 정확하게 설명할 수 있는 이론적 기반을 구축했고, 이는 근대 물리학의 초석이 되었다.

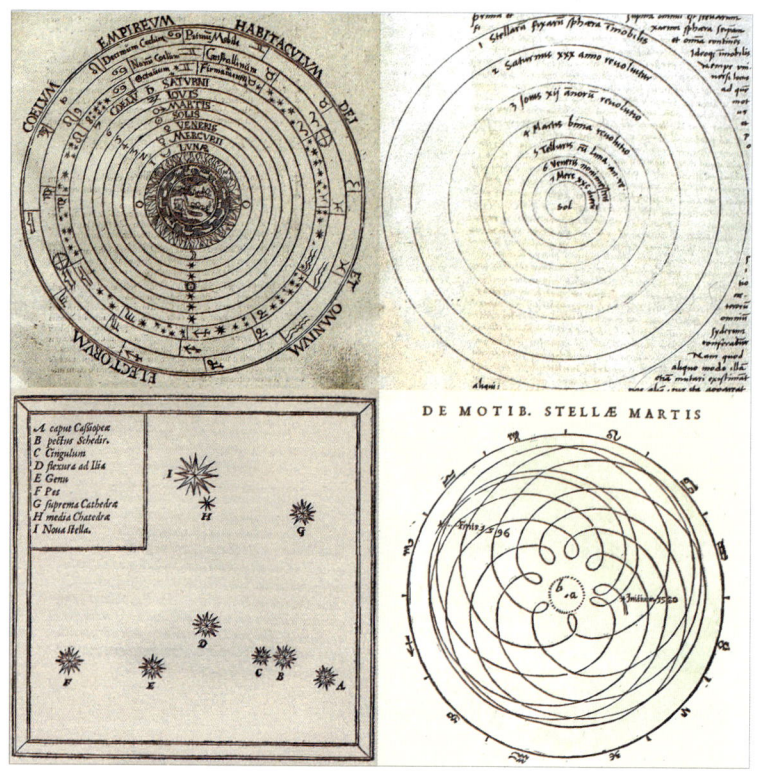

그림 7-1　왼쪽 위: 지구중심설을 표현한 그림(1564년). 오른쪽 위: 태양중심설을 주장한 코페르니쿠스가 직접 그린, 태양을 중심으로 한 우주. 왼쪽 아래: 튀코 브라헤가 1573년에 기록한 초신성 SN 1572의 위치. SN 1572는 카시오페이아 별자리에서 1572년 11월에 관측된 초신성으로 '튀코의 초신성'으로도 불린다. 그림에서는 I로 표시했다. 오른쪽 아래: 요하네스 케플러가 1609년에 기록한 화성의 역행 움직임. 지구에서 보면 태양계 행성은 다른 별들과 달리 주기적으로 반대 방향으로 움직인다.

다양한 빛을 이용한 천체관측과 우주망원경

망원경으로 천체를 관측해도 망원경을 통해 눈으로 직접 본다면 가시광선으로만 본다는 한계가 있다. 빛에는 사람이 맨눈으로 볼 수 있는 가시광선만 있는 것이 아니다. 프리즘을 통과해 나뉜 빛의 빨간색 빛 바깥쪽에는 파장이 더 길고 광자에너지가 더 작은 적외선이 있고, 보라색 빛 바깥쪽에는 파장이 더 짧고 광자에너지가 더 큰 자외선이 있다. 이들 빛은 사람이 직접 볼 수는 없고, 빛에 민감한 필름을 이용해 찍은 사진을 보는 등의 간접적인 방법으로 볼 수 있다. 적외선과 자외선으로 찍은 사진을 처음으로 출판한 때는 1910년이다.[3] 태양만 해도 가시광선, 적외선, 자외선은 물론이고 적외선보다도 파장이 더 긴 마이크로파와 전파, 그리고 자외선보다 파장이 더 짧은 엑스선과 감마선까지 거의 모든 종류의 빛을 만든다. 전기·전자 기술의 발달로 이 빛들도 감지할 수 있는 장치가 개발되면서, 맨눈으로 볼 수 없는 빛으로 천체를 관측할 수 있는 기술적 기반이 마련되었다.

　가시광선이 아닌 빛으로 천체를 관측하는 데에는 큰 걸림돌이 하나 있다. 지구의 대기이다. 사람 눈으로 볼 수 있는 가시광선은 지구 대기를 비교적 잘 통과하지만, 다른 빛은 지구 대기에 의해 차단되는 경우가 많다. 이 때문에, 지상에서는 가시광선이 아닌 다른 빛으로 천체를 관측하는 것이 어려운 경우도 있다. 가시광선으로 관측하는 것도 지구 대기로 인해 흐릿해지고 흔들리는 등의 문제가 있다. 높은 산에 더 큰 천문대를 만들어서 이런 문제들을 일부 해결했지만, 이것만으로는 우주를 향한 인간의 과학적 호기심을 충족하지 못했다. 본격적으로 우주개발이 시작된 이후에는 지

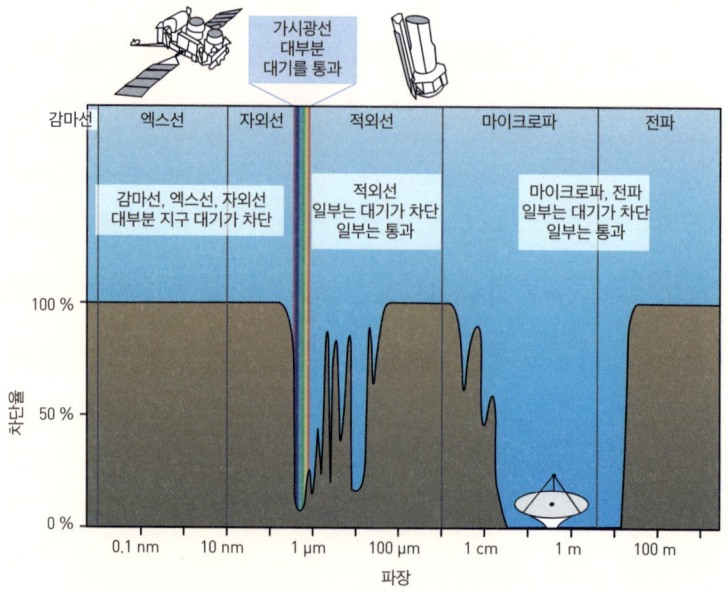

그림 7-2 지구의 대기가 빛을 차단하는 정도. 파장이 짧고 광자에너지가 큰 감마선과 엑스선은 거의 다 차단한다. 자외선은 가시광선 부근의 일부를 제외하고 대부분을 차단한다. 맨눈으로 볼 수 있는 가시광선은 대부분 지구 대기를 통과한다. 가시광선보다 파장이 길고 광자에너지가 작은 적외선, 마이크로파, 전파는 파장에 따라 지구 대기를 잘 통과하기도 하고 잘 통과하지 못하기도 한다.

구 대기의 영향을 받지 않는 우주에 망원경을 설치하기에 이르렀다.

　다른 우주탐사선과 마찬가지로 우주망원경도 지구와의 통신이 필수이다. 우주에서 관측한 데이터를 지구로 보내야 하기 때문이다. 지구 대기는 다행히 일부 전파를 거의 그대로 통과한다. 다른 탐사선과 마찬가지로, 우주망원경도 지구 대기를 잘 통과하는 주파수의 전파를 이용해 지구와 통신한다. 전파로 천체를 관측하는 전파망원경을 지상에 설치할 수 있는 이유도, 지구 대기를 잘 통과하는 전파를 이용하기 때문이다. 탐사선이나 우주망원경이 먼 우주로 갈수록 지구에 닿는 전파의 세기가 작아져서 통신이 어려워지는 문제도 있지만, 과학기술이 발전하면서 이 문제는 조금씩 해결해 가고 있다.

지구 주위를 공전하는 우주망원경

인공위성처럼 지구 주위를 도는 공전궤도에 안착해 우주를 관측한 최초의 우주망원경은 NASA가 개발한 자외선 우주망원경인 천문관측위성 2호Orbiting Astronomical Observatory 2, OAO-2로, 1968년 12월 7일에 발사되었다. 770킬로미터 상공의 공전궤도를 돌면서 우주 전체의 10%를 8,500장의 영상으로 촬영했고, 이를 바탕으로 자외선으로 관측한 5,068개의 별 목록을 만들었다. 혜성을 둘러싼 수소 헤일로Halo도 발견했다.[4] 혜성의 수소 헤일로는 지구의 대기가 차단하는 자외선 영역의 빛을 내기 때문에 지상에 설치한 천체망원경으로는 볼 수 없었다. 천문관측위성 2호보다 이른 1966년에 발사한 천문관측위성 1호는 전력공급이 되지 않으면서 작동하는 데 실패했다.

천문관측위성 2호 이후 많은 우주망원경이 지구 주위를 도는 궤

그림 7-3 천문관측위성 2호, 우주배경 탐사선 COBE, 그리고 허블 우주망원경. 왼쪽 위: 최초의 우주망원경인 천문관측위성 2호는 자외선으로 별을 관측했고, 혜성 주위의 수소 헤일로도 발견했다. 오른쪽 위: 첫 우주배경 탐사선인 COBE는 노벨 물리학상 업적인 우주 마이크로파 배경의 비등방성을 측정했다. 아래: 우주왕복선이 설치한 허블 우주망원경은 선명한 우주의 사진을 본격적으로 제공한 우주망원경이다.

도에 올라갔다. 이 중에서 주목할 만한 우주망원경은 NASA의 우주배경 탐사선 COBE_{Cosmic Background Explorer}이다. 최초의 마이크로파 우주망원경이었던 COBE는 1989년 11월 18일에 발사된 후 지구 900킬로미터 상공을 돌면서 빅뱅 우주론의 증거인 우주 마이크로파 배경Cosmic Microwave background을 관측했다. 우주 마이크로파 배경이 균일하지 않다는 비등방성anisotropy을 측정한 COBE의 결과로 조지 스무트George Smoot와 존 매더John Mather는 2006년에 노벨 물리학상을 받았다.[5]

허블 우주망원경Hubble Space Telescope은 본격적으로 먼 우주의 천체를 선명한 사진으로 촬영한 우주망원경이다. NASA와 유럽우주국(이하 ESA)이 공동 제작한 허블 우주망원경은 1990년 4월 24일에 우주왕복선space shuttle 디스커버리호에 실려 지구 주위를 도는 공전궤도에 올려졌다. 주로 가시광선으로 관측하지만 자외선과 적외선 일부로도 관측한다. 2009년까지 다섯 번의 정비와 성능 개선을 했다. 더 멀리 떨어진 은하일수록 더 빨리 멀어진다는 허블-르메트르 법칙Hubble-Lemaître law(허블의 법칙)의 허블 상수Hubble constant 추정값 오차를 10% 이내로 줄이는 성과를 냈다. 허블 우주망원경이 관측한 결과를 분석해 출판한 논문 수는 1만 5,000편이 넘는다.[6] 540킬로미터 상공의 궤도를 도는 허블 우주망원경은 2025년에도 작동하고 있다. 2025년 현재, 우주선 제작 및 우주 운송 사업을 하고 있는 스페이스엑스는 수천 개의 인공위성을 이용한 스타링크Starlink 위성통신 서비스를 하고 있다. 이 서비스에서 사용하는 인공위성의 궤도 높이가 허블 망원경 궤도 높이와 비슷하기 때문에, 허블 우주망원경의 관측에 영향을 끼친다는 논란이 있다.[7]

허블 우주망원경은 NASA의 '대형 관측선 프로그램Great

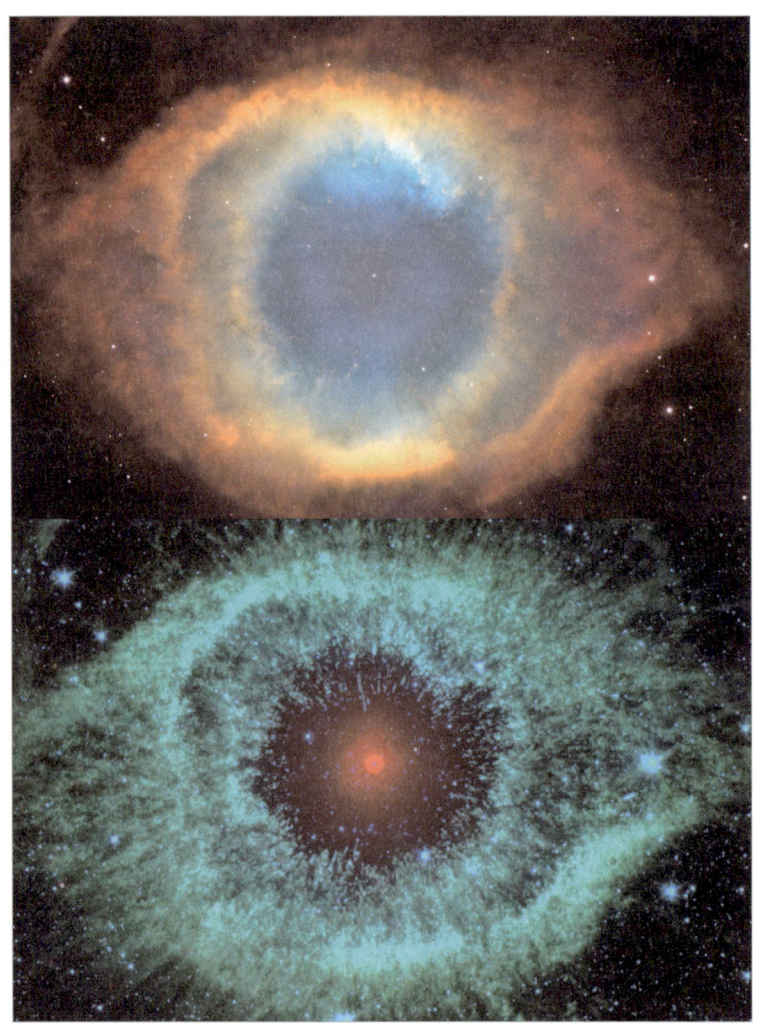

그림 7-4 '신의 눈동자'로 불리는 나선 성운Helix nebula. 위: 허블 우주망원경과 칠레의 톨롤로 범미 천문대Cerro Tololo Inter-American Observatory의 가시광선 관측 사진. 아래: 스피처 우주망원경의 적외선 관측 사진.

Observatory Program'의 첫 번째 우주망원경이다. 다른 영역의 빛으로 관측하는 우주망원경을 순차적으로 발사하는 이 프로그램의 두 번째 우주망원경은 콤프턴 감마선 관측선Compton Gamma Ray Observatory이다. 1991년 4월 5일에 애틀랜티스 우주왕복선에 실려 발사되었고, 파장이 매우 짧고 광자에너지가 큰 감마선으로 관측했다.[8] 우주에서 가장 강력하고 밝은 폭발인 감마선 폭발Gamma ray burst이 일어난 위치를 기록한 우주지도를 만든 것이 대표적인 성과이다. 이를 통해 감마선 폭발이 우주 전역에서 일어나는 현상임을 밝혔다.

대형 관측선 프로그램의 세 번째 우주망원경은 찬드라 엑스선 관측선Chandra X-ray Observatory으로, 1999년 7월 23일에 컬럼비아 우주왕복선에 실려 발사되었다. 감마선보다는 파장이 길고 자외선보다는 파장이 짧은 엑스선으로 관측하는 우주망원경이다.[9] 초신성 폭발로 만들어진 초신성 잔해supernova remnant, 은하의 중심에 있는 거대 블랙홀에서 나오는 엑스선, 은하단이 합쳐지면서 나오는 엑스선 등을 관측했다.

태양 주위를 도는 우주망원경

지구 주위를 공전하는 우주망원경의 문제점은 지구가 특정 관측 방향을 주기적으로 가린다는 것이다. 망원경이 태양 쪽에 위치하는 동안, 태양 반대쪽 우주는 지구에 의해 가려지기 때문에 관측하지 못한다. 이 문제를 해결하는 방법의 하나는 지구 주위를 공전하지 않고 지구에서 충분히 떨어진 곳에서 태양 주위를 공전하면서 관측하는 것이다.

대형 관측선 프로그램의 마지막 우주망원경인 스피처 우주망원경 Spitzer Space Telescope은 태양 주위를 공전하는 적외선 우주망원경으로, 2003년 8월 25일 델타 2 Delta II 발사체에 실려 발사되었다. 스피처 우주망원경이 태양 주위를 도는 공전궤도는 지구의 공전궤도와 비슷하고, 공전주기는 지구의 공전주기보다 8일 정도 더 길다. 발사 후 초기에는 스피처 우주망원경이 지구 가까운 곳에서 지구를 가까이 따라오다가, 시간이 지나면서 지구에서 점점 멀어지는 궤도이다. 이른바 '지구를 따라가는 궤도 Earth trailing orbit'로, 스피처 우주망원경이 최초로 이 궤도를 돌았다.

'지구를 따라가는 궤도'의 장점 중 하나는, 지구에서 충분히 떨어져 있어서 지구에서 나오는 열의 영향을 줄일 수 있다는 것이다. 관측 장비가 열에 민감해서 온도를 낮춰야 하는 관측에 적절한 궤도이다. 스피처 우주망원경의 초기 임무는 액체헬륨을 이용해 관측 장치를 절대온도 0도에 가까운 초저온으로 냉각해서 관측하는 것이었다. 이 초기 임무가 가능했던 것도 '지구를 따라가는 궤도'에서 임무를 수행했기 때문이다. 스피처 우주망원경은 액체헬륨을 소진한 이후에도 충분히 낮은 온도를 유지하면서 관측 임무를 계속 수행했다.[10] 2020년 1월 30일 스피처 우주망원경이 지구에서 약 2억 6,600만 킬로미터 떨어진 곳까지 멀어졌을 때, NASA는

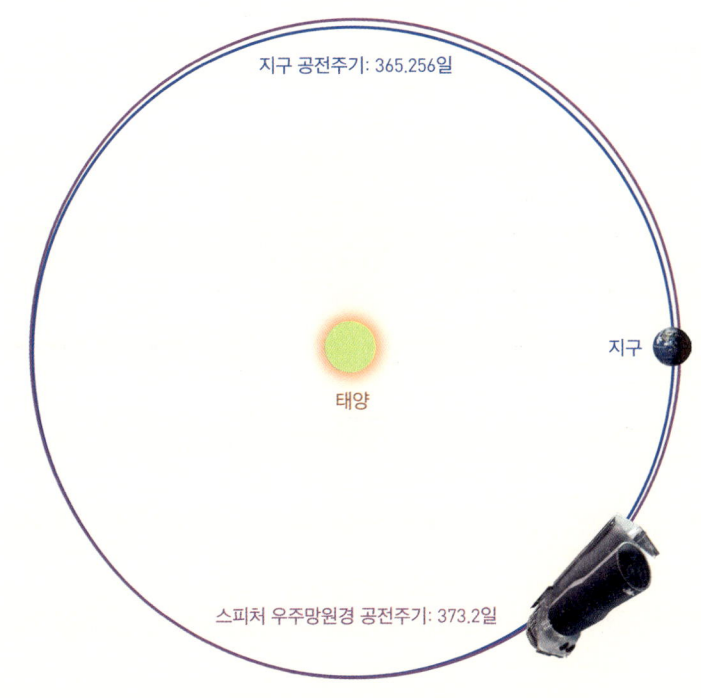

그림 7-5 스피처 우주망원경의 '지구를 따라가는 궤도'.

운영종료 신호를 보내 스피처 우주망원경의 임무를 종료했다.
 2009년 3월 7일에 발사된 케플러 우주망원경Kepler Space Telescope도 '지구를 따라가는 궤도'를 돌면서 외계행성 관측을 수행했다. 외계행성을 찾는 방법의 하나는, 외계행성이 별빛을 가리는 현상을 이용하는 방법이다. 외계행성이 별 앞을 지나갈 때 별빛의 밝기

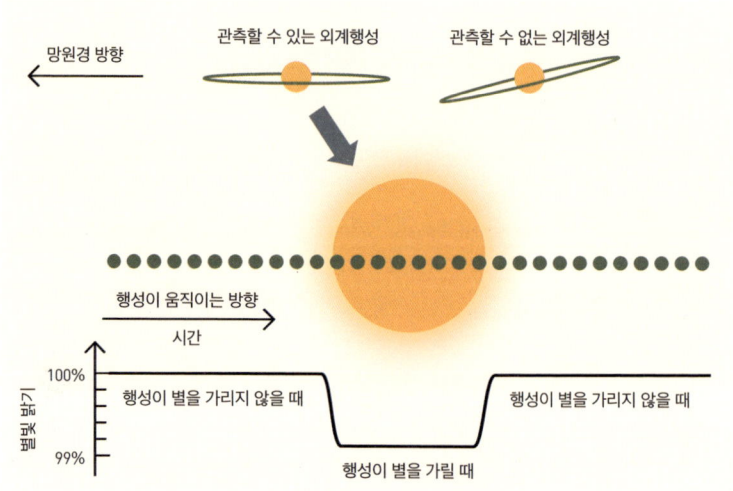

그림 7-6 외계행성이 별빛을 가리는 현상을 이용해 외계행성의 존재를 관측하는 방법. 외계행성의 공전궤도가 망원경으로 보는 방향과 일치하는 경우에 외계행성을 관측할 수 있다. 이 때문에 행성이 별을 가리는 현상을 이용해 관측하면, 행성을 거느리고 있는 별임에도 행성의 존재를 확인할 수 없는 경우가 많다.

가 약간 줄어드는 것을 탐지해 외계행성의 존재를 확인한다. 큰 행성일수록 별빛을 많이 가려서 별빛이 더 많이 줄어들기 때문에, 별빛이 줄어드는 정도를 측정하면 외계행성의 크기도 알 수 있다. 별빛이 줄어드는 현상이 반복되는 시차를 측정하면, 외계행성의 공전주기를 알 수 있다. 별의 질량을 알면 외계행성의 공전주기로부터 외계행성이 별에서 얼마나 많이 떨어져 있는지도 알 수있다.

케플러 우주망원경은 53만 개 이상의 별을 관측했고, 별빛의 밝기가 변하는 것을 측정한 결과로부터 2,778개의 외계행성을 발견했다.[11] 참고로, 행성이 별을 가리는 것을 이용해 관측하는 방법은 외계행성의 공전궤도가 지구를 향하는 특별한 경우에만 관측할 수 있기 때문에 외계행성의 일부만 관측할 수 있다. 우주망원경을 운영하는 데 필요한 연료를 소진한 케플러 우주망원경은 2018년 10월 30일에 9년간의 임무를 종료했다. 이때 케플러 우주망원경은 지구에서 1억 7,000만 킬로미터 떨어진 곳에 위치하고 있었다.

태양-지구 L_2 라그랑주 점에 설치된 우주망원경

태양이 내뿜는 빛, 지구와 달이 반사하는 태양 빛, 그리고 지구에서 인간이 만드는 빛과 전파는 정밀한 천체관측에 방해가 된다. 주기적으로 지구가 관측하는 방향의 우주를 가리는 것도 지속적인 천체관측에 방해가 된다. 지구 자기장이 약해지는 곳에서는 태양에서 방출하는 입자인 태양풍도 전자장비에 안 좋은 영향을 끼치기 때문에 태양풍도 막아야 한다. 태양광 패널로 전력을 끊김 없이 생산할 수 있으면 우주망원경 운영에도 유리하다. 많은 양의 관측 데이터를 충분히 빠른 속도로 제때 받으려면 지구에서 너무 멀리 떨어져 있어도 안 된다. 빛, 전파, 태양풍을 한꺼번에 막을 수 있고 태양광 발전을 지속적으로 할 수 있으며, 지구에서도 너무 멀지 않은 조건을 잘 만족하는 위치의 한 곳이 바로 '태양-지구 L_2 라그랑주 점Lagrange point'이다.

태양-지구 라그랑주 점은 태양과 지구의 중력의 영향을 받으면서 상대적인 위치를 유지한다. 태양과 지구, 그리고 우주망원경(또는 탐사선) 이렇게 3개의 물체가 중력의 영향을 주고받는 삼체문제의 결과로 찾은 위치로, 모두 5개가 있다. L_2 라그랑주 점은 지구에서 태양 반대 방향으로 약 150만 킬로미터 떨어진 곳에 위치한다. 원래 지구보다 태양에서 더 멀리 떨어진 곳에서는 태양의 중력이 약해지기 때문에, 태양 주위를 한 바퀴 도는 데 걸리는 시간인 공전주기가 지구보다 길어진다. 그런데 L_2 라그랑주 점에서는 지구가 태양 쪽으로 끌어당기는 중력이 더해지면서 중력이 커져서, 공전주기가 지구의 공전주기와 같아진다. 이러한 이유로 L_2 라그랑주 점은 지구와 같이 공전하면서 지구를 기준으로 항상 태양의 반대쪽에 위치한다.

L_2 라그랑주 점에서는 태양과 지구, 그리고 지구 주위를 돌고 있는 달이 거의 한쪽 방향에 몰려 있어서, 태양, 지구, 달에서부터의 빛뿐만 아니라 태양풍이 거의 한쪽 방향에서 온다. 이 때문에 한쪽 방향만 막으면 관측에 영향을 주는 빛, 전파, 태양광을 한꺼번에 차단할 수 있다. 달보다 더 멀리 떨어져 있지만 지구에서 너무 멀리 떨어져 있지도 않아서 지구와의 통신도 비교적 수월한 위치이다. 태양 반대쪽의 우주를 장애물 없이 지속적으로 관측하기에 아주 좋은 위치이다.

하지만 L_2 라그랑주 점은 정확한 위치에서 조금만 벗어나도 점점 더 많이 벗어나는 불안정한 위치이다. 이 때문에, 우주망원경은

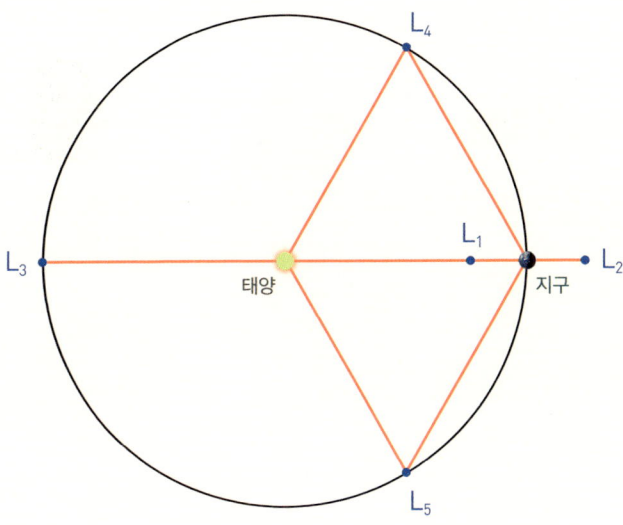

그림 7-7 태양-지구 라그랑주 점. 모두 5개의 라그랑주 점이 있다. 주로 L_2 라그랑주 점 주위를 도는 헤일로 궤도나 리사주 궤도에 우주망원경을 설치한다. 태양을 관측하는 우주망원경은 태양을 볼 때 지구를 등지는 L_1 라그랑주 점 주위를 도는 궤도에 설치한다.

L_2 라그랑주 점에 위치하는 대신 조금 떨어진 거리에서 L_2 라그랑주 점 주위를 도는 헤일로 궤도halo orbit나 리사주 궤도Lissajous orbit를 돌면서 라그랑주 점과 가까운 위치를 유지한다.[12] 그 과정에서 추진 시스템을 이용해 정기적으로 미세한 궤도를 수정하는 것이 필요하다. 헤일로 궤도나 리사주 궤도는 태양과 지구를 잇는 일직선상에서 벗어나 있어서 지구가 태양 빛을 가리지 않는다. 이는 끊임

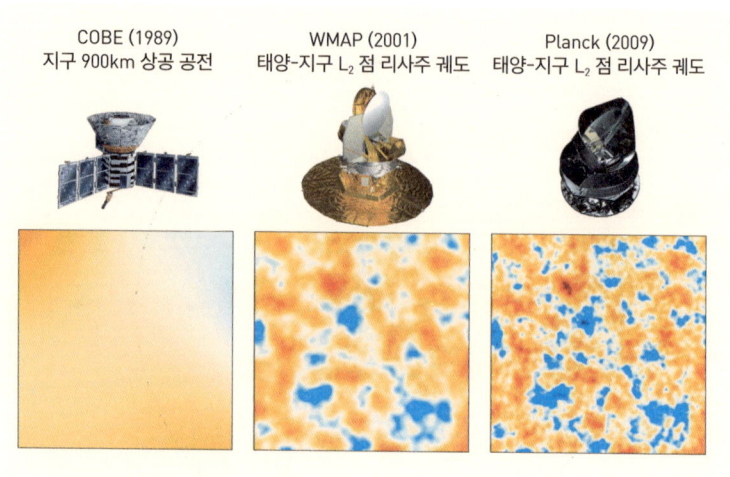

그림 7-8   우주 마이크로파 배경 관측의 해상도 변화.

없는 태양광 발전을 가능하게 한다.

태양-지구 L_2 라그랑주 점에 설치된 최초의 우주망원경은 NASA의 우주배경 탐사선 WMAP_{Wilkinson Microwave Anisotropy Probe}(윌킨슨 마이크로파 비등방성 탐색기)이다. 2001년 6월 30일 발사된 WMAP은 태양-지구 L_2 라그랑주 점 주위의 리사주 궤도를 돌면서 약 2년 동안 COBE보다 더 높은 해상도로 우주 마이크로파 배경을 측정했다.[13] 2009년 발사된 ESA의 우주배경 탐사선 플랑크_{Planck} 우주망원경도 태양-지구 L_2 라그랑주 점 주위의 리사주 궤도 위에 설치되었고, WMAP보다 더 정밀하게 우주 마이크로파 배경을 측정했다.[14]

그림 7-9 허블 우주망원경과 제임스웹 우주망원경이 찍은 창조의 기둥Pillars of Creation (약 7,000광년 떨어진 독수리 성운의 성간 가스와 성간 먼지 덩어리). 위: 허블 우주망원경이 2014년에 재촬영한 영상. 아래: 제임스웹 우주망원경이 2022년에 촬영한 영상.

2021년 12월 25일에 발사되어 왕성한 관측 활동을 벌이고 있는 제임스웹 우주망원경도 태양-지구 L_2 라그랑주 점 주위를 도는 헤일로 궤도에 설치됐다. 허블 우주망원경보다 훨씬 더 높은 해상도의 선명한 우주의 영상을 제공하고 있고, 분광기를 이용해 외계행성의 대기에 어떤 성분이 있는지를 분석하는 등 활발한 관측 활동을 하고 있다.[15] 2023년 7월 1일에 발사되어 태양-지구 L_2 라그랑주 점에 도달한 ESA의 유클리드Euclid 우주망원경은 암흑에너지와 암흑물질 연구를 위한 측정을 수행하고 있다.

L_1 라그랑주 점은 L_2 라그랑주 점과는 반대로 지구에서 태양 쪽으로 150만 킬로미터 떨어진 곳에 위치한다. 지구보다 태양에 더 가깝지만, 지구 중력의 영향이 더해져서 지구와 같은 공전주기로 태양 주위를 공전한다. 참고로 지구보다 태양에 더 가까운 위치에서는 태양의 중력이 더 크기 때문에, 지구 중력의 영향이 없다면 태양 주위를 한 바퀴 도는 공전주기가 지구보다 짧다. L_1 라그랑주 점에서는 지구가 태양 반대쪽으로 끌어당기는 중력이 전체 중력을 약하게 만들어 공전주기가 지구와 같다. 이 위치에서는 아무런 장애물 없이 태양을 비롯한 지구 공전궤도 안쪽을 끊임없이 관찰할 수 있다. L_1 라그랑주 점도 L_2 라그랑주 점과 마찬가지로 불안정한 위치이기 때문에, L_1 라그랑주 점 주위를 도는 헤일로 궤도나 리사주 궤도에서 위치를 유지한다. ESA와 NASA가 합작해 만든 소호 태양관측선Solar and Heliospheric Observatory, SOHO은 태양과 지구 사이의 L_1 라그랑주 점 주위의 헤일로 궤도를 도는 우주망원경이다.

1995년 12월 2일에 발사된 후 약 30년이 지난 2025년 현재도 활동하고 있다.[16] 이 우주망원경은 태양을 관측하고 있을 뿐만 아니라 4,000개 이상의 새로운 혜성도 발견했다.

우주정거장의 역사

우주정거장을 만드는 이유는?

수명이 다한 우주정거장을 폐기하는 방법

대형 우주정거장은 어떻게 건설할까?

우주정거장이 필요한 이유

1960년대 말까지 유인 우주비행은 발사와 우주에서의 임무 수행, 그리고 귀환까지 하나의 우주선으로 전 과정을 수행했다. 발사체에 실려 궤도에 올라가는 유인 우주선은 우주에서 우주인이 활동하는 모듈, 탑승한 우주인의 안전을 위한 장비, 궤도 수정과 역추진을 위한 추진 엔진, 대기권 진입 후 고온을 견디며 지구로 귀환하는 귀환 모듈 등 유인 우주비행에 필요한 장비의 질량이 이미 상당하다. 우주선 하나에 이런 모든 장비를 싣고 여러 임무를 수행하기 위한 공간을 확보하는 것은 쉽지 않다. 이 문제를 해결하는 방법의 하나가 우주정거장 space station 을 이용하는 것이다.

우주정거장은 우주인이 우주에서 각종 임무를 수행하는 공간을 제공하는 인공 구조물이다. 다른 목적지로 가기 위한 중간 기착지로도 사용할 수 있다. 우주정거장을 설치한 후에는 다른 우주선을 타고 간 우주인이 우주정거장으로 이동해 계획한 임무를 수행한다. 설치는 무인 인공위성처럼, 사용은 유인 인공위성처럼 한다. 우주인을 실어 나르는 것은 다른 우주선으로 수행하기 때문에, 우주정거장은 귀환선을 따로 구비할 필요가 없다. 귀환선이 차지할 공간과 질량으로 더 큰 우주정거장 공간을 확보할 수 있고 필요한 장비를 더 많이 싣고 갈 수 있다. 오랫동안 궤도를 유지하는 우주정거장에는 우주선이 여러 번 방문할 수 있기 때문에, 우주인들은 교대로 우주정거장에 머물면서 다양한 우주 임무를 순차적으로 수행할 수 있다. 우주 생활에 필요한 물자를 충분히 공급하면, 수백 일에 이르는 장기간 유인 우주 체류도 가능하다.

우주정거장 아이디어에 대한 과학자의 기록은 19세기 후반까지 거슬러 올라간다. 로켓 방정식으로 유명한 콘스탄틴 치올콥스키는 1883년 그가 쓴 「자유로운 우주Свободное пространство」라는 제목의 원고에 우주선 내부를 그린 그림을 실었다. 그 그림에서는 요즘 우주정거장처럼 우주인들이 무중력상태에서 작업하는 모습을 상상해 그린 것을 볼 수 있다. 36세에 요절한 오스트리아-헝가리 육군 장교이면서 기술자이고 이론가인 헤르만 포토치니크Herman Potočnik는 1928년에 출판한 책인 『우주여행의 문제: 로켓 모터Das Problem der Befahrung des Weltraums - der Raketen-Motor』에서 회전하는 방식으로 인공중력을 만드는 바퀴 모양의 우주정거장 개념을 제시했고, 나치 독일의 V-2 로켓과 미국의 새턴 로켓 개발을 주도한 베르너 폰 브라운도 1952년에 비슷한 방식의 우주정거장 개념을 제시

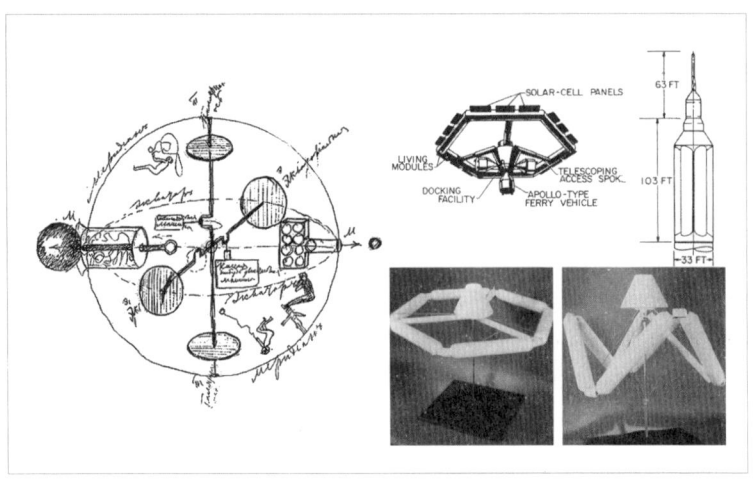

그림 8-1　왼쪽: 치올콥스키가 1883년에 상상한 우주선 또는 우주정거장의 내부. 오른쪽: 미국에서 1962년에 구상했지만 만들어지지 않은 우주정거장 디자인.

했다. 이런 기록들에서 볼 수 있듯이, 본격적인 우주 경쟁이 시작되기 전에도 우주정거장에 대한 관심은 상당히 높았다.

첫 우주정거장을 설치한 소련

초기 우주 경쟁에서 미국을 앞섰지만 유인 달 탐사 경쟁에서 미국에게 완벽하게 밀린 소련은 우주정거장 설치에 적극적으로 나섰다. 인류 최초의 우주정거장은 소련의 살류트 1호$_{Салют-1}$이다. 미국이 아폴로 유인 달 탐사에 집중하고 있던 시기였던 1971년 4월 19일에 프로톤-K$_{Протон-К}$ 로켓에 실려 지구 저궤도에 올려졌다. 살류트 1호의 총 질량은 18.425톤이고 최대 지름 4미터, 길이 20미터의 크기에, 내부 공간의 부피는 99세제곱미터였다.[1] 이 부피는 가로, 세로, 높이가 4.63미터인 정육면체 공간의 부피와 같다. 당시 소련의 주력 유인 우주선인 소유즈에서 우주인이 활동하는 공간인 궤도 모듈orbital module의 크기가 긴 방향으로 2.6미터, 짧은 방향으로 2.2미터이고 내부 생활공간의 부피가 4세제곱미터인 것을 감안하면, 살류트 1호 우주정거장이 얼마나 큰지 알 수 있다.[2]

살류트 1호에는 소유즈 유인 우주선이 두 차례 다녀갔다. 우주정거장이 발사된 지 3일 후에 발사된 소유즈 10호는 우주선을 우주정거장에 고정하는 소프트 도킹에는 성공했으나 완전한 도킹에는 성공하지 못해, 우주인이 살류트 1호로 이동하지 못했다. 1971년 6월 6일에 발사된 소유즈 11호는 완전한 도킹까지 성공해 3명의 우주인이 살류트 1호로 이동했고, 23일 동안 머물면서 임무를 수행했다. 주요 임무의 하나는 살류트 1호에 설치된 오리온 1호 Орион-1 자외선 우주망원경을 이용한 관측이었다. 동양에서는 직녀성으로 알려진 거문고자리의 베가Vega, α Lyrae와 센타우루스자리의 베타 센타우리β Centauri의 별빛을 200~380나노미터nm 사이 파장의 자외선으로 측정했다.[3]

소유즈 11호는 1971년 6월 30일에 살류트 1호를 떠나 지구로 귀환했지만, 탑승한 우주인 전원이 사망한 채로 발견됐다. 대기권에 진입하기 전에 귀환 모듈의 공기가 빠져나가서 우주인들이 질식해 사망한 것으로 밝혀졌다.[4] 대기권 안에서가 아닌 우주에서 우

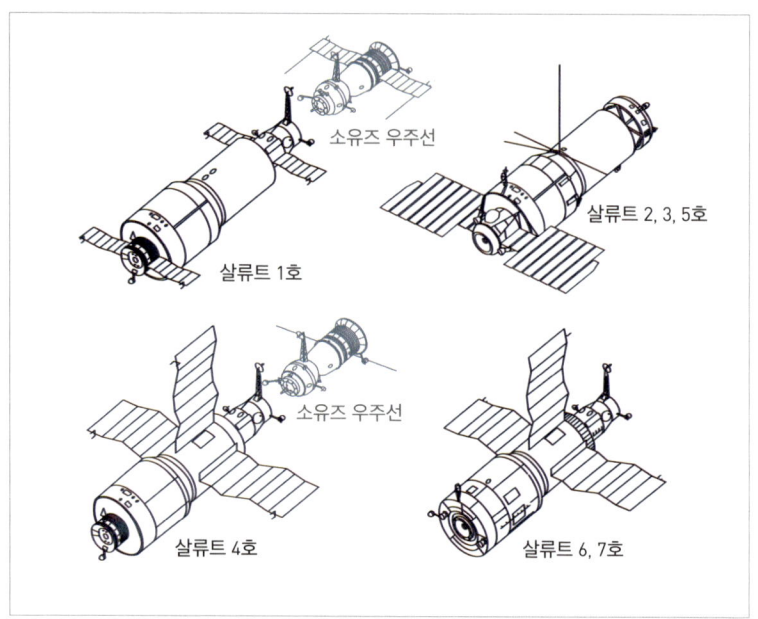

그림 8-2   살류트 우주정거장. 단일 모듈 우주정거장으로, 살류트 1호부터 5호까지는 하나의 우주선만 도킹할 수 있었고, 살류트 6호와 7호는 동시에 2개의 우주선이 도킹할 수 있었다. 살류트 2호는 우주정거장으로 운용하는 데 실패했다.

주인이 사망한 유일한 기록이다. 귀환 모듈의 내부 공간이 좁아서 3명의 우주인이 탑승해서 우주복을 착용하지 않았던 것도 사고를 피할 수 없었던 이유의 하나였다. 1973년 9월 27일에 발사된 소유즈 12호부터는 우주복을 착용할 수 있는 공간을 확보하기 위해 우주선 탑승 인원을 3명에서 2명으로 줄였다. 탑승 인원이 다시 3명으로 늘어난 때는 1980년으로, 새로 디자인된 소유즈 우주선을 사용하면서부터이다. 175일 동안 우주에서 지구 주위를 공전했던 살류트 1호는 1971년 10월 11일에 역추진으로 속도를 줄여 태평양 상공의 대기권에 진입해 파괴되었다.

우주정거장은 어떻게 폐기하나?

우주정거장의 궤도 높이에도 아주 적은 공기가 있고 이로 인한 공기저항은 우주정거장의 고도를 조금씩 낮춘다. 우주정거장을 계속 운영하려면 주기적으로 로켓 추진을 해서 고도를 높여야 한다. 로켓 추진을 하지 않으면 우주정거장의 고도는 점점 더 낮아져, 결국은 지구 대기권에 진입해 대기의 공기저항에 의해 타면서 파괴된다. 상대적으로 크기가 큰 우주정거장의 경우 대기권 진입 후 대기의 공기저항만으로 모두 타지는 않는다. 타고 남은 잔해가 사람이 살고 있는 곳에 떨어지면 인명 피해나 재산 피해가 발생할 수 있다. 이 때문에 수명이 다한 우주정거장을 폐기할 때는 사람이 살지 않는 곳에 추락시킬 필요가 있다. 추락 지점으로 주로 선택하는 곳은 '남태평양 무인지대South Pacific Ocean Uninhabited Area'라고 불리는 남태평양 한가운데에 위치한 곳으로, 사람이 사는 곳에서 가장 멀리 떨어져 있다.

우주정거장을 추락시키는 과정은 우주정거장이 200킬로미터 정도의 고도로 내려올 때까지 기다린 후 역추진을 하면서 시작된다. 역추진으로 우주정거장의 속도를 줄이면, 우주정거장의 공전궤도가 줄어들면서 지구를 반 바퀴 더 돌고 난 후에 우주정거장의 위치가 지구에 더 가까워진다. 이 근지점perigee을 충분히 낮추면 우주정거장은 지구 대기권에 진입한다. 역추진하는 위치는 우주정거장이 추락하는 곳에서 지구 반대편에 있다. 역추진하는 위치로 우주정거장의 대기권 진입과 추락 위치를 조정할 수 있는 것이다. 지구가 자전해서 우주정거장의 공전궤도가 서쪽으로 치우치는 것도 고려해야 한다.

200킬로미터의 고도에서 지구 대기권에 진입하기 위해 줄여야 하는 속도는 초속 40미터 미만이다($\Delta v < 40 m/s$). 폐기 직전 우주정거장의 궤도 공전 속도인 초속 7.8킬로미터의 200분의 1 정도에 불과하다. 초속 40미터를 줄이기 위해 필요한 연료와 산화제 질량은 로켓 방정식으로 계산할 수 있다. 연소한 연료를 초속 3,000미터로 내뿜는 로켓을 역추진에 사용하는 경우, 폐기할 우주정거장 질량의 1.34%에 해당하는 연료와 산화제가 필요하다. 20톤의 우주정거장의 경우 약 268킬로그램에 해당한다. 연소한 연료를 내뿜는 속도가 초속 2,500미터이면, 폐기할 20톤 우주정거장의 1.61%인 321킬로그램의 연료와 산화제가 필요하다.

지구 주위를 돌던 유인 우주선이 지구로 귀환하는 과정도 이와 비슷하다. 유인 우주선은 보통 폐기 직전의 우주정거장보다 더 높은 고도의 궤도에서 임무를 수행하다가 귀환한다. 더 높은 고도에서 지구 대기권에 진입하려면 더 많이 감속해야 한다. 400킬로미터의 고도에서 임무를 마친 우주선이 대기권에 재진입하기 위

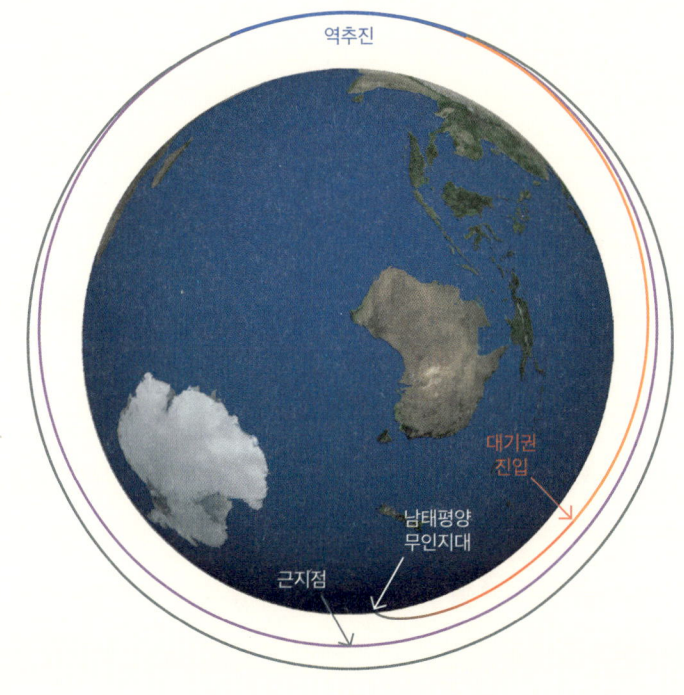

그림 8-3 우주정거장을 폐기하는 과정. 우주정거장을 폐기하기로 결정하면 고도가 200킬로미터 정도로 낮아질 때까지 기다린다. 고도가 충분히 낮아지면 1차 역추진으로 감속해 반대쪽 지구 근지점을 지구에 더 가깝게 낮춘다. 다시 근지점의 반대쪽인 원지점에 다가왔을 때 2차 역추진으로 더 감속해 근지점의 고도를 더 낮춰서 우주정거장을 대기권에 진입시켜 파괴한다. 남은 잔해의 추락 지점은 사람이 사는 곳에서 가장 멀리 떨어진 '남태평양 무인지대'이다. 그림에서는 지구가 자전하는 것은 표현하지 않았고, 시각적으로 잘 보이도록 궤도의 고도를 과장했다.

해 줄여야 하는 속도는 초속 100미터 미만이다($\Delta v<100m/s$). 초속 100미터를 줄이는 데 필요한 연료와 산화제 질량은, 연소한 연료를 내뿜는 속도가 초속 3,000미터이면 우주선 질량의 3.39%이고, 연소한 연료를 내뿜는 속도가 초속 2,500미터이면 우주선 질량의 4.08%이다.

살류트 1~5호와 6, 7호의 차이

살류트 1호가 폐기된 지 1년 6개월이 지난 1973년 4월 4일에는 두 번째 우주정거장인 살류트 2호가 발사됐지만 고도 유지와 내부 압력 유지에 실패하면서 우주인이 방문하지 못했다. 1974년 6월 25일에 발사된 살류트 3호부터 1982년 4월 19일에 발사된 살류트 7호까지는 성공적으로 설치되어 여러 우주인들이 방문했다. 설치에 실패한 살류트 2호를 포함해 총 7개의 살류트 우주정거장은 모듈 하나로 만들어진 단일 모듈 우주정거장이었다.

   살류트 5호까지는 우주선과 도킹하는 부분이 한 곳밖에 없었다. 만약에 우주정거장에서의 임무를 마치고 우주인들이 귀환할 때 함께 귀환하지 않고 우주정거장에 남아 있으면, 우주정거장에는 더 이상 귀환할 우주선이 도킹해 있지 않게 된다. 그러면 지구로 귀환해야 하는 긴급 상황이 닥쳤을 때 대처할 수 있는 방법이 없다. 이 때문에 살류트 5호까지는 임무를 마친 우주인들이 타고 온 우주선을 통해 전원 지구로 귀환하는 방식으로 운영했다. 이런 상황은 우주선과 도킹할 수 있는 부분이 2개로 늘어난 살류트 6호부터 바뀌었다.

1977년 9월 29일에 발사된 살류트 6호를 처음 방문한 우주인은 소유즈 26호를 타고 온 우주인 2명이었다. 정확히 1개월 후에는 소유즈 27호가 다른 우주인 2명을 태우고 살류트 6호에 도착했다. 2개의 우주선이 도킹해 있는 상태에서 총 4명의 우주인이 살류트 6호에서 같이 활동했고, 6일 후에는 소유즈 27호를 타고 왔던 우주인 2명이 소유즈 26호를 타고 귀환했다. 소유즈 26호를 타고 왔던 우주인들은 96일간 우주정거장에 머물다가 이듬해 3월 16일에 소유즈 27호를 타고 지구로 귀환했다. 소유즈 26호와 소유즈 27호 우주인들이 우주정거장에서 일종의 환승을 한 셈이다.[5]

미국의 첫 우주정거장 스카이랩

아폴로 유인 달 탐사 계획을 수행하면서 미국은 당시 가장 강력한 발사체였던 새턴 5 로켓 기술을 보유하고 있었다. 아폴로 계획 이후 새턴 5 로켓의 다음 임무이자 마지막 임무는 미국의 첫 우주정거장인 스카이랩Skylab 발사였다. 새턴 5 로켓의 상단부 3단을 '궤도 작업 모듈orbital workshop'로 개조한 스카이랩은 최대 지름 6.6미터, 길이 25.1미터의 크기였다. 내부 공간의 부피는 351.6세제곱미터로 소련의 살류트 1호보다 3.5배 이상 컸고, 질량은 76.54톤으로 살류트 1호보다 4배 이상 컸다.[6] 1973년 5월 14일에 발사된 스카이랩은 근지점이 434킬로미터이고 원지점이 442킬로미터인 궤도에 올라갔다.

스카이랩에는 3명씩 3회에 걸쳐 총 9명이 방문했다. 1973년 5월 25일에 발사된 스카이랩 2호의 우주인은 28일간 스카이랩에 머물렀고, 1973년 7월 28일에 발사된 스카이랩 3호의 우주인은 59일, 1973년 11월 16일에 발사된 스카이랩 4호의 우주인은 84일간 스카이랩에 머물렀다. 스카이랩에 부착된 아폴로 망원경 마운트 Apollo telescope mount는 발사 후 우주에서 펼쳐졌다. 이 망원경은 가시광선과 자외선, 그리고 엑스선의 일부로 태양을 관측할 수 있는 망원경이다. 스카이랩으로 간 우주인이 직접 수동으로 작동했고, 관측 결과를 찍은 필름을 지구로 가져와 분석했다.

다른 우주정거장과 마찬가지로, 스카이랩이 위치한 고도에 남아 있는 아주 적은 공기에 의한 공기저항으로 스카이랩의 고도도 조금씩 낮아졌다. 우주인을 실어 나르기 위해 도킹한 스카이랩 2, 3, 4호가 로켓을 추진을 하는 방식으로, 낮아지는 스카이랩의 고도를 높였다. 이후에는 우주왕복선으로 스카이랩의 고도를 높이는 계획도 있었지만, 우주왕복선 투입이 지연되면서 스카이랩의 고도는 점점 더 낮아졌다.

자체 로켓엔진이 장착되어 있지 않았던 스카이랩은 역추진으로 지구 대기권 진입을 통제할 수 없었다. 이 때문에 1979년에 지구로 떨어질 당시 스카이랩의 추락 위치와 시기를 예측하기 어려웠다. 이런 스카이랩의 추락은 전 세계의 이목을 집중시켰다. 추락

그림 8-4 스카이랩 우주정거장의 모습. 스카이랩 4호가 임무를 마치고 지구로 돌아오기 전에 찍은 사진.

일주일 전 NASA는 1979년 7월 10일에서 14일 사이에 떨어질 것으로 예측했고, 그중 7월 12일에 추락할 가능성이 가장 높다는 발표를 했다.[7] 대기권 진입 직전에는 1시간 26분 만에 지구 주위를 한 바퀴 돌고, 한 바퀴 돌 때마다 지구 자전으로 인해 적도에서는 서쪽 방향으로 약 2,400킬로미터씩 이동한다. 정확히 언제 대기권 진입에 진입하는지를 특정할 수 없는 스카이랩은 사실상 지구 어느 곳에 떨어지는지 알 수 없는 상황이었다. 다행히 1979년 7월 11일에 추락한 스카이랩은 오스트레일리아 서부의 사람이 살고 있지 않은 지역과 인도양에 잔해가 떨어졌고, 추락으로 인한 인명 피해는 없었다.

소련 동맹국 우주인과 함께한 인테르코스모스 계획

유인 우주비행이 자리 잡은 1967년에 소련은 인테르코스모스 Интеркосмос 계획을 발족했다. 동맹국들이 소련의 우주비행에 참여하는 이 계획의 유인 우주비행은 살류트 우주정거장이 설치되면서 본격적으로 실행됐다. 첫 수혜자는 체코슬로바키아 우주인 블라디미르 레멕 Vladimír Remek이었다. 소련이나 미국 소속이 아닌 첫 우주인이었다. 사령관 알렉세이 구바레프 Алексей Александрович Губарев와 함께 1978년 3월 2일에 발사된 소유즈 28호로 살류트 6호 우주정거장에 도착한 후 3월 10일까지 머물렀다. 그러면서 무중력에서의 클로렐라 성장 관찰, 구리·납·은·염화구리를 녹이는 실험, 인간 신체 조직에서 산소를 측정하는 과학 실험을 수행했다.

1981년까지는 폴란드, 동독, 불가리아, 헝가리, 베트남, 쿠바, 몽골, 루마니아 등 소련 동맹국의 우주인들이 소유즈 우주선을 타고 살류트 우주정거장에 방문했다.[9] 미국은 아폴로-소유즈 시험 계획에서 귀환한 1975년 7월 24일부터 우주왕복선 컬럼비아호가 발사

표 8-1 인테르코스모스 계획으로 유인 우주비행을 한 국가와 우주인들

국가	우주인	우주비행 기간
체코슬로바키아	블라디미르 레멕	1978/03/02 ~ 1978/03/10
폴란드	미로스와프 헤르마제프스키	1978/06/27 ~ 1978/07/05
동독	지그문트 얀	1978/08/26 ~ 1978/09/03
불가리아	조지 이바노프	1979/04/10 ~ 1979/04/12
	알렉산더 알렉산드로프	1988/06/07 ~ 1988/06/17
헝가리	베르탈란 파르카스	1980/05/26 ~ 1980/06/03
베트남	팜 투안	1980/07/23 ~ 1980/07/31
쿠바	아르날도 타마요 멘데스	1980/09/18 ~ 1980/09/26
몽골	주그데르다미딘 구라그차	1981/03/23 ~ 1981/03/30
루마니아	두미트루 프루나리우	1981/05/14 ~ 1981/05/22
프랑스	장루 크레티앙	1982/06/24 ~ 1982/07/02
	(동일인 두 번째 참여)	1988/11/26 ~ 1988/12/21
인도	라케시 샤르마	1984/04/03 ~ 1984/04/11
시리아	무하마드 아흐메드 파리스	1987/07/22 ~ 1987/07/30
아프가니스탄	압둘 아하드 모만드	1988/08/29 ~ 1988/09/07
일본	아키야마 도요히로	1990/12/02 ~ 1990/12/10
영국	헬렌 샤먼	1991/05/18 ~ 1991/05/26
오스트리아	프란츠 비빅	1991/10/02 ~ 1991/10/10

된 1981년 4월 12일까지 유인 우주비행을 전혀 하지 않고 있었다. 1982년부터는 소련 동맹국이 아닌 프랑스, 인도, 시리아, 아프가니스탄, 일본, 영국, 오스트리아 우주인들도 인테르코스모스를 통한 유인 우주비행에 참여했다. 살류트 우주정거장에 방문한 우주인은 중복 방문을 포함해 총 80명이다. 이 중 11개국 11명의 우주인은 인테르코스모스 계획으로 참여했다. 살류트 우주정거장 이후에 건설된 미르 우주정거장에도 7개국 7명의 우주인이 이 계획을 통해 방문했다.[8]

첫 모듈형 우주정거장 미르

소련이 건설한 미르Мир 우주정거장은 이전까지의 단일 모듈 우주정거장에서 벗어나, 여러 개의 모듈을 순차적으로 발사해 우주에서 큰 규모로 조립해 건설한 첫 우주정거장이다. 미르 우주정거장 건설은 1986년 2월 19일에 발사된 첫 모듈부터 시작됐다. 1996년까지 10년 동안 건설한 미르 우주거장은 모두 7개의 모듈로 구성되었다. 최장 길이는 31미터였고 질량은 129.7톤에 이르렀다. 내부 공간의 부피는 350세제곱미터로, 스카이랩의 내부 공간 부피와 비슷했다. 296킬로미터에서 421킬로미터 사이의 고도를 유지했다.[10]

미르 우주정거장이 운영 중이었던 1991년 12월에 소련이 해체되었고, 1992년 6월에는 미국과 러시아 정상들이 우주탐사 협력

그림 8-5   미르 우주정거장 전경. 1998년 1월 29일 인데버 우주왕복선에서 찍은 사진.

에 합의하면서 양국 사이의 우주 협력이 본격화됐다. 30회의 소유즈 우주선과 9회의 우주왕복선 비행을 통해 12개국 125명의 우주인이 미르 우주정거장을 방문했다. 그중에는 1994년 1월 8일부터 1995년 3월 22일까지 437일 17시간 동안 연속해서 우주에 체류한 기록을 지니고 있는 발레리 폴랴코프Валерий Владимирович Поляков도 포함되어 있다. 1988년 8월 29일부터 1989년 4월 27일까지 240일

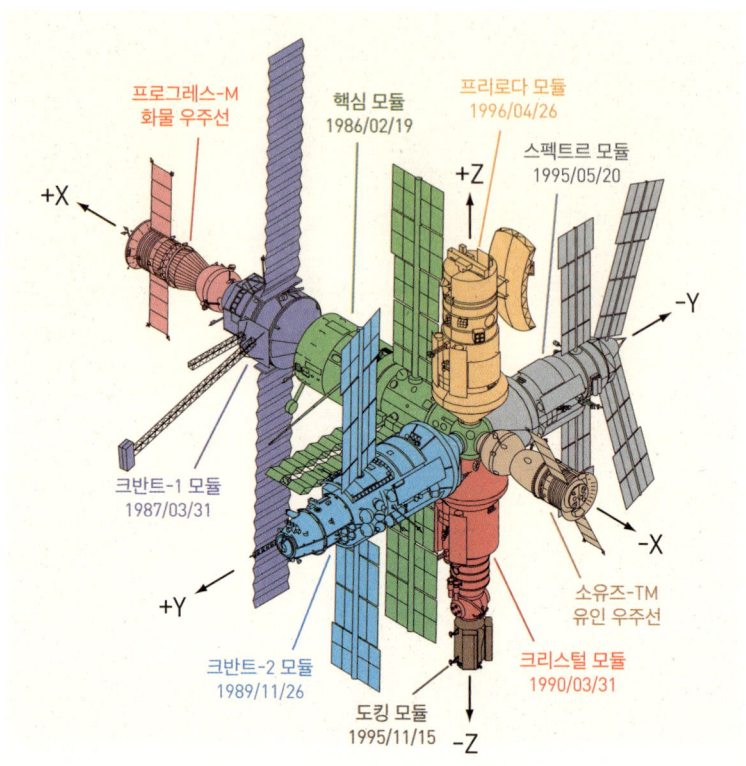

그림 8-6 　미르 우주정거장 모듈 구성도. 이름 밑의 숫자는 모듈을 발사한 날짜이다.

22시간 동안 우주에 체류한 기록을 더하면, 폴랴코프의 우주 체류 시간 총합은 678일이 넘는다.[11]

　미르 우주정거장은 15년 31일 동안 지구 주위를 돌았고, 서서히 낮아지는 고도를 높이는 로켓 추진은 주로 러시아의 프로그레스 Прогресс 무인 화물 우주선이 담당했다. 미르 우주정거장은 2001년

3월 23일에 계획한 대로 지구 대기권에 진입해 파괴됐다. 먼저 미르 우주정거장은 평균 고도가 220킬로미터로 낮아질 때까지 기다렸다. 화물 대신 충분한 로켓연료를 실은 프로그레스 M-5 우주선이 미르와 도킹했고, 이 우주선의 로켓 역추진으로 미르의 공전궤도 근지점을 165킬로미터 높이까지 낮췄다. 지구를 두 바퀴 더 돈 후 다시 로켓을 역추진해, 근지점을 더 낮춰서 계획한 위치의 대기권에 진입했다. 대기의 공기저항으로 타고 남은 미르의 잔해는 사람이 살지 않는 남태평양 해상에 떨어졌다.[12]

국제 협업으로 만든 국제우주정거장

미르 우주정거장의 퇴역이 다가오면서 더 큰 규모의 국제우주정거장International Space Station, ISS이 건설되기 시작했다. 우주정거장 모듈 제작에서부터 미국, 러시아, ESA를 중심으로 한 유럽 국가, 캐나다, 일본이 참여한 국제 협업 우주 프로젝트였다. 우주에 올라간 첫 모듈은 러시아가 제작한 자랴Заря 모듈로, 1998년 11월 20일에 러시아의 프로톤 로켓에 실려 발사됐다. 이후 여러 차례 새로운 모듈이 추가되어, 2025년 현재 총 16개의 모듈로 구성되어 있다. 그중 6개는 러시아가 제작한 모듈이고, 8개는 미국, 나머지 2개는 각각 일본과 유럽연합이 제작한 모듈이다. ISS의 전체 질량은 우주선이 도킹하지 않았을 경우 약 420톤이고, 내부 공간의 부피는 스카이랩과 미르 우주정거장의 3배 정도인 1,000세제곱미터에 이

그림 8-7 국제우주정거장의 전체 모습. 인데버 우주왕복선이 ISS에서의 임무를 마치고 지구로 귀환하던 2011년 5월 29일에 찍은 사진.

른다.[13]

ISS는 약 400킬로미터 고도에서 지구 주위를 돌고 있다. 이 고도의 우주에서도 여전히 남아 있는 아주 적은 대기로 인해, ISS의 고도는 한 달에 약 2킬로미터씩 낮아진다.[14] 이 때문에 ISS는 로켓 추진으로 고도를 높이는 작업을 주기적으로 시행한다. 우주에 돌아다니는 잔해와의 충돌을 방지하기 위한 추진도 필요하고, ISS의 자세를 제어하기 위한 추진도 필요하다. ISS는 고도 유지, 우주 잔해와의 충돌 방지, 자세 제어를 위해 매년 약 7톤의 로켓연료를 사용한다.[15]

그림 8-8   ISS와 도킹한 인데버 우주왕복선. 지구로 귀환하는 소유즈 우주선에서 2011년 5월 23일에 찍은 사진.

ISS가 건설된 이후부터는 민간인을 대상으로 한 상업 우주여행도 시작됐다. 첫 민간인 우주인은 미국인 데니스 티토Dennis Tito로, 2001년 5월 6일에 발사된 소유즈 TM-32 우주선을 타고 ISS를 방문해 8일간 머물렀다. 당시 그는 우주여행 비용으로 2,000만 달러를 지불했다. 2022년 4월 8일에 발사된 스페이스엑스의 크루 드래건Crew Dragon을 타고 ISS에 방문해 17일간 머물렀던 민간인 우주여행객들은 1인당 5,500만 달러를 지불했다.[16] ISS에는 14명의 민간인 우주여행객을 포함해 2025년 현재 280명 이상이 방문했다.[17]

중국의 우주정거장

독자적인 발사체 기술로 유인 우주비행을 성공한 세 번째 국가는 중국이다. 양리웨이楊利偉를 태우고 2003년 10월 15일에 발사된 선저우 5호神舟5號의 첫 유인 우주비행을 성공적으로 마쳤다. 8년 후인 2011년 9월 29일에는 단일 모듈 우주정거장 톈궁 1호天宮1號를 궤도에 올림으로써, 단독으로 우주정거장을 설치한 세 번째 국가가 되었다. 소련의 첫 우주정거장인 살류트 1호와 비교하면, 톈궁 1호는 상대적으로 작은 규모였다. 총 질량은 8.5톤이었고 내부 공간의 부피는 15세제곱미터로, 살류트 1호의 6분의 1 정도였다.[18] 선저우 9호와 10호로 총 6명의 우주인이 방문했다. 톈궁 1호는 발사 6년 6개월 후인 2018년 4월 2일에 남태평양 상공의 대기에 진입해 대부분이 타서 소멸되었다. 중국의 두 번째 우주정거장인 톈궁 2호도 톈궁 1호와 같은 크기로 2016년 9월 15일에 발사되어,

그림 8-9 컴퓨터 그래픽으로 구현한 텐궁 우주정거장.

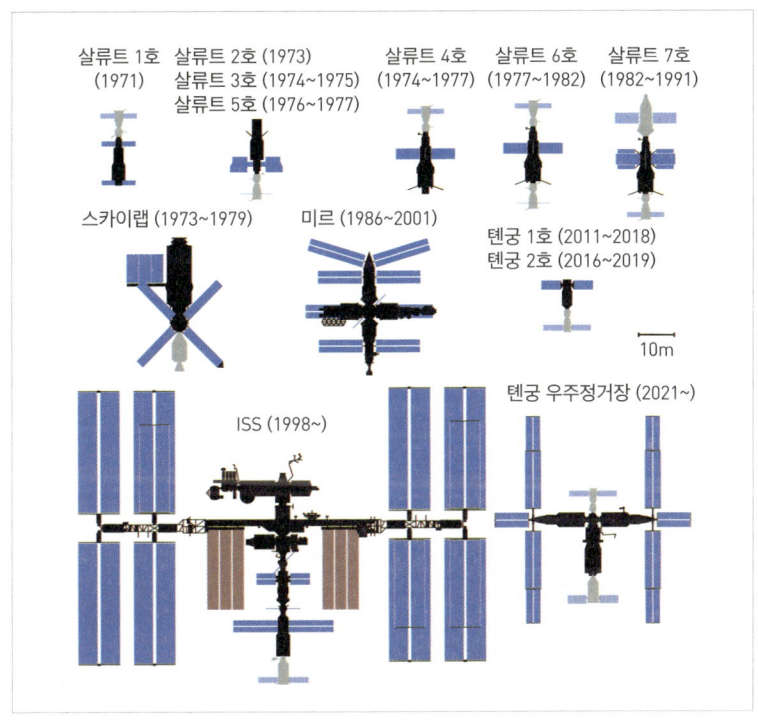

그림 8-10 우주정거장 규모 비교. 우주정거장과 도킹하는 우주선은 옅은 색으로 처리했다.

2년 10개월 후인 2019년 7월 19일에 통제하에 남태평양 상공 대기권에 진입해 소멸되었다. 톈궁 2호에는 선저우 11호로 2명의 우주인이 방문했다.

중국은 2021년 4월 29일 첫 모듈 발사를 시작으로 톈궁 우주정거장天宮号空間站을 건설하기 시작했다. 현재 총 3개의 모듈로 구성되어 있으며 각 모듈의 질량은 약 22톤이다. 내부 공간은 약 340세제곱미터로, 소련의 미르 우주정거장과 비슷한 규모이다. ISS와 함께 현재 운용되고 있는 우주정거장이다.[19] 약 390킬로미터 상공을 공전하고 있는 톈궁 우주정거장에는 지금까지 선저우 12호부터 17호까지 6개의 우주선으로 총 18명의 우주인이 방문했다. 2026년에는 쉰톈巡天 우주망원경이 설치될 예정이다.

달 주위를 도는 우주정거장 루너 게이트웨이

지금까지의 우주정거장은 지구 주위를 도는 우주정거장이었다. 지구가 아닌 다른 천체 주위를 도는 우주정거장 계획도 있다. 루너 게이트웨이Lunar Gateway라고 불리는 우주정거장이다. 2025년 이후에 달 주위를 도는 우주정거장을 설치할 예정이다. 아폴로 계획 이후 50여 년 만에 달 표면에 사람이 가는 아르테미스 계획Artemis Program에서 달 착륙 전에 중간 기착지로도 사용될 예정이다.

루너 게이트웨이가 설치되는 곳은 달 근처를 길게 도는 궤도인 NRHONear-Rectilinear Halo Orbit(직선에 가까운 헤일로 궤도)이다. 달에 가까울 때는 달 북극에서 1,500킬로미터 떨어진 곳을 지나가고, 멀 때는 달 남극에서 7만 킬로미터 떨어진 곳을 지나가는 궤도이다.[20] 지구 주위를 공전하면서 달 중력의 영향도 받는 궤도인 지구-달 L_2 헤일로 궤도의 일종이다. 항상 지구를 바라보면서 달 주위를 도는 궤도이기 때문에 지구와의 통신을 끊임없이 유지할 수 있다.

하지만 2025년 5월 현재, 미국 트럼프 행정부는 루너 게이트웨이를 포함한 관련 우주계획의 종료를 요구하고 있어서, 루너 게이트웨이 설치가 진행될지는 불명확하다.[21]

우주선과
로켓 재사용의
역사

- 우주선과 로켓을 재사용하는 이유는?
- 본격적인 우주선 재사용 시대를 연 우주왕복선
- 민간 우주기업 스페이스엑스의 로켓 재사용

스페이스엑스의 독주를 가능하게 한 우주선 재사용

2024년 한 해 동안 인공위성이나 우주선을 성공적으로 궤도에 올리거나 더 먼 우주로 보낸 발사는 253회이다. 국가별로 따지면 전 세계 발사의 60%가 넘는 155회를 미국이 수행했다. 중국은 65회, 러시아는 17회로 그 뒤를 따랐다. 기관 또는 회사별로 따지면 전 세계 발사의 50%가 넘는 133회를 민간 우주기업인 스페이스엑스가 팰컨 9Falcon 9과 팰컨 헤비Falcon heavy 발사체를 이용해 수행했다. 스페이스엑스는 스타십을 이용한 4회의 시험 발사도 수행했다.[1] 전 세계 우주 발사의 절반 이상을 스페이스엑스 한 기업이 할 수 있었던 것은 거의 독보적인 로켓 재사용 기술 덕택이다.

팰컨 9과 팰컨 헤비에 사용하는 1단 로켓 중에서는 20번 이상 사용한 로켓도 여럿이다.[2] 스페이스엑스는 이렇게 1단 로켓을 여러 번 재사용함으로써 발사 비용에서 발사체 제작 비용이 차지하는 비율을 줄였고, 이를 통해 우주 운송 시장에서 가격 경쟁력을 키웠다. 스페이스엑스는 한발 더 나아가 1단과 2단 모두 재사용하면서 더 많은 화물을 실어 나를 수 있는 스타십을 개발하고 시험 발사도 하고 있다. 우주탐사나 우주 운송 비용을 줄이기 위해 필요한 로켓과 우주선 재사용은 어떻게 시작되었고 발전했는지, 그리고 재사용을 통해 실제로 어느 정도의 비용 절감을 달성했는지 알아보자.

새턴 로켓을 이용한 우주선 발사 비용

유인 달 탐사 계획인 아폴로 계획에서 사용한 새턴 5 로켓은 20세기의 가장 강력한 발사체였다. 한 번 발사하는 데 드는 비용은 아폴로 14호를 기준으로 당시 화폐가치로 약 4억 달러였다.[3] 물가 상승을 감안한 2025년 화폐가치로는 32억 달러이다.[4] 이 비용은 유인 달 탐사를 위한 사령·기계선과 달 착륙선 제작 비용이 포함된 액수이다. 아폴로 계획의 저궤도 발사체인 새턴 1B의 경우, 아폴로 7호를 기준으로 당시 발사 비용은 1억 4,500만 달러였고, 2025년 화폐가치로 13억 달러이다. 발사 비용이 이렇게 큰 이유의 하나는 로켓과 우주선을 포함해 탑재된 모든 장비들을 한 번만 사용하고 폐기한다는 것이었다. 발사 때마다 로켓과 우주선을 새로 제작해야 했던 만큼, 발사 비용이 클 수밖에 없었다. 인류 첫 인공위성을 우주로 올려 보낸 지 불과 12년 만에 유인 달 탐사에 성공했을 만큼 치열했던 미국과 소련 사이의 우주 경쟁 상황 속에서 비용 절감은 상대적으로 뒤로 밀렸다. 본격적으로 로켓과 우주선을 재사용하는 계획이 대두된 때는 사실상 우주 경쟁에 마침표를 찍었던 미국의 유인 달 탐사 성공 이후였다.

우주선 재사용 사례는 이미 아폴로 계획 이전에도 있었다. 로켓엔진을 장착한 미국의 X-15 항공기와 제미니 귀환 캡슐을 재사용한 사례이다. 이들은 지구 주위를 공전하는 궤도 우주비행이 아닌, 우주의 경계를 넘어갔다 바로 내려오는 탄도 우주비행에 사용했다. 우주비행을 마치고 귀환하는 과정에서 우주선의 속도는 대기의 공기저항으로 줄인다. 줄어든 속도에 해당하는 운동에너지가 줄어들고, 줄어든 운동에너지의 상당 부분이 열에너지로 변환된다. 탄도 우주비행 후 귀환할 때 우주선이 대기권에 진입하는 속도는 항공기가 날아가는 속도보다는 훨씬 크지만, 궤도 우주비행에서의 대기권 진입 속도에 비하면 훨씬 작다. 그만큼 줄여야 하는 속도도 작아서 공기저항으로 속도를 줄이는 동안 올라가는 온도도 상대적으로 크지 않다. X-15는 다른 항공기처럼 활주로에 착륙할 수도 있다.

탄도 우주비행과는 달리 궤도 우주비행에서 돌아오는 귀환 캡슐은 대기권에 진입하는 속도가 초속 8킬로미터에 육박한다. 이 속도에 해당하는 운동에너지는 귀환선 질량이 5톤일 경우 약 5,000리터의 휘발유를 태울 때 나오는 에너지에 해당하고, 귀환선 질량이 10톤일 경우 약 1만 리터의 휘발유를 태울 때 나오는 에너지에 해당한다. 안전하게 착륙하려면 대기권 진입 속도 대부분을

그림 9-1   1960년대에 탄도 우주비행에서 재사용한 X-15 로켓 항공기(왼쪽)와 전시된 제미니 SC-2 귀환 캡슐(오른쪽).

줄여야 하고, 그 과정에서 줄어드는 운동에너지 대부분은 귀환선과 그 주위 공기를 데우는 열에너지로 전환된다. 이로 인해 귀환선이 상당히 높은 온도로 뜨거워지는 혹독한 상황이 만들어진다. 이런 상황을 견뎌야 하는 만큼, 궤도 우주비행에서 돌아오는 로켓과 우주선을 회수해 재사용하는 것은 상대적으로 더 어렵다.

본격적으로 로켓과 우주선을 재사용하기 시작한 우주왕복선

궤도 우주비행에서 본격적으로 로켓과 우주선을 재사용하기 시작한 것은 우주왕복선 계획space shuttle program부터이다. 1972년부터 시작된 우주왕복선 계획은 1981년 4월 12일 첫 발사부터 2011년 7월 8일 마지막 발사까지 총 30년간 지구 저궤도에서의 임무를 수

그림 9-2 우주왕복선의 구성. 날개 달린 비행기 모양의 궤도선, 궤도선에 로켓연료를 공급하는 외부연료탱크, 외부연료탱크 양쪽에 장착된 2개의 고체로켓부스터.

행했다. NASA의 여러 계획 중에서 가장 길게 진행된 것이었다.

우주왕복선은 우주인이 탑승하고 화물을 싣는 비행기 모양의 궤도선, 궤도선과 연결되어 궤도선의 주 로켓엔진에 연료를 공급하는 외부연료탱크external tank, ET, 외부연료탱크 양쪽에 부착된 2개의 고체로켓부스터solid rocket booster, SRB로 구성되었다. 이 중에서 고체로켓부스터는 바다에 착수하는 방식으로 회수했고, 궤도선은 활주로에 착륙하는 방식으로 회수했다. 외부연료탱크는 발사 후 회수하지 않고 폐기했다. 궤도선과 고체로켓부스터는 회수해서 재사용하지만 외부연료탱크는 재사용하지 않는, 부분 재사용 방식으로 운영됐다.

우주왕복선에 장착한 2개의 고체로켓부스터는 고체연료를 사용하는 로켓이다. 고체연료 로켓을 실제 우주비행에 사용한 것은 우주왕복선이 처음이다. 고체로켓부스터 하나의 질량은 590톤이었고, 그중 연료는 약 500톤이었다. 고체로켓부스터 하나의 최대 추력은 1만 5,000킬로뉴턴으로, 부스터 2개의 최대 추력 총합은 3만 킬로뉴턴이다. 지상에서 3,000톤 이상의 질량을 들어 올릴 수 있는 힘이다. 우주왕복선 발사 직후 전체 추력의 85%를 담당했다. 고체로켓부스터 2개의 추력은 2,000톤이 약간 넘는 전체 우주왕복선을 들어 올리고도 남는 추력이다. 두 번째 유인 달 탐사 계획인 아르테미스 계획에서 사용할 예정인 SLSSpace Launch System(우주발사시스템) 발사체의 고체로켓부스터 이전까지 가장 강력한 고체연료 로켓이었다. 우주왕복선의 고체로켓부스터는 발사 후 약 2분 동안 사용하고 분리되었고, 낙하산으로 속도를 줄여 대서양에 착수해 회수됐다. 회수된 고체로켓부스터의 부품은 재개조 과정을 거쳐 다른 우주왕복선의 고체로켓부스터에 재사용됐다.

외부연료탱크는 궤도선에 장착된 로켓엔진에 액체수소 연료와 액체산소 산화제를 공급함과 동시에 궤도선과 고체로켓부스터를 받쳐준다. 연료와 산화제를 다 채운 외부연료탱크의 질량은 760톤에 이르지만, 연료를 다 사용하고 난 후의 질량은 27톤에서

그림 9-3 우주왕복선 애틀랜티스호. 2개의 고체로켓부스터와 궤도선에 장착한 3개의 주 로켓엔진은 발사 때의 추력을 담당했고, 궤도선에 추가로 장착된 2개의 OMS 엔진은 궤도 진입과 궤도 수정, 역추진 등에 필요한 추력을 제공했다. 이 외에도 여러 개의 RCS 엔진이 장착되어 궤도선의 자세 제어에 사용했다.

35톤이다. 외부연료탱크는 발사후 약 8.5분 동안 궤도선에 연료를 공급한다. 약 113킬로미터의 고도에서 궤도비행 속도에 약간 못 미치는 속도에 도달한 후 궤도선과 분리된다. 분리된 외부연료탱크는 대기권에 진입해 공기저항으로 대부분 분해되어 타고, 일부는 인도양이나 태평양 해상에 떨어져 폐기됐다.

우주왕복선 궤도선은 총 6개가 만들어졌다. 그중 가장 처음 만들어진 엔터프라이즈호Enterprise는 추진 없이 글라이더처럼 활공해서 착륙하는 비행시험과 지상 시험에만 사용했고, 실제 우주비

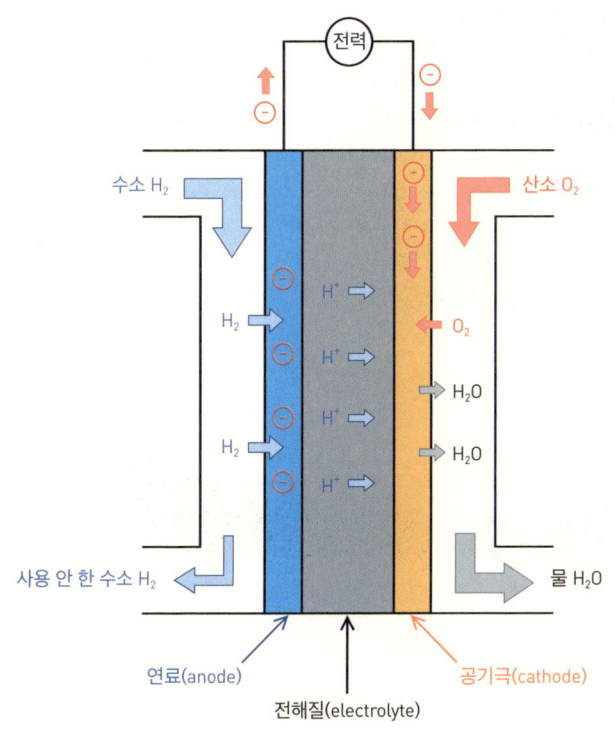

그림 9-4 수소와 산소로부터 전기를 생산하는 연료전지. 전기분해는 전력을 공급해 물을 수소와 산소로 분해하는 반면, 연료전지는 반대로 수소와 산소를 결합해 물을 만드는 과정에서 전력을 생산한다.

행에는 사용하지 않았다. 우주로 나간 궤도선은 모두 5개로, 컬럼비아호Columbia, 챌린저호Challenger, 디스커버리호Discovery, 애틀랜티스호Atlantis, 인데버호Endeavor이다. 궤도선에는 로켓다인Rocketdyne의 RS-25 로켓엔진 3개가 주 로켓엔진으로 장착되었다. 주 로켓엔진

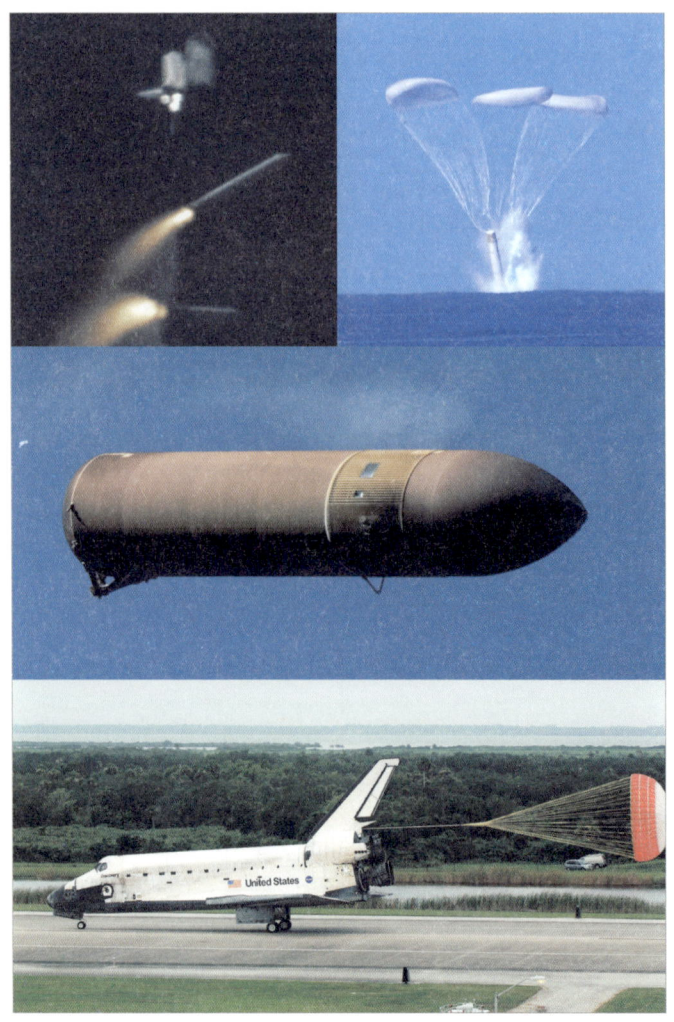

그림 9-5 우주왕복선 고체로켓부스터와 외부연료탱크, 그리고 궤도선의 회수와 분리. 위: 약 45킬로미터 상공에서 분리된 고체로켓부스터는 낙하산으로 속도를 줄여 대서양에 착수한 후 선박으로 회수한다. 가운데: 2008년 5월 31일 우주에서 디스커버리호가 찍은 분리된 외부연료탱크 사진으로, 파란 배경은 지구의 바다이다. 외부연료탱크는 회수하지 않았다. 아래: 2006년 7월 17일 디스커버리호가 활주로에서 낙하산을 펴고 속도를 줄이면서 착륙하는 사진.

은 외부연료탱크로부터 연료와 산화제를 공급받아 연소해 추진했다. 최대 추력은 5,250킬로뉴턴으로, 지상에서 535톤의 질량을 들어 올릴 수 있는 힘이다. 발사 때 전체 추력의 15%를 담당했다.[5] 이 로켓엔진은 아르테미스 계획에서 우주인이 탄 오리온 우주선을 달에 보내는 발사체인 SLS에도 사용한다.

궤도선의 주 엔진 위에는 OMSOrbital Maneuvering System(궤도기동시스템) 엔진으로 불리는 로켓엔진 2개가 자체 연료탱크와 함께 장착됐다. 외부연료탱크와 분리된 궤도선은 OMS 로켓엔진으로 추진해 지구 주위를 도는 궤도에 진입한다. OMS 엔진은 그 외에도 궤도 수정, 지구 귀환을 위한 역추진 등에 사용됐다. OMS 엔진의 연료로는 하이드라진 계열인 모노메틸하이드라진mono-methyl hydrazine, MMH(CH_3NHNH_2)을 사용했고, 산화제로는 사산화이질소dinitrogen tetroxide(N_2O_4)를 사용했다.[6] 모노메틸하이드라진과 사산화이질소는 상온에서 액체 상태여서 우주선에 싣기에 용이한 반면 독성이 있는 물질이다.

궤도선에 탑재되는 OMS 엔진의 연료와 산화제의 총 질량은 10.8톤으로, 우주인과 화물을 실은 궤도선 질량의 약 10%를 차지한다. 이를 이용해 화물을 최대로 적재한 궤도선이 OMS 엔진으로 낼 수 있는 속도증분(Δv)은 초속 305미터이다.[7] 이 속도증분은 외부연료탱크를 분리한 후 ISS가 위치한 400킬로미터 고도의 궤도에 진입하고($\Delta v < 200 m/s$), 400킬로미터 고도의 궤도에서 대기권 진입을 위해 역추진하기에($\Delta v < 100 m/s$) 충분한 속도증분이다. 자세

제어를 위해 궤도선 앞부분과 뒷부분에 여러 개 설치된 RCS$_{reaction\ control\ system}$(반동제어시스템)에 사용하는 연료와 산화제도 OMS 엔진과 같다.

태양광 패널과 배터리를 갖추지 않은 우주왕복선은 최장 17일 동안 우주에서 임무를 수행하면서 필요한 전력을 연료전지로 직접 생산했다. 전기분해가 전력을 투입해 물을 수소와 산소로 분해하는 것이라면, 연료전지는 반대로 수소와 산소를 결합해 물을 만드는 과정에서 전력을 생산한다. 궤도선의 화물칸 아랫부분에 위치한 액체수소 탱크와 액체산소 탱크로부터 수소와 산소를 공급받아 연료전지에 사용했고, 이때 나오는 부산물인 물은 식수와 냉각 등의 용도로 썼다. 아폴로 유인 달 탐사의 사령·기계선도 같은 방법으로 전력을 생산했다.

우주왕복선이 수행한 주요 임무로는 허블 우주망원경 설치 및 성능 개선, 찬드라 엑스선 관측선$_{Chandra\ X-ray\ Observatory}$ 설치, 목성 탐사선 갈릴레오호$_{Galileo}$ 운송 등이 있다. 미르 우주정거장에도 도킹했고, ISS(국제우주정거장) 건설에 주도적으로 참여했다.

우주왕복선의 발사 비용 문제와 두 번의 큰 사고

2018년 NASA의 문건에 의하면 우주왕복선의 1회 발사 비용은 15억 달러이다.[8] 2025년 화폐가치로는 19억 달러에 해당한다. 현재 화폐가치로 계산한 아폴로 유인 달 탐사 1회 발사 비용 30억 달

러보다는 적다. 하지만 우주왕복선이 지구 저궤도에 올릴 수 있는 질량인 27.5톤은, 새턴 5 로켓이 같은 높이의 지구 저궤도에 올릴 수 있는 질량인 118톤의 4분의 1도 안 된다. 질량당 발사 비용은 오히려 우주왕복선이 새턴 5 로켓보다 컸다. 외부연료탱크를 제외한 우주왕복선의 모든 부분을 재사용했음에도 불구하고, 발사 비용은 결코 경제적이지 않았다.

우주왕복선은 인명 피해를 동반한 두 번의 큰 사고도 겪었다. 한 번은 발사 중에 우주왕복선 전체가 폭발했고, 다른 한 번은 우주에서의 임무는 마쳤지만 지구로 귀환하는 도중에 고온을 견디지 못하고 궤도선이 분해되어 파괴됐다. 두 우주비행 모두 우주비행 역사상 인명 피해가 가장 컸던 사고였다. 유인 우주비행 역사에서 훈련 중에 일어난 사고를 제외하고 실제 우주비행에서 사고로 사망한 사람은 총 18명이었는데,[9] 그중 14명이 두 번의 우주왕복선 사고로 사망했을 만큼 우주왕복선 사고의 인명 피해는 컸다.

우주왕복선의 첫 인명 사고는 25번째 우주왕복선 임무에서 발생했다. 1986년 1월 28일에 발사된 챌린저호는 발사 73초 후 14킬로미터의 고도에 올라갔을 때 폭발했다. 폭발의 원인은 고체로켓부스터에서 연료가 새는 것을 막는 부품인 O링 O-ring(일종의 고무패킹)의 문제였다. 발사 당일 아침, 케네디 우주센터 Kennedy Space Center 발사장의 기온은 오전 7시경에 섭씨 영하 5도까지 떨어졌고, 발사 시각에는 섭씨 영상 2도로 플로리다 겨울 날씨로는 이례적으로 추웠다. 고체로켓부스터 제작사의 기술자는 추위 때문에 O링의 탄력성에 문제가 있을 수 있음을 인식하고 전날 밤 전화 회의에서 발사 연기를 요청했다. 하지만 제작사 경영진은 비공개 토론 후 O링 문제의 증거가 불충분하다는 이유로 발사를 진행하기로 결정했다. 다음 날 오전 11시 38분에 챌린저호는 발사되었고, 결국 발사 1분 13초 만에 폭발했다. 추위로 탄력성을 잃은 O링의 문제로 연료가 새어 나와 불이 붙었고, 이어서 불꽃이 외부연료탱크의 액체수소에 옮겨붙어 폭발한 것으로 밝혀졌다.[10]

두 번째 우주왕복선 사고는 113번째 우주왕복선 임무에서 발생했다. 2003년 1월 16일에 발사된 컬럼비아호는 우주에서의 임무를 마치고 2003년 2월 1일 지구로 귀환하는 도중에 고온을 견디지 못하고 분해되어 파괴됐다. 사고의 발단은 발사 초기에 일어났다. 발사 82초 후에 궤도선과 외부연료탱크를 연결한 지지대 끝부분을 덮은 단열발포소재foam 일부가 떨어져 나가 궤도선의 왼쪽 날개에 부딪혔다. 발사 당시에는 이를 알지 못했고, 이후 진행된 비디오 검토를 통해 발사 다음 날 이 사실을 확인했다. 궤도선 날개 충돌 부분의 내열타일이 파손됐을 가능성이 제기됐다.

궤도선이 우주 임무를 마치고 지구로 귀환하기 위해 대기권에 진입하면, 공기저항으로 속도가 줄어들면서 궤도선이 진행하는 방향으로 대기와 맞닿는 부분이 뜨겁게 달궈진다. 내열타일은 이때 발생하는 높은 온도의 열로부터 궤도선을 보호한다. 내열타일이 파손되면 고온이 궤도선 내부로 퍼지면서 궤도선에 큰 손상을 가져올 수 있다. 이 때문에 내열타일 파손 정도를 파악하기 위해

그림 9-6 1986년 발사 후 공중에서 폭발한 챌린저호와 2003년 귀환 도중에 분해되어 파괴된 컬럼비아호. 왼쪽 위: 추운 날씨로 인해 챌린저호의 오른쪽 고체로켓 부스터의 O링에 문제가 발생해 검은 연기가 나오는 모습(하늘색 점선 안). 오른쪽 위: 챌린저호가 폭발해 분해되는 장면. 왼쪽 아래: 2023년 컬럼비아호 발사 82초 후에 단열발포소재의 일부가 떨어져 나가 궤도선의 왼쪽 날개에 부딪히는 장면(하늘색 점선 안). 오른쪽 아래: 컬럼비아호가 대기권 재진입 후 손상된 내열타일이 고온을 견디지 못해 분해되어 타는 장면으로, 미국 텍사스에서 네덜란드 공군 조종사의 아파치 헬리콥터 훈련 도중에 찍은 동영상의 일부이다.

궤도선을 사진으로 촬영하자는 요구가 있었지만, 여러 이유로 이

요구는 철회되었다. 모델 계산과 이전 사례로부터 큰 문제가 없을 것이라는 결론을 내렸고, 2003년 2월 1일 컬럼비아호는 지구 귀환을 위해 대기권에 진입했다. 하지만 컬럼비아호는 대기권 진입 후 고온을 견디지 못하고 분해되어 파괴됐다.[11]

소련의 우주왕복선 부란

소련도 미국의 우주왕복선과 유사한 재사용 우주선을 개발하고 있었다. 에네르기아Энергия 발사체와 부란Буран 궤도선으로 구성된 구조는 미국의 우주왕복선과 비슷한 구조였다. 특히 부란 궤도선의 외형은 미국의 우주왕복선 궤도선과 거의 같았다. 미국의 우주왕복선에 외부연료탱크와 2개의 고체로켓부스터가 있었다면, 소련의 우주왕복선에는 에네르기아 발사체가 있었다. 에네르기아 발사체의 가운데에는 액체수소와 액체산소를 사용하는 중심 로켓이 있고, 그 주위에는 케로신Kerosene 연료를 쓰는 로켓부스터 4개가 장착되었다.[12] 에네르기아 발사체는 부란 궤도선뿐만 아니라 다른 위성을 우주로 보낼 수 있고, 지구 저궤도에 올릴 수 있는 최대 탑재화물질량은 100톤이었다. 최대 추력은 미국의 우주왕복선의 최대 추력과 비슷했다.

궤도선 없이 에네르기아 발사체에 군사위성을 싣고 발사됐던 첫 번째 발사는 위성을 궤도에 올려놓지 못하면서 실패했다. 에네르기아 발사체에 궤도선을 얹은 완전체는 1988년 11월 15일에 처

그림 9-7　소련의 우주왕복선 부란. 왼쪽: 착륙 시험을 위해 세계 최대의 화물 항공기였던 안토노프 An-225Антонов Ан-225의 위에 실려 날아가는 부란 궤도선. 오른쪽: 1989년 11월 14일에 에네르기아 발사체에 실려 발사되는 부란 궤도선.

음 발사되었다. 우주인이 탑승하지 않은 무인 우주비행이었고, 부란 궤도선은 지구를 두 바퀴 돌고 성공적으로 귀환했다. 이후에 부란 궤도선을 이용한 비행은 실행되지 않았고, 소련이 해체된 후인 1993년에 부란 계획은 공식적으로 종료되었다.

스페이스엑스의 로켓 재사용

온라인 결제 서비스 회사 페이팔Paypal의 공동 창업자이고, 전기차 생산 기업 테슬라Tesla의 대표인 일론 머스크Elon Musk가 2002년에 설립한 항공우주 기업 스페이스엑스는 로켓 재사용에서 빼놓을 수 없는 기업이다. 영화 〈스타워즈〉의 등장인물인 '솔로'가 타던 우주선 '밀레니엄 팰컨Millennium Falcon'에서 이름을 따온 팰컨 1Falcon 1 로켓으로 2008년에 지구 저궤도에 오르는 데 성공했다. 민간 기업으로서 성공한 첫 궤도 우주비행이었다. 2010년에는 팰컨 9 로켓 발사를 성공했고, 2011년에는 재사용 로켓 개발 계획을 발표했다. 초기 계획에 포함되었던 2단 로켓 재사용은 곧 포기했지만, 1단 로켓을 재사용하는 계획은 계속 추진했고, 마침내 2015년에는 발사에 사용한 팰컨 9의 1단 로켓을 착륙시켜 회수하는 데 성공했다.[13]

스페이스엑스의 우주 운송 서비스는 2025년 기준으로 팰컨 9을 주력으로 사용하고 일부는 팰컨 헤비를 사용한다. 팰컨 9은 1단에 로켓을 하나만 사용하는 반면, 팰컨 헤비는 3개의 로켓을 묶어 사용한다. 팰컨 헤비는 그만큼 더 큰 질량을 우주로 운송할 수 있고 비슷한 질량이라면 더 먼 우주로 보낼 수 있다. 로켓 회수는 발사장 근처의 착륙장으로 되돌아와 착륙하는 방식과, 날아가던 방향으로 날아가 바다 위에 띄운 드론십Autonomous Spaceport Drone Ship, ASDS에 착륙하는 방식을 병행해 사용한다. 1단 로켓이 발사장으로 되돌아오려면 되돌아오기 위해 추진하는 연료 더 남기고 2단 로켓과 분리해야 한다. 그만큼 분리 전에 덜 추진해야 하기 때문에, 실을 수 있는 화물의 질량은 줄어든다. 팰컨 헤비의 경우는 1단 로켓 3개 중에서 양쪽에 배치한 2개의 로켓은 발사장 근처로 돌아와 착륙하고, 가운데에 배치한 로켓은 더 많이 추진해 바다 위의 드론십에 착륙해 회수하는 방식으로 진행한다.

그림 9-8 스페이스엑스의 재사용 로켓 팰컨 9(왼쪽 위)과 팰컨 헤비(오른쪽 위). 3개의 로켓으로 구성된 팰컨 헤비의 1단 로켓 중 가운데 로켓을 제외한 양쪽의 부스터 로켓은 먼저 분리되어 지상에 착륙하고(왼쪽 아래), 팰컨 헤비의 남은 1단 로켓은 좀 더 긴 시간 동안 추진한 후 분리되어 바다에 떠 있는 드론십에 착륙한다.(오른쪽 아래) 팰컨 9의 로켓은 상황에 따라 지상에 착륙하거나 바다 위의 드론십에 착륙한다.

그림 9-9 재사용하는 스페이스엑스의 페어링, 카고 드래건, 크루 드래건(왼쪽에서 오른쪽 순서로). 카고 드래건과 크루 드래건은 캡슐만 회수해 재사용한다.

팰컨 9의 1단 로켓 하나당 재사용 횟수는 계속 늘어가는 추세이다. 20회 이상 사용한 1단 로켓도 여럿이고, 30회 이상 사용한 1단 로켓도 있다. 로켓 재사용 횟수가 늘어나는 만큼 전체 발사 비용에서 로켓 제작에 들어가는 비용이 차지하는 비율은 더 낮아진다. 스페이스엑스는 1단 로켓을 재사용하는 것뿐만 아니라, 적재한 화물을 보호하고 공기저항을 최소화하기 위해 적재 화물을 덮는 페어링Fairing, 화물과 우주인을 ISS로 실어 나르는 데 사용하는 카고 드래건Cargo Dragon과 크루 드래건의 캡슐도 재사용한다. 여러 번의 시험비행을 거친 후, 2020년 5월 30일에 우주인 2명을 실은 크루 드래건을 팰컨 9 로켓으로 발사하는 데 성공했다. 2011년 7월 8일에 발사된 우주왕복선 애틀랜티스호 이후, 미국이 8년 10개월 22일 만에 재개한 유인 궤도 우주비행이었다.

2025년 기준으로 팰컨 9 발사에 고객이 지불해야 하는 비용은 6,985만 달러이다.[14] 이익을 추구하는 사기업인 스페이스엑스가 청구해 고객이 지불하는 하는 가격으로, 실제 발사 비용 원가는 이보다 낮을 것으로 추정한다. 대서양 해상의 드론십으로 로켓을 회수하는 경우 최대 18.4톤의 질량을 지구 저궤도에 올릴 수 있으므로, 이를 이용해 계산하면 팰컨 9을 이용한 1킬로그램당 발사 비용은 약 3,800달러이다. 반면, 우주왕복선으로 최대 27.5톤의 화물을 지구 저궤도에 올리는 데 드는 비용 2025년 화폐가치로 19억 달러로, 1킬로그램당 발사 비용은 약 6만 9,000달러였다. 팰컨 9의 화물 질량당 발사 비용은 우주왕복선 발사 비용의 18분의 1에 불과하다. 스페이스엑스는 이렇게 적은 발사 비용으로부터 수익도 내고 있는 상황이다.

발사체와 우주선 전체를 모두 재사용하는 스타십

스페이스엑스는 부분적인 재사용이 아닌 완전 재사용 발사체 및 우주선인 스타십을 개발하고 있다. 스타십을 구성하는 1단인 슈퍼헤비 발사체와 2단인 스타십 우주선Starship spacecraft 모두 회수해서 재사용한다는 계획이다. 완전 재사용의 경우 100~150톤의 화물을 지구 저궤도에 올릴 것으로 알려졌다.[15] 2025년 10월 기준, 슈퍼헤비와 스타십 우주선이 결합한 완전체로 수행한 시험 발사는

표 9-1 스타십 시험 발사 일지. IFT는 integrated flight test(통합비행시험)의 줄임말.

날짜	결과
IFT-1 2023년 4월 20일	1단의 33개 로켓엔진 일부가 작동하지 않은 상태로 상승했지만, 추력 방향을 조절하지 못하면서 동그란 궤적으로 돌다가 39킬로미터 상공에서 스타십 전체 폭발
IFT-2 2023년 11월 18일	1단은 발사 2분 50초 후 추진을 마치고 74킬로미터 상공에서 분리됐지만, 30초 후에 폭발 2단은 발사 8분 후까지 추진해 147킬로미터 고도에 올라가 초속 6.7킬로미터까지 속도를 높였으나, 공중에서 폭발
IFT-3 2024년 3월 14일	1단은 추진을 성공적으로 마치고 분리되어 돌아왔으나, 속도를 줄이지 못하고 해상에 추락 2단은 목표한 궤도에 올라 지구를 반 바퀴 돌았으나, 대기권 진입 후 열을 견디지 못하고 공중에서 분해
IFT-4 2024년 6월 6일	1단은 추진을 마치고 분리되어 돌아와 멕시코만 해상에서 착륙 추진을 한 후에 착수 2단은 목표한 궤도에 올라 지구를 반 바퀴 돌고, 대기권에 진입 후 인도양 해상에서 착륙 추진을 한 후에 착수(일부 단열타일이 떨어졌으나 성공적으로 착수까지 진행)
IFT-5 2024년 10월 13일	1단은 추진을 마치고 발사장으로 돌아와 기계팔에 잡혀 회수 2단은 목표한 궤도에 올라 지구를 반 바퀴 돌고, 대기권에 진입 후 인도양 해상에서 착륙 추진을 한 후에 착수
IFT-6 2024년 11월 19일	1단은 추진을 마치고 발사장 근처의 해상으로 돌아와 착륙 추진을 한 후에 착수 2단은 목표한 궤도에 올라 지구를 반 바퀴 돌고, 대기권에 진입 후 인도양 해상에서 착륙 추진을 한 후에 착수
IFT-7 2025년 1월 16일 IFT-8 2025년 3월 6일	1단은 추진을 마치고 발사장으로 돌아와 기계팔에 잡혀 회수 새 버전을 채택한 2단은 1단과 분리 후 가속하던 중에 폭발 8차 시험비행에서도 동일한 폭발 과정 반복

IFT-9 2025년 5월 27일	처음으로 재사용한 1단은 추진을 마치고 멕시코만으로 돌아왔지만 착수하기 전에 폭발 2단은 목표한 고도와 속도에 이르는 데 성공했지만, 비행 중 자세를 유지하지 못한 채 대기권에 진입한 후에 폭발
IFT-10 2025년 8월 26일	1단은 추진을 마치고 발사장 근처의 해상으로 돌아와 착륙 추진을 한 후 착수
IFT-11 2025년 10월 13일	2단은 목표한 궤도에 오른 후 모의 위성 사출 성공, 인도양 해상에서 착륙 추진을 한 후 착수

그림 9-10 스타십 5차 시험 발사에서 1단 슈퍼헤비 발사체가 1단 추진을 마치고 발사대로 돌아와 기계팔에 붙잡히는 장면. 왼쪽: 슈퍼헤비 발사체가 착륙 추진으로 발사대의 기계팔에 다가가는 모습. 오른쪽: 기계팔에 슈퍼헤비 발사체의 격자핀이 걸쳐서 붙잡힌 모습.

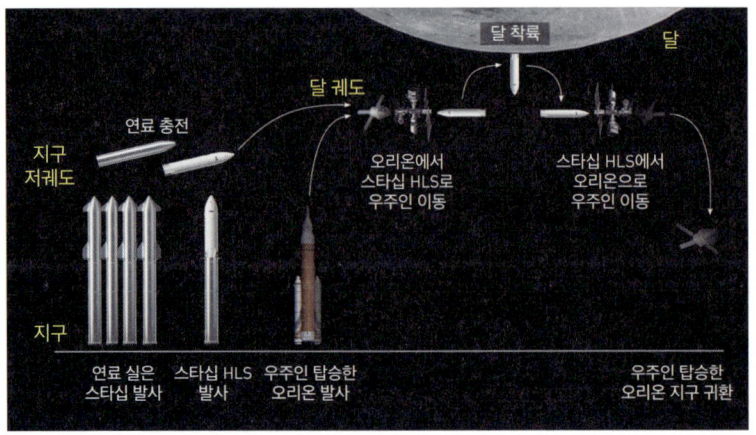

그림 9-11 스타십과 오리온 우주선을 이용한 아르테미스 유인 달 탐사 과정. (1) 완전 재활용 스타십으로 나른 연료를 지구 저궤도에서 스타십 HLS에 충전한 후 스타십 HLS는 달 궤도(정확하게는 NRHO: 거의 직선 모양의 헤일로 궤도)로 가서 기다린다. (2) 우주인은 오리온 우주선을 타고 달 궤도로 가서 스타십 HLS로 이동한다. (3) 스타십 HLS는 달에 착륙해 임무를 마치고 달 궤도로 다시 돌아온다. (4) 우주인은 스타십 HLS에서 오리온 우주선으로 돌아온다. (5) 우주인은 오리온 우주선으로 지구에 귀환한다.

총 11회 실시했다. 스타십을 이용한 우주비행은 시험 발사를 통해 진전하는 모습을 보여주고 있다. 다섯 번째 시험 발사에서는 처음으로 1단인 슈퍼헤비 발사체를 회수하는 데 성공했다. 1단 추진을 마치고 발사한 장소로 돌아온 슈퍼헤비 발사체는 발사대launch tower 근처에서 착륙 추진landing burn으로 위치와 자세를 조정해 발사대에 설치된 기계팔mechanical arms(Mechazilla 또는 chopstick으로도 불림) 안쪽으로 들어갔다. 오므린 젓가락 팔 2개에 발사체의 격자핀

grid fin(발사체가 하강할 때 공기저항을 이용해 위치와 자세를 제어하는 구조) 아래에 설치한 튀어나온 조그만 구조물이 기계팔에 걸리는 방식으로 발사체를 붙잡아 회수하는 데 성공했다.

스타십은 두 번째 유인 달 탐사 계획인 아르테미스 계획에서 달 착륙선으로 선정되었다. 달 착륙선 개발과 제작, 그리고 1회의 무인 비행과 1회의 유인 비행을 하는 조건으로 스페이스엑스가 NASA로부터 28억 9,000만 달러를 지원받는 계약을 체결했다.[16] 단열타일과 날개가 없는 변형 스타십인 스타십 HLSStarship Human Landing System, Starship HLS를 달 착륙선으로 사용할 예정이다. 지구 저궤도에서 스타십 HLS는 여러 차례 다른 스타십으로 실어 나른 연료를 충전받아 달을 향해 날아간다. 우주인은 SLS(우주발사시스템) 발사체에 실린 오리온 우주선을 이용해 달 궤도로 날아가고, 달 궤도에서 우주인은 스타십 HLS에 옮겨 탄 후 달에 착륙할 예정이다.[17] 스타십 HLS는 재사용하지 않는다.

스타십으로 사람이 화성에 간다는 계획도 구상 단계에 있다. 스타십을 이용한 유인 달 탐사와 화성 탐사에 대한 구체적인 내용은 14장에서 다룬다.

무인 우주왕복선 보잉 X-37

미국은 우주왕복선 궤도선의 축소판인 재사용 무인 우주선도 개발했다. 이 우주선은 보잉 X-37Boeing X-37 또는 궤도 시험선Orbital

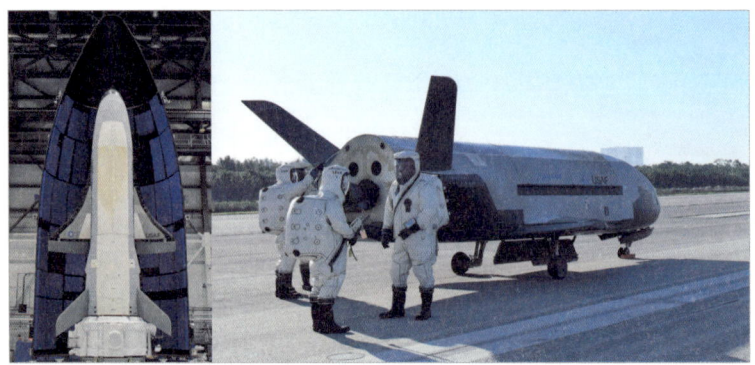

그림 9-12 보잉이 개발한 재사용 무인 궤도시험선 X-37B. 왼쪽: 애틀러스 5 발사체에 싣기 위해 페어링 안에 탑재한 여섯 번째 X-37B의 모습(2022년). 오른쪽: 711일 동안 궤도비행을 마치고 귀환한 네 번째 X-37B의 모습(2017년 5월 7일). 우주선 후미에 작업복을 착용한 사람들과 비교하면 우주선의 크기를 짐작할 수 있다.

Test Vehicle으로 불리는데, 1999년 NASA 계획으로 시작된 이 재사용 우주선 개발 계획은 2004년 미국 국방부로 이관되었다. 첫 번째 버전인 X-37A는 활공 비행 착륙 시험에 사용되었고, 본격적으로 궤도 우주비행을 한 두 번째 버전인 X-37B는 2대가 만들어졌다.

X-37B는 길이 8.9미터, 날개폭 4.5미터, 높이 2.9미터이고, 발사 때 질량은 4,990킬로그램이다.[18] X-37B는 모두 7회의 우주비행을 했다. 그중 5회는 애틀러스 5 발사체를 이용해 발사했고, 1회는 스페이스엑스의 팰컨 9, 그리고 나머지 1회는 팰컨 헤비를 이용해 발사했다. 첫 번째 우주비행에서는 224일 동안 우주에 머물

다 귀환했고, 우주 체류 기간은 계속 늘어나 여섯 번째 비행에서는 908일 동안 우주에 머물렀다. 일곱 번째 우주비행에서는 근지점이 323킬로미터 상공이고 원지점이 3만 8,838킬로미터 상공인 긴 타원 궤도에 올려졌고 434일 동안 우주에 머물다가 귀환했다.[19] 2011년에 나온 기사에 의하면, X-37B보다 165%에서 180% 더 크고 최대 6명의 우주인이 탑승할 수 있는 유인 재사용 우주선 버전인 X-37C도 계획했었던 것으로 알려졌다.[20]

목성 궤도선과 토성 궤도선: 다중 중력도움의 결정판

금성에 갈 수 있는 발사체로 훨씬 먼 목성과 토성에 가는 방법

갈릴레오호와 카시니-하위헌스호가 구사한 현란한 중력도움

3개의 목성 궤도선에서 볼 수 있는 태양전지 기술의 발전사

THE BRIEF HISTORY OF SPACE EXPLORATION

궤도선이나 착륙선을 이용하는 행성 탐사

보이저 2호는 목성, 토성, 천왕성, 해왕성을 하나의 탐사선으로 탐사하는 '그랜드 투어'를 실현했다. 행성에 도달할 때마다 중력도움 항법으로 속도를 높여 다음 목적지 행성까지 가는 것을 반복했다. 행성들이 제때 적절한 위치에 있어야만 가능한 방법이다. 하나의 탐사선으로 4개의 외행성을 탐사할 수 있는 기회는 176년 후에나 다시 오는 드문 기회였다. 이전에 다른 탐사선들이 금성, 화성, 목성, 수성, 토성을 방문한 것에 이어 보이저 2호가 그랜드 투어로 목성과 토성뿐만 아니라 천왕성과 해왕성도 방문함으로써, 인류는 당시 기준으로 명왕성을 제외한 태양계의 모든 행성에 적어도 한 번씩 무인 탐사선을 보내게 되었다.

행성을 탐사하려면, 행성 가까이 스쳐 지나가는 근접비행 탐사선을 보내거나 행성 주위를 도는 궤도선을 보낸다. 때로는 행성 표

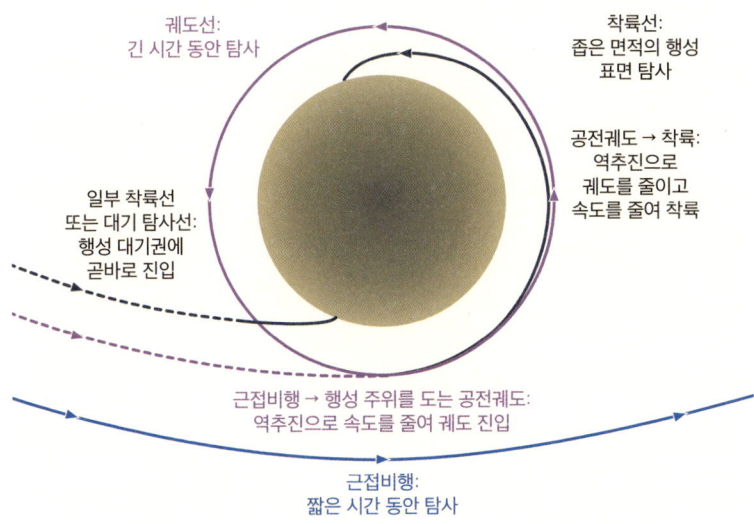

그림 10-1 행성을 탐사하는 세 가지 종류의 탐사선: 근접비행 탐사선, 궤도선, 착륙선. 착륙은 암석 행성에서만 할 수 있고, 기체 행성에서는 곧바로 행성 내부로 빨려 들어가기 때문에 짧은 시간 동안 대기 탐사만 할 수 있다.

면에 착륙하는 착륙선으로 보내기도 한다. 그중에서 궤도선은 긴 시간 동안 행성 주위를 돌면서 탐사할 수 있기 때문에 행성의 여러 곳을 더 자세히 관측할 수 있다. 특히 목성이나 토성과 같이 많은 위성을 거느린 행성의 경우, 이들 위성을 탐사하려면 궤도선은 필수이다. 화성과 같이 암석 행성이고 행성 표면에서 탐사선이 오래 견딜 수 있는 환경이면, 착륙선을 행성 표면에 착륙시켜 착륙지 근처에서 비교적 긴 시간 동안 탐사할 수 있다. 목성과 토성같이 기체로 만들어진 행성에는 착륙하지 못하고 행성 속에 빨려 들어가기 때문에 착륙선은 불가능하고, 짧은 시간 동안 행성의 대기를 측정하는 대기 탐사선의 임무를 수행할 수 있다.

목성 궤도선이 어려운 이유

근접비행 탐사선과 궤도선의 차이는 목표 행성의 중력에 갇히는가에 있다. 지구에서 출발해 목표한 행성에 다가가는 탐사선이 아무것도 하지 않으면, 탐사선이 행성에 다가가는 속도는 행성의 중력 탈출속도보다 크다. 이런 탐사선은 행성에 가까이 다가가도 다시 멀어져서 결국 행성의 중력에서 완전히 벗어나기 때문에, 행성 가까이에서 탐사할 수 있는 시간은 짧다. 오랫동안 행성 주위에 가까이 머물면서 관측하려면 행성의 중력에 갇혀서 행성 주위를 도는 궤도선이 되어야 한다. 그러려면, 행성에 가까이 다가갔을 때 로켓 역추진으로 속도를 줄여 탐사선의 속도를 행성의 중력 탈출속도보다 작게 낮춰야 한다. 탐사선이 역추진을 하려면 추진시스템과 연료를 싣고 가야 하기 때문에, 궤도선의 질량은 커질 수밖에 없다. 정밀 관측 장비를 실으면 궤도선의 질량은 더 커진다. 연료와 관측 장비로 인해 질량이 더 커진 궤도선을 다른 행성에 보내려면 훨씬 더 강력한 발사체를 써야 한다. 금성이나 화성보다 훨씬 먼 곳에 있는 목성과 목성 너머의 행성에 이런 궤도선을 보내는 것은 훨씬 더 어렵다.

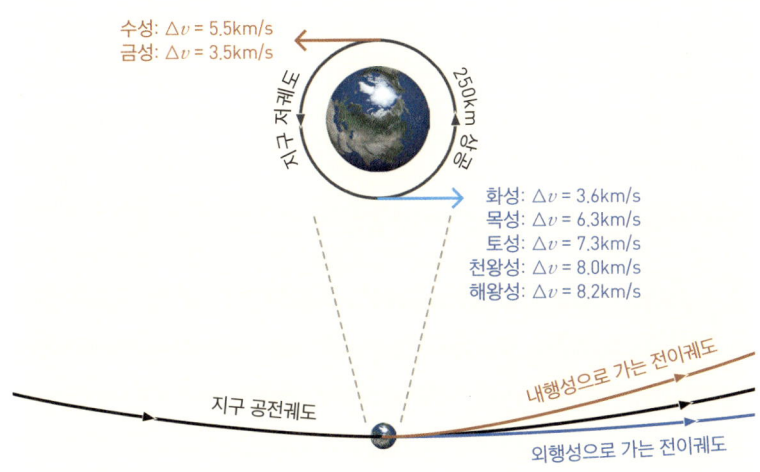

그림 10-2 태양계 행성에 가기 위해 지구 저궤도에서 가속해야 하는 속도. 태양에서 평균 거리를 기준으로 계산했다.

    1970년대에 지구와 인접한 행성인 금성과 화성에 처음으로 궤도선을 보낸 이후, 세 번째 목적지로 선택된 목성에 궤도선을 보내기까지는 꽤 오랜 시간을 기다려야 했다. 당시에 허락된 예산의 한도 내에서는 큰 질량의 궤도선을 곧바로 목성으로 보낼 방법이 없었기 때문이었다. 가장 강력한 로켓이었던 새턴 5 로켓이라면 가능했겠지만, 엄청난 발사 비용 때문에 스카이랩 발사 이후에는 새턴 5 로켓을 제작하지 않았던 상황이었다. 그런데 목성에 훨씬 못 미치는 곳까지만 보낼 수 있는 발사체를 사용하고도 목성이나 그 너머의 천체에 도달하는 획기적인 방법이 있다. 목성 안쪽에 있는 행성을 이용한 중력도움 항법을 여러 번 시행해 목성에 갈 수 있는 속도를 얻는 방법이다.

다중 중력도움으로 목성에 간 첫 목성 궤도선 갈릴레오호

목성 궤도선의 첫 주인공은 미국의 갈릴레오호Galileo이다. 탐사선의 이름은 16~17세기 이탈리아의 과학자 갈릴레오 갈릴레이Galileo Galilei에서 따왔다. 목성을 근접 비행한 파이어니어 10, 11호와 보이저 1, 2호, 그리고 발사는 갈릴레오호보다 늦었지만 목성에는 더 일찍 도달한 율리시스호Ulysses를 이어 다섯 번째로 목성을 방문한 탐사선이었다. 이전의 목성 탐사선에 비해 갈릴레오호의 질량은 상당히 컸다. 발사 시점에서의 총 질량은 2,562킬로그램으로, 파이어니어호보다 거의 10배 컸고 보이저호보다는 3배 정도 컸다. 전체 질량의 3분의 1이 넘는 925킬로그램이 추진을 위해 탑재된 연료와 산화제인 모노메틸하이드라진과 사산화이질소의 질량이었다.[1]

갈릴레오호는 목성 주위를 공전하는 궤도선과 목성 대기에 진입해 목성에 떨어지면서 대기를 측정하는 대기 탐사선atmospheric probe으로 구성되었다. 궤도선에 탑재된 과학 장비는 10개였고, 대기 탐사선에 탑재된 과학 장비는 6개였다. 많은 과학 장비를 싣고 간 것도 갈릴레오호의 큰 질량에 한몫을 했다. 궤도선에는 최대 추력이 400뉴턴인 주 로켓엔진 1개와 추력이 10뉴턴인 소형 추진체

그림 10-3 애틀랜티스 우주왕복선 화물칸에서 분리되기 전의 갈릴레오호와 IUS로켓. 우주왕복선에 실려 지구 저궤도에 올려진 갈릴레오호는 고체연료 로켓인 IUS로켓의 추진으로 금성을 향해 날아갔다.

12개가 탑재됐다. 400뉴턴과 10뉴턴은 각각 지구 표면에서 질량이 41킬로그램, 1.02킬로그램인 물체를 들어 올릴 수 있는 힘이다. 추진시스템은 목성 주위를 도는 궤도에 진입하기 위한 역추진에 사용했고, 탐사 임무를 수행하는 동안 해야 할 궤도 수정과 자세 조절에도 사용했다.

갈릴레오호는 애틀랜티스 우주왕복선에 실려 1989년 10월 18일에 발사되어 지구 저궤도에 올라갔다. 갈릴레오호를 지구 저궤도에서 벗어나게 하는 로켓추진은 별도의 IUS로켓Inertial Upper Stage Booster(관성상단로켓)이 담당했다. IUS로켓은 고체 상태의 연료를 사용하는 고체연료 로켓이다. IUS로켓에 장착된 갈릴레오호는 우주왕복선에서 분리됐고, 우주왕복선에서 충분히 멀어진 후 IUS로켓을 추진하기 시작해 금성을 향해 날아갔다. 목성으로 곧바로 보내는 발사체 대신 금성까지만 보내는 발사체를 사용한 것이다. 갈릴레오호는 금성을 근접 비행하는 첫 번째 중력도움과, 지구를 근접 비행하는 두 번째와 세 번째 중력도움으로 속도를 높여서 목성에 도달할 수 있는 속도를 얻었다. 더 긴 거리의 항로를 날아가야 했기 때문에 목성까지 가는 데 걸린 시간은 6년이 넘었다. 참고로, 지구에서 목성으로 곧바로 날아간 파이어니어호와 보이저호는 지구에서 목성까지 가는 데 1년 6개월에서 1년 11개월 정도 걸렸다.

갈릴레오호는 목성으로 가는 도중에 소행성도 탐사했다. 두 번째의 중력도움 항법을 마치고 화성 너머의 궤도를 돌던 갈릴레오호는 1991년 10월 29일에 가스프라 소행성951 Gaspra에서 1,600킬로미터 떨어진 곳까지 다가갔다. 최초의 소행성 근접비행이었다. 세 번째 중력도움 항법을 마치고 목성을 향해 가던 중이었던 1993년 8월 28일에는 이다 소행성243 Ida에서 2,400킬로미터 떨어

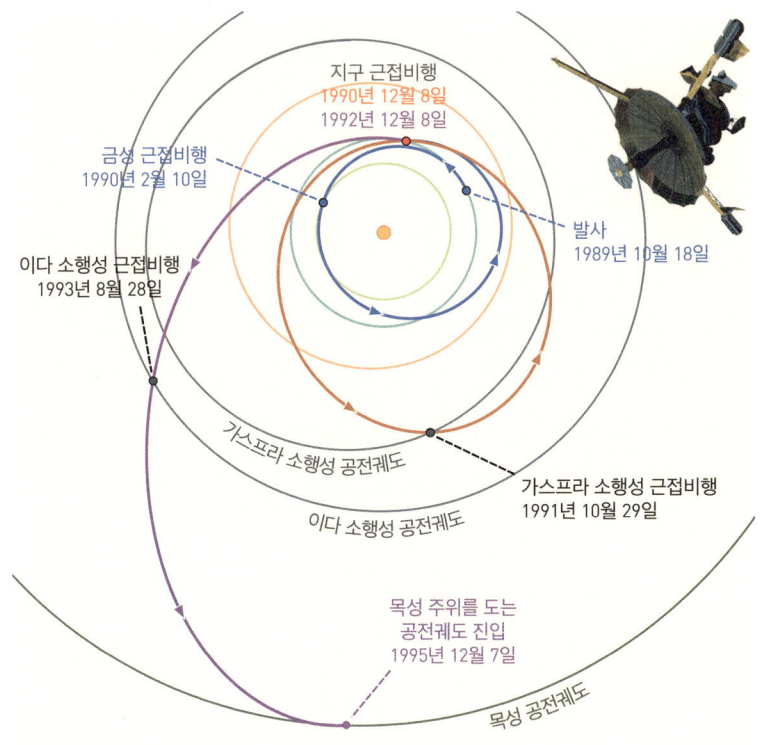

그림 10-4 발사에서 목성 주위를 도는 공전궤도 진입까지의 갈릴레오호의 궤적. 갈릴레오호는 금성을 이용한 중력도움 항법 1회, 지구를 이용한 중력도움 항법 2회를 합쳐 총 3회의 중력도움 항법으로 속도를 높여서 목성을 향해 날아갔다. 두 번째 중력도움 항법 이후에 가스프라 소행성을 근접 비행했고, 세 번째 중력도움 항법 이후에는 이다 소행성을 근접 비행했다.

진 곳까지 다가갔다. 이때 찍은 사진 분석을 통해 이다 소행성 주위를 도는 위성인 다크틸Dactyl을 발견했다. 1994년 7월에는 슈메이커-레비 혜성Comet Shoemaker-Levy 9이 목성에 충돌하는 사진도 찍었다. 발사 후 고출력 메인 안테나를 제대로 펴지 못하는 문제가 있었던 갈릴레오호는 저출력 보조 안테나를 통신에 사용해야 했고, 슈메이커-레비 혜성의 목성 충돌 사진과 관측 데이터를 지구로 보내는 데 수개월이 걸렸다.[2]

갈릴레오호의 궤도선 역추진과 목성의 위성을 이용한 중력도움

목성을 향해 날아가던 갈릴레오호는 1995년 7월 13일 목성에서 약 8,200만 킬로미터 떨어진 곳에 도달했을 때 대기 탐사선을 분리했다. 대기 탐사선은 12월 7일에 목성의 대기에 진입해 하강하면서 대기 구성 성분을 측정한 데이터를 갈릴레오 궤도선으로 보냈다. 갈릴레오 궤도선은 대기 탐사선과의 통신을 마치고 49분 동안의 역추진으로 초속 0.63킬로미터를 감속해 목성 주위를 230일에 한 바퀴씩 도는 긴 타원 모양의 공전궤도에 진입했다.[3] 목성 주위를 도는 궤도에 진입하기 직전에 갈릴레오 궤도선은 목성 표면에서 21만 6,000킬로미터 떨어진 곳까지 접근했다.

갈릴레오 궤도선은 목성의 위성을 이용한 중력도움 항법도 여러 번 시행했다. 목성에 처음 다가가서 목성 주위를 도는 궤도에 진입하기 직전에는 목성에서 가장 가까운 위성인 이오$_{lo}$를 이용한 중력도움 항법을 시행해 목성에 다가가는 방향을 조절하고 속도를 줄였다. 그만큼 목성 주위를 도는 궤도에 진입하기 위해 감속해야 하는 속도도 줄었고, 역추진에 사용하는 연료를 절약할 수 있었

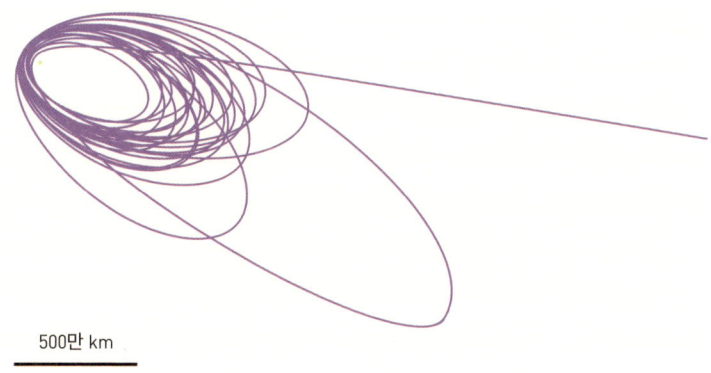

500만 km

그림 10-5   목성에 다가간 때부터 목성에 충돌할 때까지의 갈릴레오 궤도선의 변화무쌍한 궤적. 궤도 수정 대부분을 목성의 위성을 근접 비행하는 중력도움 항법으로 수행했다.

다.[3] 갈릴레오 궤도선은 이후에도 목성의 주요 위성을 근접 비행할 때마다 중력도움 항법으로 궤도를 수정했다.[4] 목성 주위를 도는 궤도에 진입한 후부터 임무를 마칠 때까지 약 8년 동안 갈릴레오 궤도선의 비행 궤적은 변화무쌍했다. 목성 주위를 돌면서 시행한 궤도 수정에는 추진시스템도 사용했지만, 목성의 위성을 이용한 중력도움 항법이 훨씬 더 큰 역할을 했다.

태양광 패널 대신 사용한 '방사성 동위원소 열전기 발전기'

목성은 지구보다 태양에서 5배 더 멀리 떨어져 있다. 태양에서 먼

만큼 태양 빛도 목성에서는 더 어둡다. 태양 빛의 밝기는 태양에서 떨어진 거리의 제곱에 반비례하기 때문에, 목성에서의 태양 빛 밝기는 지구에서의 태양 빛 밝기의 25분의 1에 불과하다. 갈릴레오호가 제작될 당시에는 태양 빛으로 전력을 생산하는 태양전지solar cell의 발전 효율이 낮았다. 이 때문에, 태양전지로 만든 태양광 패널solar panel(태양전지판)로 목성과 목성의 위성 탐사에 필요한 전력을 생산하기 어려웠다.

갈릴레오 궤도선은 태양광 패널 대신 '방사성 동위원소 열전기 발전기' 2대를 탑재했고, 발사 때 기준으로 570와트, 목성에 다가갔을 때 기준으로는 493와트의 전력을 생산했다. 요즘 게이밍 데스크톱 컴퓨터가 사용하는 최대 전력 수준이다. 목성 대기에 진입해 짧은 시간 동안만 관측 활동을 수행한 대기 탐사선은 미리 충전한 배터리로부터 전력을 공급받았다. 참고로, 갈릴레오호 이전에 목성을 근접 비행한 모든 탐사선이 방사성 동위원소 열전기 발전기를 장착했다.

갈릴레오 궤도선에 탑재된 발전기에 사용된 물질의 원소는 핵폭탄에도 사용되는 플루토늄이다. 제2차 세계대전 막바지에 일본 나가사키에 투하된 핵폭탄에는 플루토늄-239를 사용했고, 방사성 동위원소 열전기 발전기에는 플루토늄-238을 사용했다는 것이 차이점이다. 이런 핵물질을 탑재한 탐사선이 발사되고 지구 근접비행도 한다는 것 때문에 갈릴레오호 발사를 반대하는 반핵 단체의 시위도 있었다.

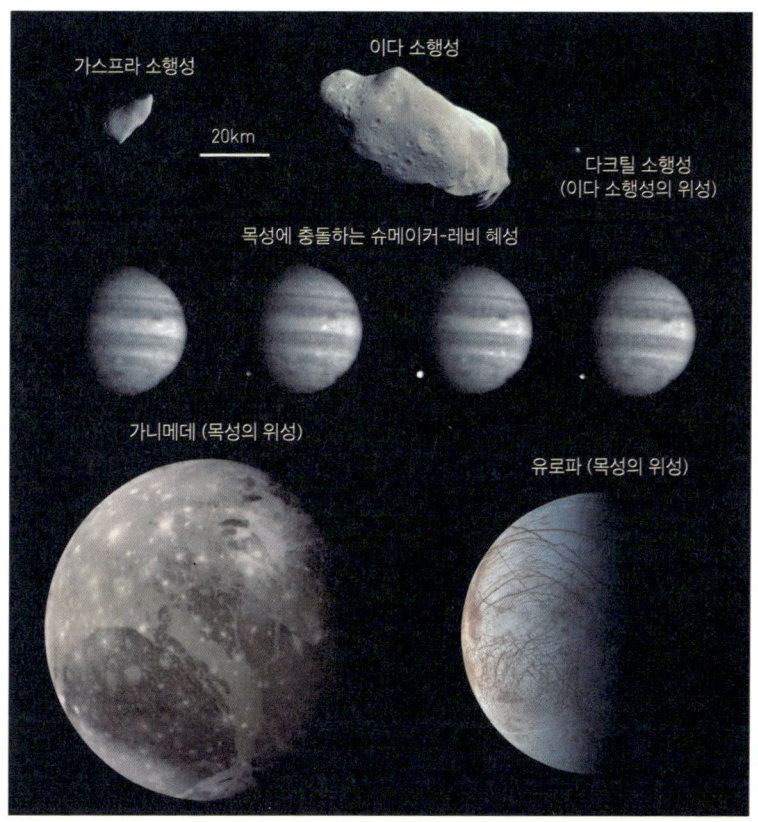

그림 10-6 갈릴레오호가 찍은 사진들. 위: 가스프라 소행성(왼쪽)과 이다 소행성(오른쪽). 이다 소행성 주위를 도는 위성인 다크틸(오른쪽 끝)도 갈릴레오호의 사진에서 발견했다. 중간: 슈메이커-레비 혜성이 목성과 충돌하는 장면. 아래: 목성의 위성인 가니메데와 유로파.

갈릴레오 궤도선은 목성 주위를 공전하면서 목성의 자기장과 관련된 측정을 했고, 목성의 위성인 이오, 칼리스토Callisto, 가니메데Ganymede, 유로파Europa, 아말테아Amalthea도 가까이 다가가서 관측했다. 특히 유로파 표면 아래에 소금물의 바다가 존재할 가능성을 발견하기도 했다.[5] 목성 주위를 도는 궤도에 진입한 지 8년 2개월이 지난 2003년 9월 21일에 갈릴레오 궤도선은 목성에 충돌함으로써 임무를 마무리했다. 생명체 존재 가능성을 배제할 수 없는 유로파가 오염되는 것을 원천적으로 차단하기 위함이었다.

목성을 향해 날아간 태양 탐사선 율리시스호

한편, NASA와 ESA가 합작한 율리시스호는 갈릴레오호보다 거의 1년 늦은 1990년 10월 6일에 발사됐다. 고체연료 로켓인 IUS로켓과 PAM_{Payload Assist Module}로켓으로 구성된 상단 로켓에 올려진 율리시스호는 우주왕복선 디스커버리호에 실려 지구 저궤도에 올라갔다. 지구 저궤도에 올라간 후 율리시스호와 상단 로켓은 우주왕복선에서 분리되었고, 상단 로켓의 추진으로 율리시스호는 곧바로 목성을 향해 날아갔다. 그리스 신화에 나오는 오디세우스의 라틴어 번역에서 이름을 따온 율리시스호의 질량은 370킬로그램으로, 파이어니어 10, 11호보다는 큰 질량이지만 보이저 1, 2호보다는 작은 질량이어서, 지구에서 바로 목성으로 보낼 수 있는 탐사선이었다.

갈릴레오호는 금성과 지구를 이용한 여러 번의 중력도움 항법을 시행하면서 6년이 넘는 시간을 비행한 후 목성에 도달했지만, 곧바로 목성을 향해 날아간 율리시스호는 갈릴레오호보다 거의

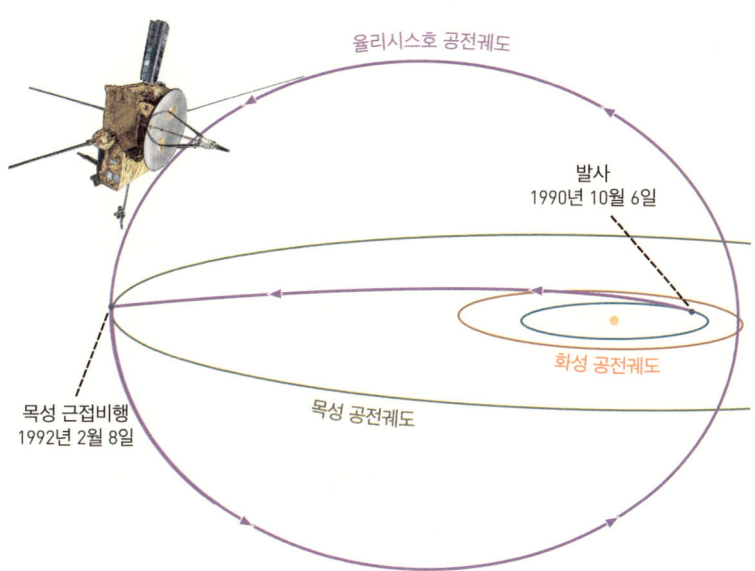

그림 10-7 태양 탐사선 율리시스호의 궤적. 발사 후 1년 4개월 만에 목성에 도달한 율리시스호는 목성을 이용한 중력도움 항법으로 방향을 바꾸고 속도를 줄여 태양의 북극과 남극을 관측할 수 있는 태양 극궤도에 진입했다.

1년 더 늦게 발사되었음에도 불구하고 목성에는 3년 5개월 더 일찍 다가갔다. 지구를 벗어난 속도가 당시까지 다른 어떤 탐사선보다 빨랐던 율리스스호는 발사 후 1년 4개월 만인 1992년 2월 8일에 목성에 접근했다. 목성에 다가가지 않았으면 토성의 공전궤도보다 더 멀리 갈 수 있었던 속도였다. 목성에 접근한 율리시스호는 목성의 중력을 이용해 날아가는 방향을 태양계 행성 공전면에 대해 80.2도 남쪽 방향으로 꺾었다. 이후 율리시스호는 태양의 북극과 남극을 모두 볼 수 있는 태양 주위의 극궤도polar orbit를 돌았다. 태양과 가까울 때는 화성의 공전궤도와 비슷한 위치를 지나고, 멀 때는 목성의 공권궤도를 지나면서 태양 탐사 임무를 수행했다.[6]

태양광 패널을 장착한 목성 궤도선 주노호, 주스호, 유로파클리퍼호

갈릴레오호 이후의 목성 궤도선으로 미국의 주노호Juno와 유럽연합의 주스호Jupiter Icy Moons Explorer, JUICE, 그리고 유로파클리퍼호 Europa Clipper가 있다. 발사할 때의 질량이 3,625킬로그램으로 갈릴레오호보다 더 무거운 주노호는 2011년 8월 5일에 애틀러스 5Atlas V 로켓에 실려 발사됐다. 목성 궤도선 주노호의 이름은 고대 로마 신화의 신 유피테르Jupiter의 부인인 유노Juno에서 따왔다. 목성의 서양권 언어 이름인 주피터Jupiter가 바로 유피테르에서 따온 이름이다. 발사 후 화성보다 조금 더 멀리 가는 타원 궤도를 한 바퀴 돌고 다시 돌아온 주노호는, 지구를 근접 비행하는 중력도움 항법으로 속도를 높여 목성을 향해 날아갔다.[7] 발사 후 4년 11개월 후인 2016년 7월 4일에 목성에 가까이 다가간 주노호는 역추진으로 속도를 줄여 목성 주위를 도는 궤도에 진입했다. 주노호를 제작할 당시에는 방사성 동위원소 열전기 발전기의 원료로 사용되는 플루토늄-238의 품귀 현상이 있어서 방사성 동위원소 열전기 발전기를 탑재하기 어려운 상황이었다. 다행히 태양전지 기술 발전으로 태양광 패널의 발전 효율이 향상되어, 주노호는 목성 탐사선으로서는 처음으로 태양광 패널을 장착해 전력을 생산했다. 넓이가 50제곱미터였던 주노호의 태양광 패널은 목성에 도달했을 때 486와트의 전력을 생산했다.

주스호는 발사할 때의 질량이 6,070킬로그램으로 주노호보다도 더 무거웠다. 추진시스템의 연료 질량이 전체 질량의 반인 약 3,000킬로그램이었다.[8] 2023년 4월 14일에 아리안 5Arian 5 로켓에 실려 발사되었고, 지구를 근접 비행하는 중력도움을 3회 시행하고 금성을 근접 비행하는 중력도움을 1회 시행해 속도를 높여 8년 후인 2031년 7월에 목성 주위를 도는 궤도에 진입할 예정이다. 주스호에도 태양광 패널이 탑재됐다. 면적이 85제곱미터인 태양광 패널은 목성에 이르렀을 때 850와트의 전력을 생산한다. 2034년 12월에는 목성의 가장 큰 위성인 가니메데 주위를 도는 궤도에 진입할 예정이다. 2035년 말에는 가니메데에 출동해 주스호의 임무를 종료한다.

목성 주위를 돌면서 목성의 위성 중에서 네 번째로 큰 유로파를 탐사할 계획인 유로파클리퍼호는 2024년 10월 14일 스페이스엑스의 팰컨 헤비에 실려 발사됐다. 유로파클리퍼호의 전체 질량은 6,065킬로그램이고 이 중에서 45%인 2,750킬로그램이 연료와 산화제의 질량이다. 발사 질량은 주스호와 비슷하지만 더 강력한 발사체로 발사되는 유로파클리퍼호는 발사 직후 화성의 공전궤도보다 더 멀리 가는 궤도에 진입한다. 2025년 3월에는 화성을 이용한 중력도움 항법으로 궤도를 수정했고, 2026년 12월에 다시 지구

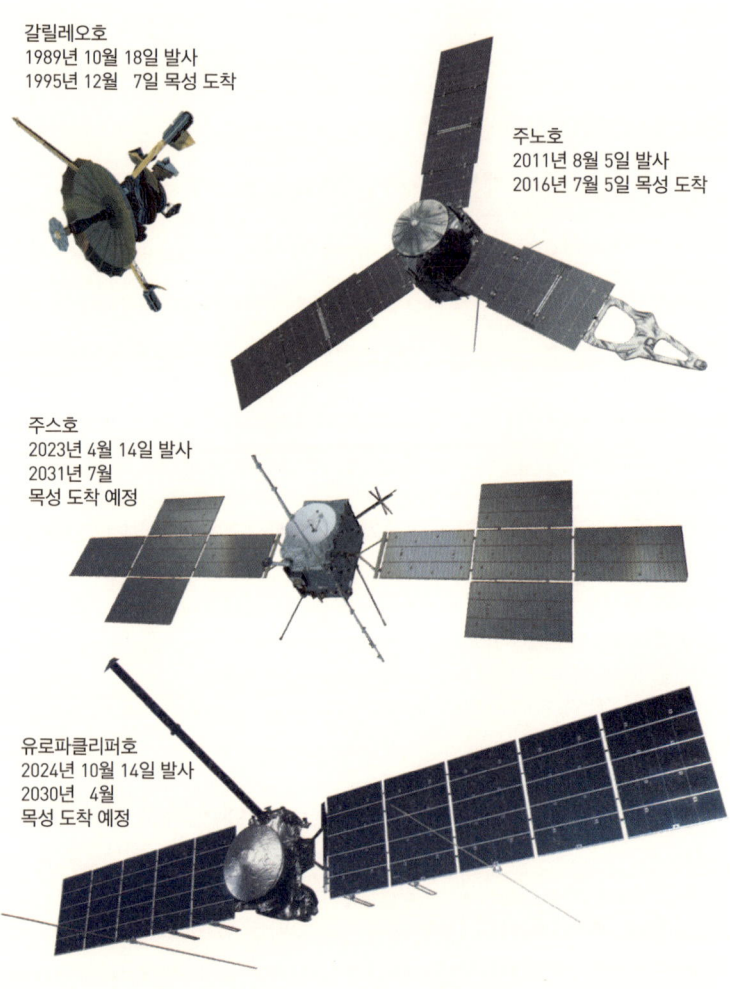

그림 10-8 목성 궤도선 갈릴레오(왼쪽 위), 주노호(오른쪽 위), 주스호(가운데), 그리고 유로파클리퍼호(아래). 태양전지 기술이 덜 발달했던 1989년에 발사된 목성 궤도선 갈릴레오호는 방사성 동위원소 열전기 발전기로 궤도선 운영에 필요한 전력을 생산했고, 태양전지 기술이 충분히 발달했던 2011년, 2023년, 2024년에 발사된 목성 궤도선 주노호와 주스호, 그리고 유로파클리퍼호는 태양광 패널로 전력을 생산했다.

로 돌아와 지구를 이용한 중력도움 항법으로 속도를 높여 목성에 다가간다. 6개월 일찍 발사된 주스호보다 1년 3개월 앞선 2030년 4월에 목성 주위를 도는 궤도에 진입할 예정이다. 유로파클리퍼호가 탐사할 유로파는 지름이 3,122미터로, 지구의 달보다 약간 작은 목성의 위성이다. 얼음으로 뒤덮인 표면 아래에 바다가 있고 생명체가 존재할 가능성이 있는 천체로 알려졌다. 주노호와 주스호와 마찬가지로 유로파클리퍼호도 태양광 패널로 생산한 전기로 탐사선을 운영한다.

토성 궤도선 카시니-하위헌스호

목성에 갈 수 있는 탐사선은 토성에도 갈 수 있다. 목성을 근접 비행하면서 중력도움으로 탐사선의 속도를 높일 수 있기 때문이다. 그런데 갈릴레오호처럼 금성과 지구를 근접 비행하는 중력도움 항법을 이용하면, 금성까지만 보낼 수 있는 발사체로도 목성에 갈 수 있다. 결국, 금성에 보낼 수 있는 발사체로 출발해, 금성, 지구, 목성을 이용한 중력도움 항법으로 토성까지 갈 수 있는 것이다. 토성 주위를 도는 토성 궤도선도 목성 궤도선과 같이 질량이 크기 때문에, 여러 번의 중력도움 항법을 시행하는 것이 필수이다.

카시니-히위헌스호Cassini-Huygens는 토성 주위를 도는 궤도에 진입한 최초의 토성 궤도선이다.[9] 토성을 근접 비행한 탐사선들까지 포함하면, 파이어니어 11호, 보이저 1, 2호에 이어 네 번째로 토성을 탐사한 탐사선이다. NASA가 제작한 궤도선 카시니호와 ESA가 제작한 타이탄 착륙선 하위헌스호로 구성된 카시니-하위헌스호의 총 질량은 5,712킬로그램이다. 목성을 탐사한 갈릴레오호보다 2배 이상 큰 질량이었고, 보이저 2호보다는 8배 정도 컸다. 탐사선의 이름은 이탈리아에서 태어난 17~18세기 천문학자인 조반니 도메니코 카시니Giovanni Domenico Cassini와, 17세기 네덜란드의 과학자인 크리스티안 하위헌스Christiaan Huygens에서 따왔다.

1997년 10월 15일에 타이탄 4Titan IV 발사체에 실려 발사된 카시니-하위헌스호는 금성을 근접 비행하는 중력도움 항법 2회와 지구를 근접 비행하는 중력도움 항법 1회를 시행해 목성에 도달하는 속도를 얻어 목성을 향해 날아갔다. 2000년 12월 30일에는 목성을 근접 비행하는 중력도움 항법으로 토성에 도달할 수 있는 속도로 높여 토성을 향해 날아갔다. 발사 후 6년 8개월 16일 만인 2004년 7월 1일에 카시니-하위헌스호는 토성 고리를 통과해 토성 상공 1만 8,000킬로미터까지 접근했고, 이때 96분 동안의 역추진으로 초속 0.633킬로미터를 줄여 148일에 토성을 한 바퀴 도는 공전궤도에 진입했다.[10]

카시니-하위헌스호에는 추력이 442뉴턴인 주 엔진 1개와 추력이 1뉴턴인 소형 추진체 16개로 구성된 추진시스템이 장착됐다. 주 엔진의 연료로는 모노메틸하이드라진CH_3NHNH_2을 사용했고, 소형 추진체의 연료로는 하이드라진N_2H_2을 사용했다. 발사체를 제외한 탐사선 전체 질량에서 추진시스템의 연료와 산화제 질량만

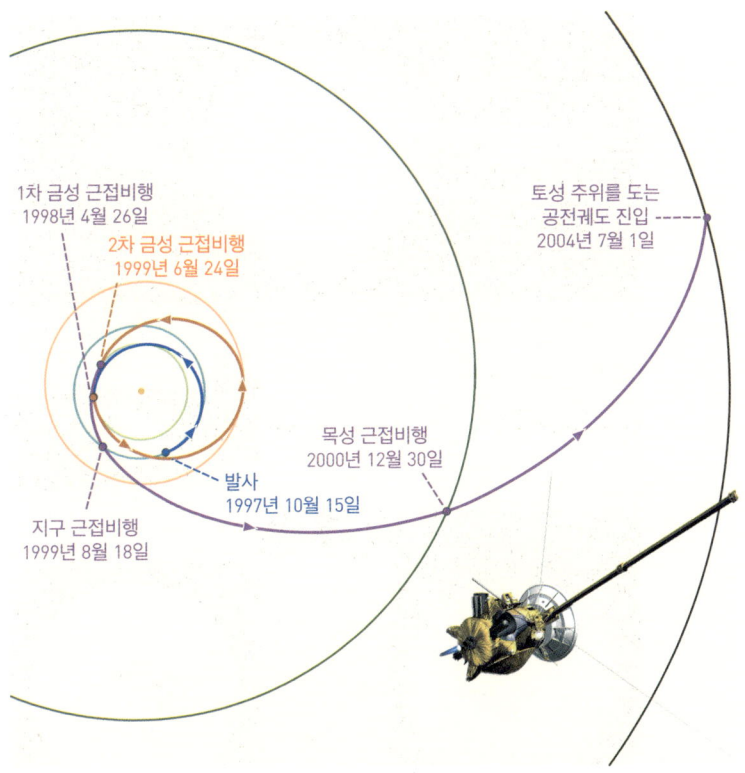

그림 10-9 카시니-하위헌스호가 금성을 근접 비행하는 중력도움 항법을 2회, 지구를 근접 비행하는 중력도움 항법을 1회, 그리고 목성을 근접 비행하는 중력도움 항법을 1회 시행해 토성에 도달하는 궤적.

3,132킬로그램이었다. 토성 주위를 도는 궤도에 진입한 카시니-하위헌스호는 이후 로켓 추진과 타이탄Titan을 근접 비행하는 중력도움 항법으로 토성 주위를 도는 공전궤도를 수정했다. 타이탄을 이용한 중력도움 횟수는 총 37회였고, 이를 통해 조절한 속도는

그림 10-10 카시니-하위헌스호가 찍은 토성과 토성의 위성 관측 사진들. 첫째 줄: 토성 전경. 둘째 줄: 카시니호가 2005년에 발견한 길이 8킬로미터의 위성 다프니스. 셋째 줄: 카시니호가 찍은 토성의 가장 큰 위성인 타이탄 사진(왼쪽)과 하위헌스 착륙선이 타이탄에 착륙해 찍은 타이탄 표면 사진(가운데), 그리고 카시니호가 근접 비행하면서 찍은 사진 9개를 이어 붙인 사진(오른쪽). 넷째 줄: 토성의 위성 중에서 여섯 번째로 큰 위성인 엔셀라두스 전경(왼쪽)과 내부 물질을 뿜어내는 부분을 가까이에서 찍은 사진(오른쪽).

초속 90킬로미터에 달한다. 이는 카시니 궤도선의 추진시스템만으로 낼 수 있는 속도증분인 초속 2.5킬로미터의 약 37배에 해당한다.[11]

목성보다 더 먼 토성에서는 태양 빛의 강도가 지구의 100분의 1 정도에 불과할 정도로 약해서 카시니-하위헌스호를 발사할 때의 태양전지 기술을 적용해도 탐사 활동에 필요한 전력을 태양광 패널로 얻기 어려웠다. 이 때문에, 카시니 궤도선에는 방사성 동위원소 열전기 발전기 3대가 장착됐다. 각각의 방사성 동위원소 열전기 발전기는 10.9킬로그램의 플루토늄-238을 이용해 초기에는 300와트씩 총 900와트의 전력을 생산했고, 임무 마지막에는 630와트의 전력을 생산했다.[12]

카시니 궤도선에서 2004년 12월 25일에 분리된 하위헌스 착륙선은 2005년 1월 14일에 토성의 가장 큰 위성인 타이탄 표면에 착륙했다. 하지만 지구로 통신을 중계하던 카시니 궤도선과의 통신 문제로 하위헌스호가 얻는 데이터의 많은 분량을 잃었다. 카시니 궤도선의 주요 관측 결과로는, 토성의 고리 사이에 있는 길이 8킬로미터의 위성인 다프니스Daphnis의 발견과 토성의 위성 중 여섯 번째로 큰 엔셀라두스Enceladus 표면에서 내뿜어지는 물질을 관측한 것 등이 있다. 하위헌스 착륙선은 충전한 내장 배터리로부터 전력을 공급받았다.

카시니 궤도선은 토성 주위를 294회 돌면서 토성의 위성에 다가가는 근접비행을 총 162회 수행했다. 카시니-하위헌스호는 토성과 토성의 위성을 탐사하면서 45만 장이 넘는 사진을 찍었고, 수집한 과학 데이터의 총량은 635기가바이트에 이르렀다.[13] 카시니 궤도선은 2017년 9월 15일 토성의 대기에 진입해 토성의 내부로 떨어져 임무를 마무리했다.

우주탐사의 역사

THE BRIEF HISTORY OF SPACE EXPLORATION

수성 궤도선과 태양 탐사선

- 수성 궤도선은 왜 목성·토성 궤도선보다 늦었을까?
- 수성 궤도선이 되기 위해 시행하는 수성을 이용한 중력도움
- 이온 추진체를 장착한 베피콜롬보호

THE BRIEF HISTORY OF SPACE EXPLORATION

지구에서 가장 가까운 행성은?

지구에서 태양계 다른 행성까지의 거리를 따져보자. 지구에 가장 가까이 다가왔을 때의 거리 순서로 행성을 나열해 보면 금성-수성-화성-목성-토성 순이다. 그다음으로는 천왕성과 해왕성이 뒤따른다. 금성이 지구에 가장 가까이 다가왔을 때의 거리는 3,950만 킬로미터, 화성이 지구에 가장 가까이 다가왔을 때의 거리는 5,570만 킬로미터이다. 지구에서 세 번째로 가까운 행성은 수성으로, 가장 가까울 때의 거리는 8,210만 킬로미터이다. 네 번째로 가까운 행성인 목성까지의 최소 거리는 5억 9,070킬로미터로, 차이가 많이 벌어진다.

지구에서 가장 멀리 떨어졌을 때의 거리를 기준으로 따지면 순위가 바뀐다. 수성-금성-화성-목성-토성의 순서가 되면서 수성이 1등으로 뛰어오른다. 지구에서 수성까지의 최대 거리는 2억

표 11-1 지구에서 수성, 금성, 화성, 목성, 토성까지의 거리.
각각의 거리 기준에서 가장 가까운 행성은 청록색으로 표시했다.

행성	지구-행성 최소 거리	지구-행성 최대 거리	지구-행성 평균 거리
수성	8,210만 킬로미터	2억 1,710만 킬로미터	1억 5,540만 킬로미터
금성	3,950만 킬로미터	2억 5,670만 킬로미터	1억 7,000만 킬로미터
화성	5,570만 킬로미터	4억 킬로미터	2억 5,450만 킬로미터
목성	5억 9,070만 킬로미터	9억 6,580만 킬로미터	7억 8,630만 킬로미터
토성	12억 400만 킬로미터	16억 5,300만 킬로미터	14억 3,300만 킬로미터

1,710만 킬로미터, 금성까지는 2억 5,670만 킬로미터, 화성까지는 4억 킬로미터, 목성까지는 9억 6,580만 킬로미터이다. 최대 거리를 기준으로 삼으면 태양에 가까운 공전궤도를 돌수록 지구에서 더 가깝다. 지구에서의 평균 거리를 기준으로 순위를 따져도, 수성-금성-화성-목성-토성의 순서이다.

어떤 거리를 기준으로 삼아도 지구에서 수성까지의 거리가 지구에서 목성까지의 거리보다 훨씬 짧다는 사실은 변함이 없다. 최소 거리 기준으로 보면 수성까지의 거리는 목성까지의 거리의 7분의 1도 안되고, 최대 거리 기준으로는 4분의 1도 안된다. 평균 거리 기준으로는 5분의 1 수준이다. 그럼에도 불구하고 근접비행 탐사선과 궤도선 모두 수성에 더 늦게 갔다. 궤도선의 경우는 목성보다 훨씬 더 멀리 떨어진 토성보다도 더 늦게 갔다.

탐사선이 수성에 곧바로 가려면

탐사선이 지구에서 곧바로 수성으로 가는 경우를 보자. 지구 공전궤도 안쪽에서 공전하고 있는 수성으로 가려면, 탐사선은 지구가 태양 주위를 도는 공전궤도보다 작은 궤도로 날아가야 한다. 그러려면 지구 중력에서 막 벗어난 탐사선의 속도는 지구의 공전 속도보다 느려야 한다. 탐사선이 지구가 공전하는 방향과 반대 방향으로 지구에서 멀어질 때 이런 상황을 만들 수 있다. 탐사선은 지구에서 멀어지는 속도만큼 지구의 공전 속도보다 느리게 날아가고, 공전궤도 안쪽으로 서서히 벗어나면서 궤도 반대쪽에서 태양과의 거리가 줄어드는 더 작은 궤도로 날아간다. 탐사선의 속도가 적절하면, 탐사선은 지구 공전궤도와 수성 공전궤도를 걸치는 타원 모양의 지구-수성 전이궤도를 따라 날아간다. 이 전이궤도를 반 바퀴 돌면 탐사선은 수성 궤도에 다가간다.

지구-수성 전이궤도는 탐사선이 수성에 도착할 때의 수성의 위치에 따라 달라진다. 수성은 태양과의 거리가 비교적 많이 변하는 공전궤도를 돈다. 근일점에 있을 때 태양에서 수성까지의 거리는 4,600만 킬로미터인 반면, 원일점에 있을 때 태양에서 수성까지의 거리는 거의 6,982만 킬로미터이다. 태양으로부터의 거리 차이가 크기 때문에, 어느 위치에 있는 수성에 탐사선이 다가가는가에

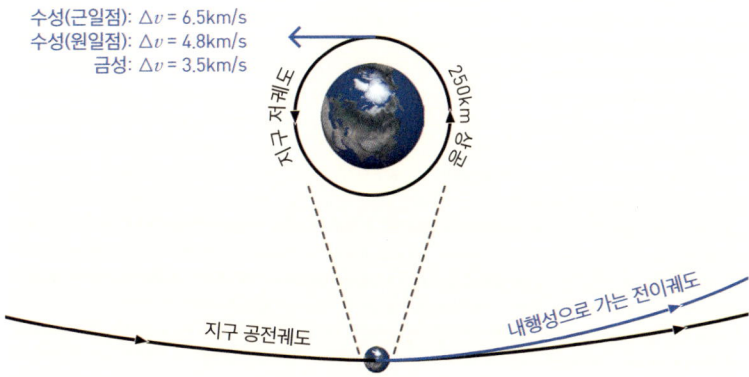

그림 11-1 지구 공전궤도 안쪽에서 공전하는 금성과 수성에 가려면, 지구 저궤도에서 지구가 공전하는 방향과 반대 방향으로 속도를 높여 날아가야 한다.

따라 지구-수성 전이궤도도 차이가 많이 난다. 탐사선이 지구에서 멀어지는 속도도 어떤 지구-수성 전이궤도에 진입하는지에 따라 달라진다.

원일점에 있는 수성에 가려면 탐사선은 지구 저궤도에서 속도를 초속 4.8킬로미터를 더 높여서 지구에서 멀어져야 하고, 근일점에 있는 수성에 가려면 초속 6.5킬로미터를 더 높여서 지구에서 멀어져야 한다.[1] 지구 저궤도에서 목성으로 곧바로 가기 위해 높여야 하는 속도가 초속 6.3킬로미터 이상인 것을 감안하면,[2] 목성에 보낼 수 있을 만큼 강력한 발사체를 사용해야 같은 질량의 탐사선을 수성에 곧바로 보낼 수 있다.

11장   수성 궤도선과 태양 탐사선   245

수성 궤도선이 되기 위해 감속해야 하는 속도

다른 행성과 마찬가지로 수성의 경우도 궤도선이 되는 것이 근접 비행만 하는 것보다 더 어렵다. 수성 주위를 도는 궤도에 진입하려면 수성에 가까이 다가갔을 때 역추진을 해서 탐사선이 수성에 다가가는 속도를 수성 중력 탈출속도보다 작게 줄여야 한다. 그래야 탐사선이 수성의 중력에 갇히기 때문이다. 그런데 다른 행성 궤도선과 비교해 수성 궤도선이 감속해야 하는 속도가 상당히 크다는 문제가 있다.

지구에서 곧바로 원일점에 있는 수성으로 가는 경우, 탐사선이 수성 공전궤도의 원일점에 이르렀을 때의 속도는 초속 50.8킬로미터이다. 원일점을 지나는 수성의 공전 속도인 초속 38.9킬로미터보다 초속 11.9킬로미터 더 빠르다. 탐사선은 두 속도의 차이인 초속 11.9킬로미터로 수성의 중력 영향권 경계면에서 수성에 다가간다. 이 경우 탐사선이 수성 주위를 도는 궤도에 진입하려면, 수성에 가장 가까이 다가갔을 때 역추진으로 탐사선의 속도를 초속 8.5킬로미터 이상 감속해야 한다. 수성 상공 100킬로미터를 지나간다고 가정할 때 줄여야 하는 속도이다.[3] 수성에서 더 먼 상공을 지나는 경우에는 더 많이 감속해야 한다. 첫 목성 궤도선인 갈릴레오호가 목성 주위를 도는 궤도에 진입하기 위해 줄인 속도인 초속 0.63킬로미터보다 13배 이상 큰 속도를 줄여야 한다. 지구 저궤도에서 목성으로 곧바로 보내기 위해 높여야 하는 속도보다도 더 크다.

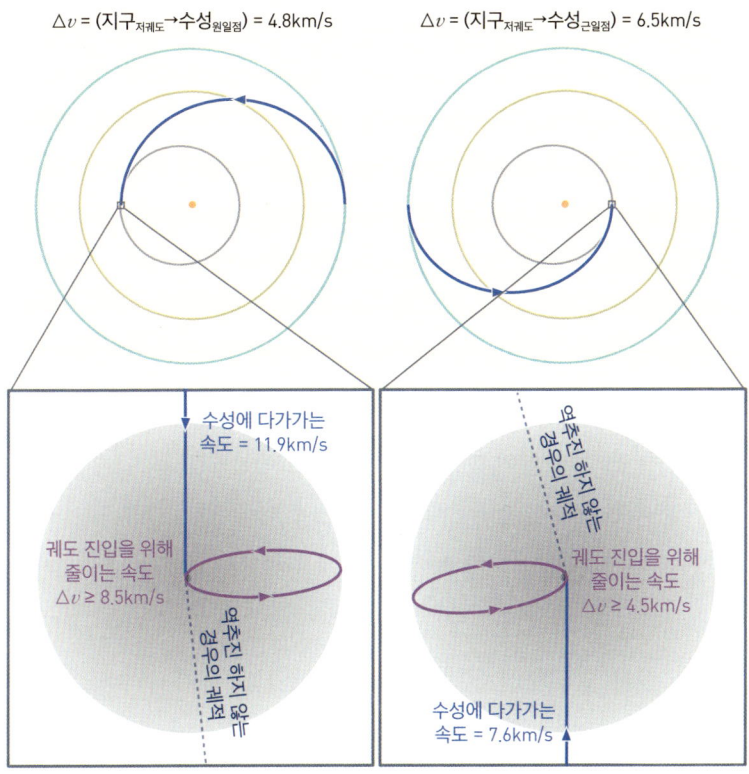

그림 11-2 지구에서 곧바로 수성으로 가는 경우 궤도선이 되기 위한 속도증분(Δv). 왼쪽: 원일점에 있는 수성에 가려면 250킬로미터 상공의 지구 저궤도에서 탐사선의 속도를 초속 4.8킬로미터 더 높여야 하고, 수성 주위를 도는 궤도에 진입하려면 수성 상공 100킬로미터를 기준으로 초속 8.5킬로미터 이상 감속해야 한다. 오른쪽: 근일점에 있는 수성에 가려면 지구 저궤도에서 초속 6.5킬로미터를 가속해야 하고, 수성 주위를 도는 궤도에 진입하려면 초속 4.5킬로미터 이상 감속해야 한다. 그림 아래에 표현한 수성 중력권 안에서의 탐사선 궤적은 수성을 따라가면서 보는 궤적이고, 시각적 이해를 돕기 위해 궤적의 모양과 방향을 단순화했다.

지구에서 곧바로 근일점에 있는 수성으로 가는 경우, 탐사선이 수성 공전궤도의 근일점에 이르렀을 때의 속도는 근일점에 있는 수성의 공전 속도보다 초속 7.6킬로미터 더 빠르다. 이 탐사선이 수성 주위를 도는 공전궤도에 진입하려면, 수성에 가장 가까워졌을 때 역추진으로 초속 4.5킬로미터 이상을 감속해야 한다. 이 역시 최초의 목성 궤도선인 갈릴레오호가 목성 주위를 도는 궤도에 진입했을 때 역추진으로 감속한 속도인 초속 0.63킬로미터보다 7배 가까이 크다.

수성 궤도선이 되기 위해 줄여야 하는 속도가 큰 것은, 탐사선이 수성에 다가가는 속도가 크기 때문이기도 하지만, 수성이 태양계 행성 중에서 가장 작은 행성이기 때문이기도 하다. 오베르트 효과Oberth effect에 의하면, 탐사선의 속도가 빠를수록 더 작은 속도 변화로 목표한 운동에너지 변화를 만들 수 있다. 만약에 수성의 질량이 더 커서 중력의 크기도 더 크면, 같은 거리로 다가갔을 때 탐사선의 속도는 더 커진다. 그리고 오베르트 효과로 인해 더 작은 감속으로도 수성의 중력에 갇힐 만큼 운동에너지를 줄일 수 있다. 하지만 태양계에서 가장 작은 행성인 수성은 중력도 가장 작고 오베르트 효과도 그만큼 작기 때문에, 궤도선이 되기 위해 줄여야 하는 속도도 상대적으로 더 크다.

수성 주위를 도는 궤도에 진입하기 위해 줄여야 하는 속도를 알면, 이에 필요한 로켓연료와 산화제의 질량을 로켓 방정식을 이용해 계산할 수 있다. 로켓이 연소한 연료를 내뿜는 속도를 초속 3킬로미터라고 가정하면, 원일점에 있는 수성에 다가가 궤도선이 되기 위해 사용해야 하는 연료와 산화제의 질량은 궤도선 본체 질량의 16배가 넘는다. 근일점에 있는 수성의 궤도선이 되기 위해 사용해야 하는 연료와 산화제 질량은 궤도선 본체 질량의 3.5배가 넘는다. 궤도선 본체 질량을 500킬로그램라고 가정하면, 원일점에 있는 수성에 곧바로 가서 수성 궤도선이 되려면 8,000킬로그램 이상의 연료와 산화제를 싣고 가야 하고, 근일점에 있는 수성에 곧바로 가서 수성 궤도선이 되려면 1,750킬로그램 이상의 연료와 산화제를 싣고 가야 한다.

결국 원일점에 있는 수성에 곧바로 수성 궤도선을 보내려면 연료와 산화제를 탑재한 8,500킬로그램이 넘는 궤도선을 지구 저궤도에 올린 후 속도를 초속 4.8킬로미터 이상 더 높여야 한다. 근일점에 있는 수성에 곧바로 궤도선을 보내려면, 2,250킬로그램이 넘는 궤도선을 지구 저궤도에 올린 후 초속 6.5킬로미터 이상 속도를 높여야 한다. 이런 질량의 궤도선을 지구에서 곧바로 수성에 보내려면 매우 강력한 발사체가 필요하고, 그 비용 또한 행성 탐사에 일반적으로 책정되는 예산을 크게 웃돈다. 싣고 가는 연료와 산화제의 질량을 줄이거나 지구에서 떠날 때 높여야 하는 속도를 줄이는 방법이 필요하다.

수성에 직접 보내지 않고 다른 행성을 거쳐서 가면 로켓 추진을 덜 하고도 수성에 탐사선을 보낼 수 있다. 대표적인 방법으로는 금성을 이용한 중력도움 항법을 시행하는 것이다. 그러면 더 적은 로켓 추진으로 금성에 간 다음, 로켓 추진을 하지 않고도 중력도움 항법으로 속도를 추가로 더 줄여 수성에 갈 수 있다. 금성에 탐사선을 보낼 수 있는 발사체로도 수성 탐사선을 보낼 수 있는 것이다. 지구에서 금성으로 곧바로 가지 않고 금성에 가는 방법도 있다. 지구의 중력권을 일단 벗어난 다음 다시 지구에 다가와서 지구를 이용한 중력도움 항법을 시행해 금성에 다가가는 방법이다. 이 경우는 지구 중력을 벗어날 수 있는 발사체로도 금성을 거쳐 수성에 탐사선을 보낼 수 있다.

원일점에 위치한 수성에 바로 탐사선을 보내려면 지구 저궤도에서 높여야 하는 속도가 초속 4.8킬로미터인 반면, 금성을 거쳐 수성에 탐사선을 보내는 경우에는 금성으로 가기 위해 지구 저궤도에서 높여야 하는 속도인 초속 3.5킬로미터이면 된다. 최초의 수성 탐사선인 매리너 10호는 이 방법으로 금성을 거쳐서 수성으로 갔다. 금성을 거쳐서 가면, 금성 공전궤도와 수성 원일점을 걸치는 금성-수성 전이궤도를 날아가 수성에 접근한다. 지구-수성 전이궤도보다 더 작아서, 수성에 다가가는 속도는 초속 9.2킬로미터이다. 지구에서 바로 원일점에 있는 수성에 가는 경우의 초속 11.9킬로미터보다 더 작다. 이 경우 수성 주위를 도는 궤도에 진입하려면 역추진으로 초속 5.9킬로미터 이상 감속해야 한다.

같은 방법으로 금성을 거쳐서 근일점에 있는 수성에 가면, 탐사선이 수성에 다가가는 속도는 초속 4.7킬로미터이고, 초속 2.1킬로미터 이상 감속해야 수성 주위를 도는 궤도에 진입할 수 있다.[4]

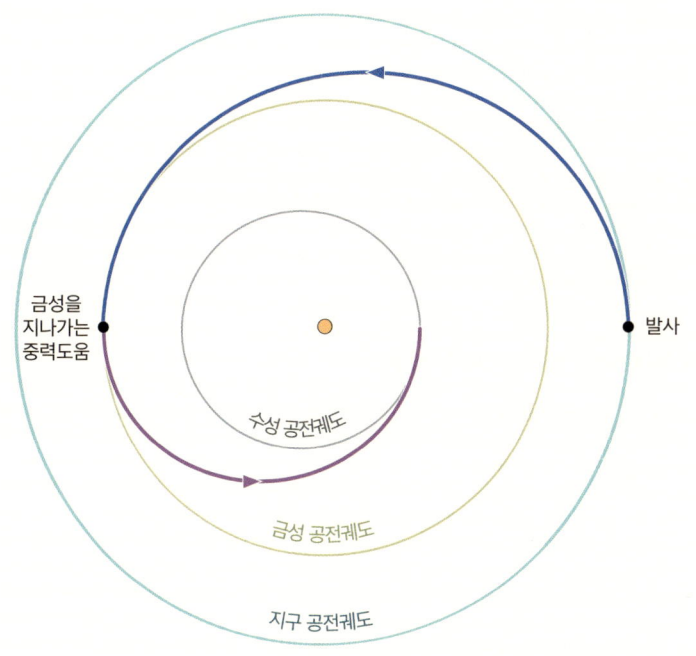

그림 11-3 금성을 거쳐 수성으로 가는 방법. 지구-금성 전이궤도로 금성에 간 후(파란색), 금성을 이용한 중력도움으로 금성-수성 전이궤도에 진입해 수성을 향해 간다(보라색). 금성과 수성이 제때 목표한 위치에 있어야 하는 조건이 필요하다.

원일점에 위치한 수성과 비교해 로켓 추진을 덜 해도 되지만, 여전히 목성 궤도선인 갈릴레오호가 감속한 것보다 훨씬 더 많이 감속해야 하는 만큼 로켓 추진을 많이 해야 한다. 그만큼 연료와 산화제를 많이 싣고 가야 한다. 수성 주위를 도는 궤도 진입을 위해 감속하는 속도를 더 줄일 필요가 있다. 그러려면 탐사선이 수성에 다가가는 속도를 더 줄여야 한다. 수성에 다가가자마자 로켓 추진으로 속도를 줄여 궤도선이 되는 대신, 수성을 근접 비행하는 중력도움 항법을 반복해서 탐사선의 속도를 추가로 더 줄일 수 있다.

최초의 수성 궤도선 메신저호

수성 주위를 돈 최초의 수성 궤도선은 2004년 8월 3일에 발사된 NASA의 메신저호Mercury Surface, Space Environment, Geochemistry, and Ranging, MESSENGER이다. 첫 목성 궤도선 갈릴레오호보다 15년, 첫 토성 궤도선인 카시니-하위헌스보다는 7년 정도 늦은 발사였다. 발사 직후 메신저호가 비행한 궤도는 지구가 태양 주위를 도는 공전 궤도와 비슷했다. 이 궤도의 원일점은 지구의 원일점보다 태양에서 약간 더 멀리 떨어져 있고, 근일점은 태양에 약간 더 가까운 궤도였다. 공전주기는 지구의 공전주기와 거의 같아서, 지구에서 발사된 후 공전궤도를 한 바퀴 돌고 돌아온 메신저호는 지구와 다시 만날 수 있었다. 발사 365일 후인 2005년 8월 2일에 지구와 다시 만난 메신저호는 지구를 이용한 중력도움으로 속도를 줄이고 방향을 수정해, 금성 공전궤도의 안쪽과 지구 공전궤도를 걸치는 더 작은 공전궤도에 진입했다.

2006년 10월 24일에 금성에 다가간 메신저호는 두 번째 중력도

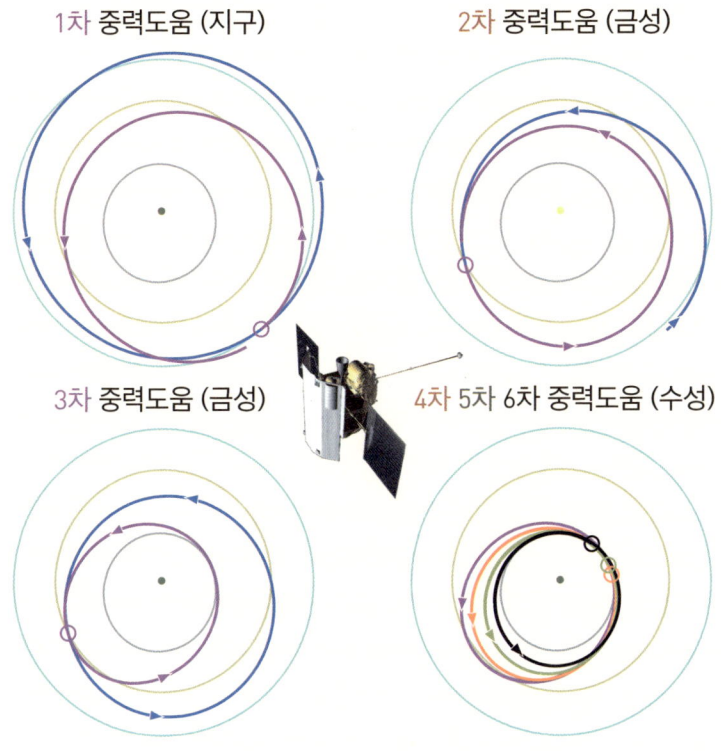

그림 11-4 메신저호의 중력도움 항법. 작은 동그라미는 중력도움 항법을 시행한 위치를 표시한다. 왼쪽 위: 2005년 8월 2일 지구를 근접 비행하는 1차 중력도움. 메신저호가 금성을 향하도록 했다. 오른쪽 위: 2006년 10월 24일 금성을 근접 비행하는 2차 중력도움. 메신저호 궤도의 원일점을 금성에 가깝게 줄이고, 근일점은 수성에 가깝게 줄였다. 왼쪽 아래: 2007년 6월 5일 금성을 근접 비행하는 3차 중력도움. 메신저호 궤도의 원일점은 금성 공전궤도로, 근일점은 수성 공전궤도로 낮췄다. 오른쪽 아래: 수성을 근접 비행하는 4차(2008년 1월 14일), 5차(2008년 10월 6일), 6차(2009년 9월 29일) 중력도움. 메신저호 궤도의 원일점을 수성 공전궤도에 가깝게 줄였다.

움으로 공전궤도를 더 줄여서 금성의 공전주기와 거의 같은 주기의 공전궤도에 진입했다. 224일 동안 태양 주위를 한 바퀴 더 돈 메신저 호는 2007년 6월 5일에 다시 금성과 만났다. 이때 세 번째 중력도움을 시행한 메신저호는 금성의 공전궤도와 수성의 공전궤도를 걸치는 타원 모양의 궤도에 진입했다. 이후 수성을 근접 비행하는 세 차례의 중력도움으로 탐사선 속도를 더 줄인 메신저호의 궤도는 수성의 공전궤도와 더 비슷해졌다. 탐사선의 속도도 수성의 공전 속도와 비슷해지면서, 탐사선이 수성에 다가가는 속도도 줄었다.

발사 후 6년 7개월 15일 만인 2011년 3월 18일에 메신저호는 다시 수성에 다가갔고, 역추진으로 초속 0.86킬로미터를 감속해 수성 주위를 도는 공전궤도에 진입했다. 가까울 때는 수성 표면에서 200킬로미터 상공을 지나고, 멀 때는 수성에서 1만 5,193킬로미터 떨어진 곳을 지나는 긴 타원 모양의 공전궤도였다.[5] 만약 지구에서 곧바로 같은 위치에 있는 수성으로 다가가서 같은 공전궤도에 진입했다면 초속 4.7킬로미터를 감속해야 했고, 금성을 근접 비행하는 중력도움 항법만 했다면 초속 2.4킬로미터를 감속해야 했다. 수성을 이용한 중력도움으로 수성에 다가가는 속도를 줄임으로써, 수성 주위를 도는 궤도 진입에 필요한 로켓 역추진을 상당히 많이 줄였다는 것을 알 수 있다.

메신저호에 장착된 로켓은 연료와 산화제로 하이드라진과 사산화이질소를 사용했고, 최대 추력은 667뉴턴이었다. 지구 표면이

그림 11-5 수성 궤도선 메신저호의 주요 관측 결과. 위: 수성 표면의 높낮이를 나타내는 수성 지도. 지각변동으로 인한 수 킬로미터 높이의 단층 절벽을 볼 수 있다. 아래: 수성 북극 근처의 충돌구의 영구 그늘 지역에 존재하는 얼음을 주황색으로 표시했다.

라면 68킬로그램을 들어 올릴 수 있는 힘이다. 궤도 수정과 역추진, 자세 조정, 고도 유지 등에 사용했다. 메신저호가 싣고 간 연료와 산화제의 질량과 이들을 압력으로 밀어내는 헬륨의 질량을 합한 질량은 607.8킬로그램이었다.[5] 발사 때 메신저호의 전체 질량 1,107.9킬로그램의 55%에 해당한다.[6] 수성 근처에서는 태양 빛이 강했기 때문에, 메신저호는 비교적 작은 크기의 태양광 패널로도 궤도선 운영에 필요한 전력을 생산할 수 있었다. 메신저호에는 가로 1.54미터, 세로 1.75미터의 태양광 패널 2개가 탑재됐고, 수성 주위를 돌면서 640와트의 전력을 생산했다.[7]

수성의 인공위성이 된 메신저호는 1년 동안 임무를 수행하면서 10만 장에 가까운 수성 사진을 찍었고, 이후 3년 더 연장된 임무를 수행하면서 수성의 지도를 마무리했다. 수성 북극 근처 충돌구의 영구 그늘 지역에서 얼음과 유기물을 발견한 것과, 수성이 지각 활동을 하는 증거를 찾은 것이 주요 탐사 성과이다. 탐사 활동을 하면서 로켓연료를 소진한 메신저호는 2015년 4월 30일에 수성에 충돌하면서 임무를 종료했다.

이온 추진체를 사용하는 수성 궤도선 베피콜롬보호

두 번째 수성 궤도선은 유럽우주국과 일본 우주항공연구개발기구Japan Aerospace Exploration Agency, JAXA가 공동 개발한 베피콜롬보호이다. 앞에서 언급했듯이, 베피콜롬보호의 이름은 이탈리아의 과학자 주세페 콜롬보의 애칭에서 따왔다. 첫 수성 탐사선인 매리너 10호가 금성을 근접 비행하는 중력도움 항법을 이용해 주기적으로 수성에 다가가는 방법을 제시했던 과학자이다. 2018년 10월 20일에 아리안 5Arian V 발사체에 실려 발사된 베피콜롬보호는 메신저호와 비슷한 방식으로 수성에 접근해 수성 주위를 도는 공전궤도에 진입한다. 메신저호가 지구-금성(2회)-수성(3회)의 중력도움 항법을 시행한 반면, 베피콜롬보호는 지구-금성(2회)-수성(6회)의 중력도움 항법을 시행한다. 수성을 이용한 중력도움 항법이 3회 더 많다. 2025년 12월 5일에 수성에 다시 다가가는 베피콜롬보호는 일시적으로 수성의 중력에 약하게 갇히는 탄도포획ballistic capture 상태가 되고, 액체연료 로켓 역추진으로 감속해 수성 주위를 도는 궤도에 진입한다.[8]

베피콜롬보호는 액체연료 로켓뿐만 아니라 이온 추진체도 탑재했다. 이온 추진체는 연료로 사용하는 물질의 원자에서 전자를 떼어 내 이온을 만든 다음, 이온을 전기장으로 가속해 내뿜어 추진하는 로켓이다. 베피콜롬보호에 장착된 이온 추진체가 이온을 내뿜는 최대 속도는 초속 4만 1,000킬로미터로, 액체연료 로켓이 연료를 태워 내뿜는 속도보다 10배 이상 빠르다. 같은 질량의 연료로 10배 이상 더 가속하거나 감속할 수 있는 매우 효과적인 추진 방식이다. 베피콜롬보호는 이온 추진체의 연료로 제논Xenon(원자번호 54)을 사용한다. 탑재한 제논의 질량은 580킬로그램으로, 발사 때 베피콜롬보호의 전체 질량 4,100킬로그램의 7분에 1이다. 베피콜롬보호의 이온 추진체는 초속 4킬로미터의 속도증분을 낼 예정이다.[9]

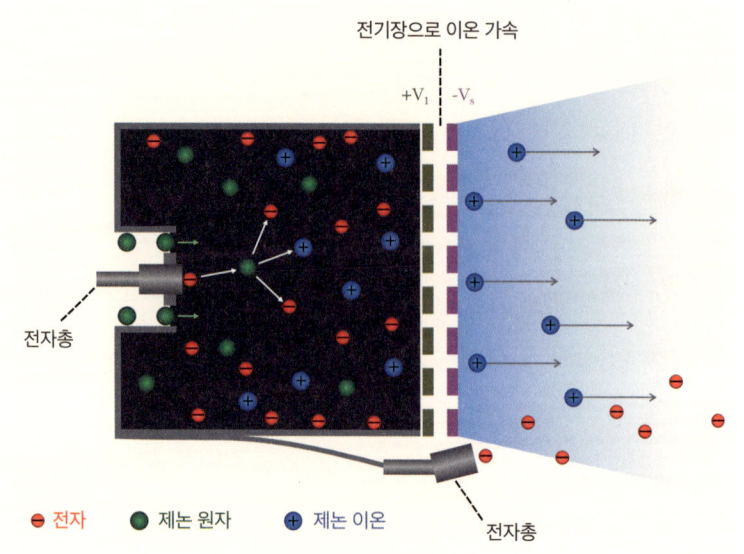

그림 11-6 이온 추진체의 기본 작동 원리. 전자총으로 제논 원자에 전자를 쏴서 만든 제논 이온을 전기장으로 가속해 내뿜어 추진한다.

    이온 추진체는 추력이 매우 약하다는 단점이 있다. 베피콜롬보 호에 장착된 이온 추진체의 추력은 0.29뉴턴으로, 지구 표면에서 식빵 한 조각 질량인 29.5그램을 들어 올릴 수 있는 힘에 불과하다. 발사체 1단의 추력과 비교하면 1,000만분의 1도 안 되고, 궤도선에 탑재하는 액체연료 로켓의 추력과 비교하면 1,000분의 1도 안 되는 추력이다. 추력이 약한 만큼 같은 속도증분을 내려면 훨씬 더 오랫동안 추진해야 한다. 이 때문에 이온 추진체는 발사할 때와 같이 짧은 시간 동안 큰 힘이 필요할 때는 사용할 수 없고, 긴 시간

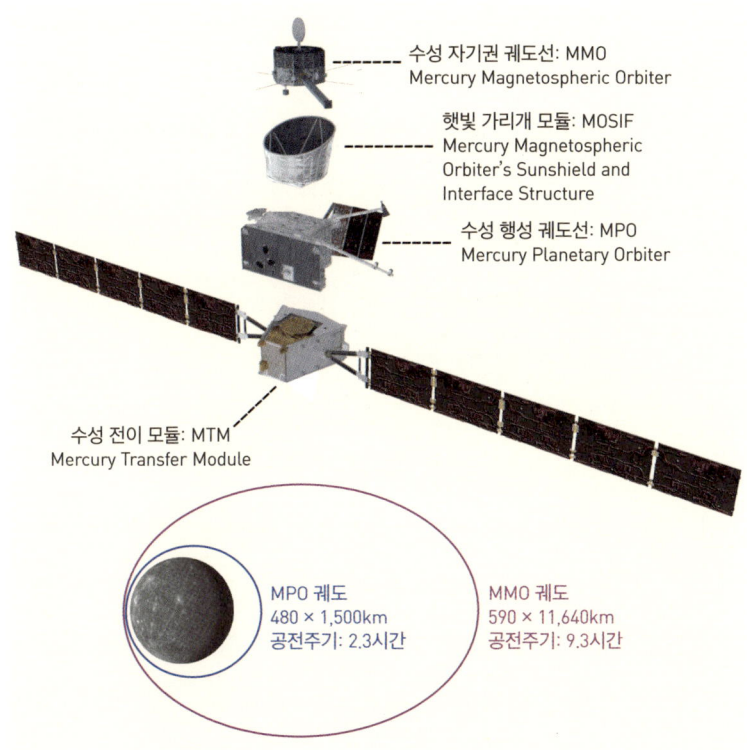

그림 11-7 베피콜롬보호의 구성. 베피콜로보호는 수성 전이 모듈MTM, 수성 행성 궤도선MPO, 햇빛 가리개 모듈MOSIF과 수성 자기권 궤도선MMO으로 구성되어 있다. 수성 주위를 도는 공전궤도에 진입한 후 MPO는 안쪽 궤도를, MMO는 바깥쪽 궤도를 공전할 예정이다.

동안 약한 힘을 써도 되는 상황에 사용한다. 베피콜롬보호는 행성을 근접 비행하는 중력도움을 최적으로 할 수 있도록 항로를 수정하는 데 이온 추진체를 사용하고, 마지막 중력도움 후에는 베피콜롬보호가 수성에 다가가는 속도를 줄이는 데에도 사용한다.

이온 추진체는 연료를 이온화하고 가속하기 위한 전력이 필요하다. 베피콜롬보호는 태양광 패널로 전력을 만들어 이온 추진체에 공급한다. 이온 추진체를 태양전기추진체Solar Electric Propulsion Thruster라고도 부르는 이유이다. 이온 추진체가 장착된 베피콜롬보호의 '수성 전이 모듈Mercury Transfer Module, MTM'에는 길이 30미터, 넓이 42제곱미터의 태양광 패널이 장착됐고, 최대 1만 5,000와트의 전력을 생산한다.[10] 베피콜롬보호가 발사되어 수성 주위를 도는 궤도에 진입하기까지 7년 1개월 15일 동안 날아가는데, 그 기간의 25%인 650일 동안 이온 추진체를 작동한다.[11] 이온 추진체가 장착된 MTM은 수성 주위를 도는 궤도에 진입하기 전에 분리된다.

MTM을 분리한 베피콜롬보호가 수성 주위를 도는 궤도에 진입할 때는 '수성 행성 궤도선Mercury Planetary Orbiter, MPO'에 장착한 액체연료 로켓을 사용한다.[12] 수성의 북극과 남극 상공을 지나는 극궤도에 진입한 후에는 일본의 JAXA가 제작한 '수성 자기권 궤도선Mercury Magnetospheric Orbiter, MMO'(Mio라고도 부름)이 분리되고, MPO는 추가로 역추진을 해서 더 낮은 고도의 최종 공전궤도를 돌 예정이다.

수성보다 태양에 더 가까이 가는 태양 탐사선 파커호

수성보다 태양에 훨씬 더 가까이 다가가는 탐사선도 있다. NASA

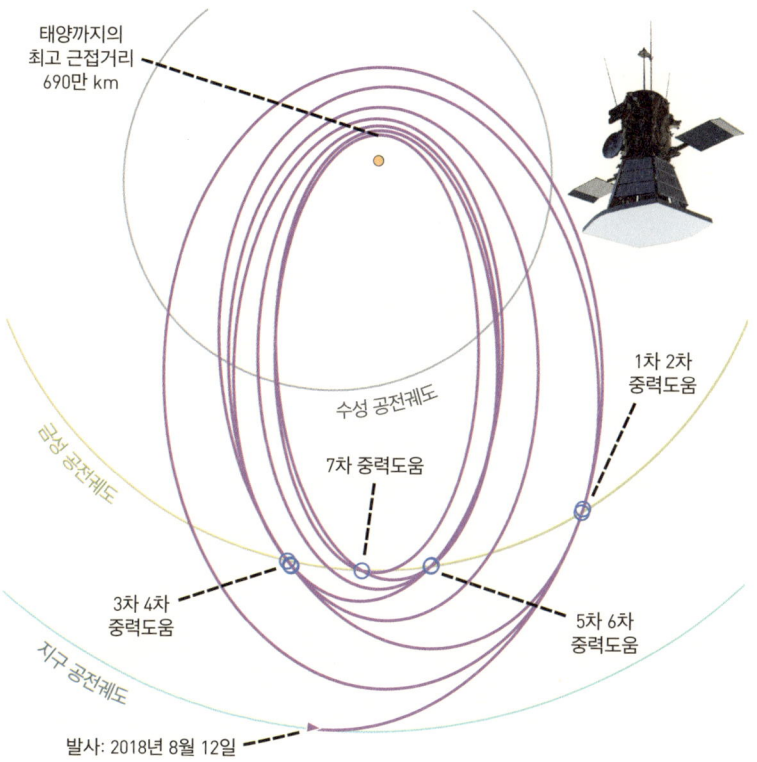

그림 11-8 태양 탐사선 파커호의 비행 궤적. 파란색 동그라미는 중력도움 항법을 시행한 위치를 나타낸다. 2018년 8월 12일에 발사된 파커호는 금성을 근접 비행하는 중력도움 항법을 7회 시행한 후, 2024년 12월 24일에 태양에서 690만 킬로미터 떨어진 위치까지 접근한다.

의 태양 탐사선 파커호Parker solar probe가 그 주인공이다. 탐사선의 이름은 미국의 태양 천체물리학자인 유진 파커Eugene Newman Parker에서 따왔다. 2018년 8월 12일에 델타 4 헤비Delta IV Heavy 발사체에 실려 발사된 파커호는 금성을 근접 비행하는 중력도움 항법을 7회 시행한다.[13] 중력도움 항법을 시행할 때마다 탐사선의 속도를 줄여 근일점을 태양에 더 가깝게 만든다. 2024년 11월 6일에 시행한 마지막 일곱 번째 중력도움 항법을 마치고, 48일 후인 12월 24일에 파커호는 태양에서 690만 킬로미터 떨어진 곳까지 다가갔다. 수성의 근일점보다 6.67배 더 태양에 가깝다. 이후 파커호의 공전주기는 88일로 수성의 공전주기와 거의 같아진다.

ESA의 '태양 궤도선 Solar Orbiter'도 수성보다 태양에 더 가까이 가는 탐사선이다. 2020년 2월 10일에 아리안 5 발사체에 실려 발사된 태양 궤도선은 태양에서 4,200만 킬로미터 떨어진 곳까지 접근한다. 총 9회의 중력도움을 통해 궤도를 수정한다. 그중 1회는 지구를 근접 비행하는 중력도움이고, 나머지 8회는 금성을 근접 비행하는 중력도움이다.[14]

우주탐사의 역사

THE BRIEF HISTORY OF SPACE EXPLORATION

삼체문제와
탄도포획

- 3개의 물체가 상호작용하는 움직임은 삼체문제
- 우주망원경의 L_1 또는 L_2 라그랑주 점 헤일로 궤도
- 베피콜롬보호와 다누리호가 이용하는 탄도포획

THE BRIEF HISTORY OF SPACE EXPLORATION

12

이체문제와 삼체문제의 차이

천체의 중력에 갇힌 탐사선은 천체 주위를 돈다. 지구 중력에 갇혀 지구 주위를 도는 탐사선은 인공위성artificial satellite이라고 부르고, 다른 행성 주위를 도는 탐사선은 그 행성의 인공위성이지만 보통은 궤도선orbiter이라고 부른다. 인공위성이나 궤도선은 천체의 중심을 초점으로 하는 타원 모양의 궤도를 돈다. 이런 모양의 움직임은 케플러 행성운동법칙의 타원 궤도로 설명할 수 있다.

  속도가 충분히 빨라서 중력에 갇히지 않은 탐사선은 천체에 가까이 다가가도 다시 멀어져 결국 천체의 중력을 완전히 벗어난다. 태양의 중력을 벗어날 수 있는 속도인 태양 중력 탈출속도보다 빠르게 날아가는 파이어니어 10·11호, 보이저 1·2호, 뉴호라이즌스호를 태양의 위치에서 보면, 쌍곡선 모양의 궤적을 따라 움직인다. 지구 중력 탈출속도보다 빠른 속도로 지구에서 벗어나는 탐사선

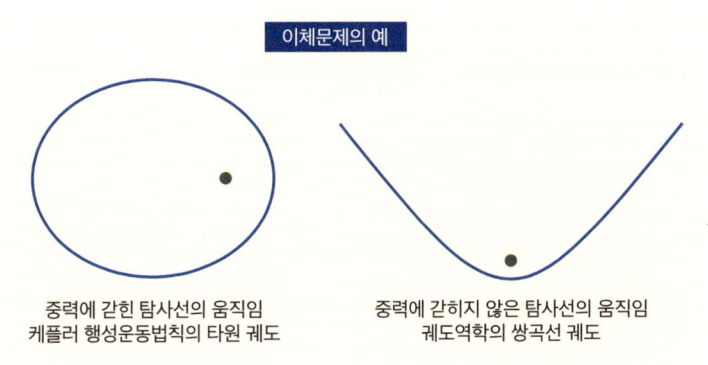

그림 12-1 이체문제로 다루는 타원 궤도와 쌍곡선 궤도. 중력에 갇힌 탐사선의 움직임은 케플러 행성운동법칙의 타원 궤도로 설명하고, 중력에 갇히지 않은 탐사선의 움직임은 궤도역학의 쌍곡선 궤도로 설명한다. 타원 궤도와 쌍곡선 궤도의 경계면에는 포물선 궤도가 있다.

도 지구를 따라가면서 보면, 적어도 지구의 중력 영향권 안에 있는 동안에는 쌍곡선 모양의 궤적을 따라 움직인다. 이런 탐사선의 움직임은 궤도역학orbital mechanics의 쌍곡선 궤도로 설명할 수 있다.

포물선 궤도는 타원 궤도와 쌍곡선 궤도의 경계에 있는 궤도이다. 탐사선의 속도가 중력 탈출속도와 정확하게 일치할 때 나타나는 움직임이다. 타원, 포물선, 쌍곡선 궤도 모두 천체 하나와 탐사선만을 따지는 이체문제two-body problem이다. 이런 탐사선의 움직임은 케플러의 행성운동법칙 또는 궤도역학의 기본만으로 잘 설명할 수 있다.

탐사선의 움직임을 천체 하나의 중력으로 설명하지 못하는 경우도 있다. 다른 천체의 중력이 끼치는 영향이 적지 않은 경우들로, 타원 모양이나 쌍곡선 모양에서 벗어난 궤적으로 움직인다. 이런 움직임은 2개의 천체와 탐사선이 서로 상호작용을 하는 삼체문제로 풀어야 한다. 상황에 따라서는 더 많은 천체를 고려하는 다체문제N-body problem로 풀어야 한다. 이체문제와는 달리, 삼체문제나 다체문제는 특별한 경우가 아니면 일반적인 해법이 없다. 대부분의 경우는 컴퓨터를 이용한 수치계산으로 삼체문제나 다체문제를 푼다.

라그랑주 점 근처에서의 움직임은 삼체문제

잘 알려진 삼체문제로 라그랑주 점Lagrange point이 있다. 라그랑주 점은 천체 2개의 중력이 영향을 끼치면서 상대적인 위치가 유지되는 곳이다. 그림 12-2에서 볼 수 있듯이, L_1, L_2, L_3, L_4, L_5 이렇게 5개의 라그랑주 점이 있다. L_1, L_2, L_3 라그랑주 점은 두 천체를 연결한 일직선 위에 존재하고, L_4, L_5 라그랑주 점은 두 천체와 정삼각형을 만드는 위치에 있다. 두 천체 중에서 질량이 상대적으로 작은 천체에 가까운 L_1과 L_2 라그랑주 점이 우주탐사와 관련이 많다.

    제임스웹 우주망원경은 태양 반대쪽 밤하늘에서 태양-지구 L_2 라그랑주 점 주위의 헤일로 궤도halo orbit를 돌고 있다. L_2 라그랑주 점은 지구에서 태양 반대 방향으로 약 150만 킬로미터 떨어진 곳에 위치한다. 지구보다 태양에서 더 멀리 떨어져 있으면, 태양

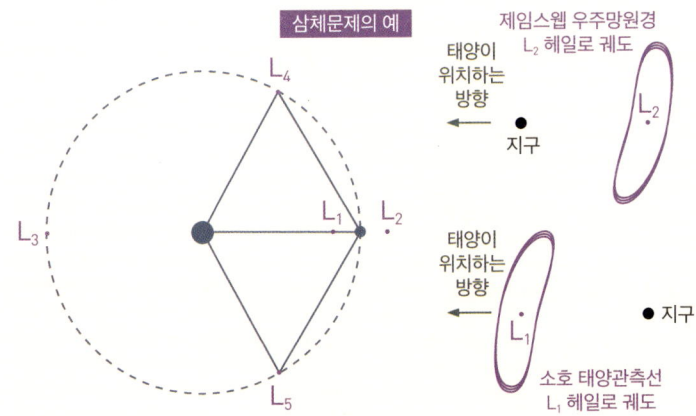

그림 12-2 삼체문제의 예. 라그랑주 점은 천체 2개의 중력이 영향을 끼치면서 상대적인 위치를 유지하는 곳이다. 제임스웹 우주망원경의 L_2 헤일로 궤도와 소호 태양관측선의 L_1 헤일로 궤도는 태양, 지구 그리고 우주망원경이 상호작용하는 삼체문제로 설명한다. 그림에서 태양과 지구의 크기, 천체 또는 라그랑주 점 사이의 상대적인 거리, 헤일로 궤도의 크기는 시각적 이해를 돕기 위해 과장했다.

의 중력이 작아지고 공전주기가 지구의 공전주기보다 길어진다. 하지만 L_2 라그랑주 점에서는 태양의 중력과 같은 방향으로 지구의 중력이 더해지면서 중력이 더 커져서 공전주기가 지구와 같아진다.

 제임스웹 우주망원경은 마치 회전목마가 위아래로 움직이면서 회전하듯이 L_2 라그랑주 점 근처에서 태양 주위를 돈다. 이 움직임을 지구에서 보면, 아무것도 없는 태양 반대쪽 우주의 L_2 라그랑주 점 주위를 도는 것처럼 보인다. 이런 제임스웹 우주망원경의 움직임은 이체문제로 설명할 수 없다. 태양과 지구 그리고 우주망원경이 상호작용하는 삼체문제로 설명해야 하고, 어느 위치에서 보는 움직임인지도 잘 따져봐야 한다.

지구와 태양 사이에서 태양을 관측했던 소호 태양관측선 Solar and Heliospheric Observatory, SOHO은 태양-지구 L_1 라그랑주 점 주위의 헤일로 궤도를 돈다. L_2 라그랑주 점과는 반대로 지구에서 태양 방향으로 약 150만 킬로미터 떨어진 곳에 위치하고 있다. 지구보다 태양에 더 가까이 있으면, 태양의 중력이 커지고 공전주기가 지구의 공전주기보다 짧아진다. 하지만 L_1 라그랑주 점에서는 태양의 중력이 끌어당기는 방향과 반대 방향으로 지구의 중력이 끌어당기면서 중력이 더 작아지고 공전주기가 지구와 같아진다.

소호 태양관측선도 마치 회전목마가 위아래로 움직이면서 회전하듯이 L_1 라그랑주 점 근처에서 태양 주위를 돈다. 이 움직임을 지구에서 보면, 아무것도 없는 태양 쪽 우주의 L_1 라그랑주 점 주위를 도는 것처럼 보인다. 이런 소호 태양관측선도 태양, 지구, 우주망원경이 상호작용하는 삼체문제로 설명해야 하는 움직임이다.

지구-달 라그랑주 점 주위를 도는 우주선

2018년 12월 7일에 발사한 중국의 달 착륙선 창어 4호嫦娥四号는 27일 후인 2019년 1월 2일에 세계 최초로 달 뒷면에 착륙했다. 무인 달 착륙선은 이미 1960년대부터 시작되었고 1969년에는 유인 달 착륙선 임무를 수행하기도 했다. 달 착륙 자체는 새롭지 않지만, 우리가 지구에서 볼 수 없는 달 뒷면에 착륙했다는 사실에 의미가 있다.

창어 4호 이전에 달 뒷면에 착륙선을 보내지 않은 것은 이유가 있다. 달 뒷면은 지구와 직접 통신을 할 수 없는 위치이기 때문이다. 지구에서 달을 보면 항상 달의 앞면만 볼 수 있고 달의 뒷면은 볼 수 없다. 오랜 시간이 지나도 달의 뒷면은 항상 달의 뒷면이다. 달은 자전주기와 공전주기가 같기 때문에 일어나는 일이다. 달 뒷면에 있으면 달 자체가 지구를 가려서 지구를 볼 수 없을 뿐만 아니라 지구와 직접 통신하는 것도 불가능하다. 달 뒷면에 착륙하는 달 착륙선은 달에 착륙한 내내 지구와 직접 통신을 할 수 없고, 달 뒷면을 지나가는 달 궤도선도 일시적으로 지구와 직접 통신을 할 수 없다. 하지만 달 뒷면에 있는 달 탐사선도 통신을 중계하는 우주선이 있으면 지구와의 통신이 가능하다.

창어 4호 발사 6개월 12일 전인 2018년 5월 20일에 발사한 췌차오호鵲桥号中继卫星가 최종적으로 안착한 궤도의 위치에 주목할 필요가 있다. 췌차오호의 궤도는 지구에서 달보다 6만 5,000킬로미터 더 떨어진 지구-달 L_2 라그랑주 점 주위를 도는 L_2 헤일로 궤도이다. L_2 라그랑주 점에서 약 3만 5,000킬로미터 떨어져서 라그랑주 점 주위를 돌기 때문에, 달 뒤쪽에 있지만 지구를 항상 볼 수 있고 달 뒷면도 항상 볼 수 있는 궤도이다.[1] 이 궤도에 위치한 췌차오

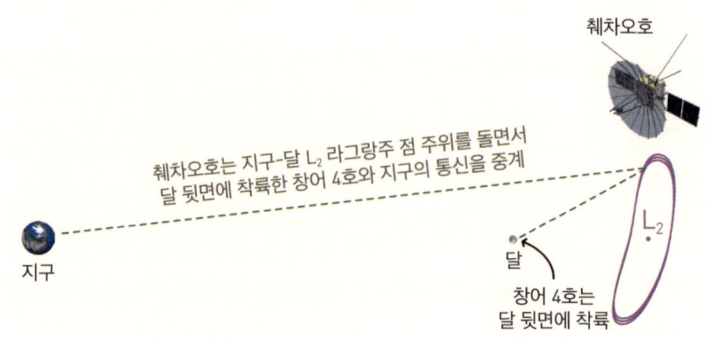

그림 12-3   달 뒷면에 착륙한 창어 4호와 지구 사이의 통신을 중계한 췌차오호의 L_2 헤일로 궤도. 헤일로 궤도의 크기와 달로부터의 거리는 시각적 이해를 돕기 위해 과장했다.

호는 달 뒷면에 착륙한 창어 4호의 통신 전파를 받아 지구로 보내고, 지구에서 보낸 전파를 받아 창어 4호로 보내는 통신 중계를 끊임없이 할 수 있다.

  췌차오호의 궤도도 제임스웹 우주망원경이 설치된 태양-지구 L_2 헤일로 궤도와 마찬가지로, 지구나 달에서 L_2 라그랑주 점을 향해 바라보면 우주선이 아무것도 없는 공간 주위를 도는 것으로 보인다. 이 움직임 역시 삼체문제로 풀어서 설명해야 한다.

혜성의 궤도 변화와 중력도움

혜성의 공전궤도가 특정 상황에서 변하는 것도 삼체문제로 풀어야 한다. 태양 주위를 긴 타원 모양으로 공전하는 혜성은 태양계 행성의 공전궤도 근처를 지나가는 경우가 많다. 혜성이 행성과 충분히 가까워지는 경우에는 행성 중력의 영향으로 혜성의 궤도가 변하기도 한다. 1943년에 발견된 오테르마 혜성[39P Oterma]은 발견 당시에는 목성의 공전궤도 안쪽을 돌고 있던 혜성이었다. 1963년 4월 12일에 이 혜성이 목성에 접근한 후에는 목성의 공전궤도 바깥쪽을 돌기 시작했다.[2] 목성 중력의 영향으로 혜성의 궤도가 변했기 때문이다. 목성에 접근하기 훨씬 전과 목성에서 멀어진 훨씬 후의 움직임을 따로 떼어놓고 보면 각각의 움직임은 거의 타원 궤도여서, 이체문제인 케플러의 행성운동법칙으로 설명할 수 있다. 하지만 목성에 접근한 1963년 4월 12일 전후를 연결하는 기간 동안의 움직임은 타원 모양이나 쌍곡선 모양과는 다른 모양이었다. 이 움직임은 태양의 중력뿐만 아니라 목성의 중력도 영향을 끼친 삼체문제의 결과이다.

탐사선의 속도를 높이거나 줄이는 데 사용하는 중력도움 항법도 태양의 중력뿐만 아니라 행성의 중력도 같이 영향을 끼치는 삼체문제의 움직임의 결과이다. 태양의 위치에서 보면, 행성에 다가가기 훨씬 전의 탐사선은 이체문제로 설명할 수 있는 타원 모양의 궤도로 날아간다. 그러다가 행성에 가까워지면 조금씩 궤적이 변하기 시작하면서, 타원 모양 궤도와는 다른 궤적으로 날아간다. 태양의 중력뿐만 아니라 행성의 중력이 끼치는 영향도 커지기 때문이다. 탐사선이 행성에 충분히 가까워지면 탐사선의 움직임에 영향을 끼치는 중력의 대부분은 행성의 중력이다. 이때 행성을 따라가면서 탐사선을 보면, 탐사선은 이체문제로 풀 수 있는 쌍곡선 모양의 궤도로 날아간다.

탐사선이 행성에서 멀어지면 행성의 중력은 작아진다. 행성의 중력뿐만 아니라 태양의 중력도 따져야 하는 상황이 된다. 탐사선이 행성에서 충분히 많이 멀어지면, 행성의 중력이 미미해지면서 태양의 중력이 탐사선의 움직임을 지배한다. 이때부터 태양에서 보는 탐사선의 움직임은 태양과 탐사선의 이체문제로 설명할 수 있는 궤적으로 날아간다. 태양에서 보는 탐사선의 속도는 행성에서 보는 탐사선의 속도에 행성의 속도를 벡터 더하기 방식으로 더한 값이기 때문에, 탐사선이 행성에 어떻게 접근하고 멀어지는가에 따라 탐사선의 속도가 커지기도 하고 작아지기도 한다. 탐사선의 속도가 작아지거나 약간만 더 커지는 경우에는 탐사선이 타원 모양의 궤적으로 날아가고, 탐사선의 속도가 충분히 많이 커지는 경우에는 탐사선이 쌍곡선 모양의 궤적으로 날아갈 수도 있다.

탐사선이 행성에서 충분히 멀리 떨어져 있을 때는 태양의 위치에서 보는 탐사선의 움직임을 다루고, 행성에 충분히 가까워졌을 때는 행성을 따라가며 보는 탐사선의 움직임을 다루면 이체문제로 다뤄도 오차가 크지 않다. 하지만 이 둘을 연결해 주는 영역은 태양의 중력과 행성의 중력이 비슷하게 영향을 끼치는 영역이기 때문에 이체문제로 다룰 수 없다. 이 영역에서는 태양, 행성, 탐사선을 한꺼번에 같이 고려하는 삼체문제로 다뤄야 움직임을 정확

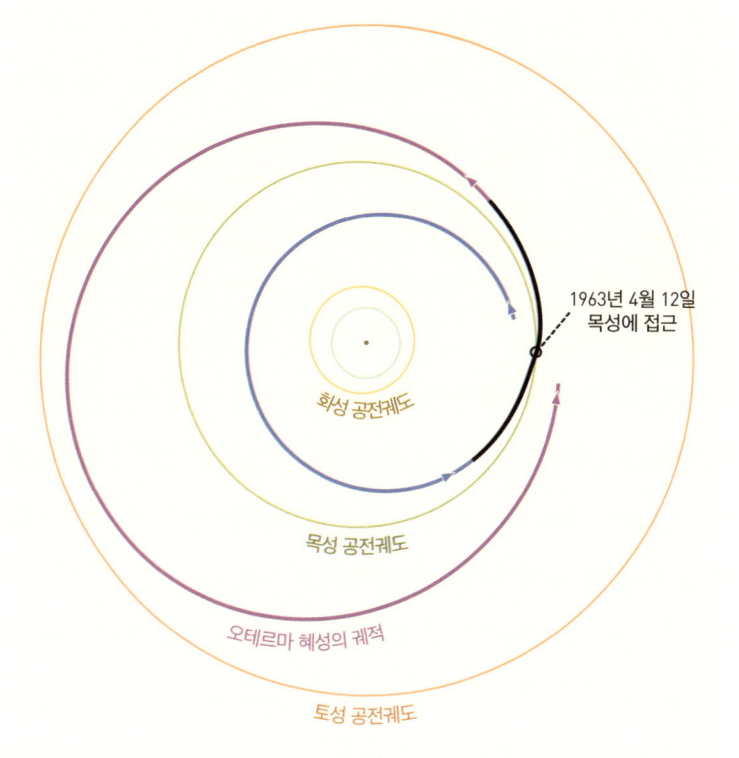

그림 12-4 1955년 8월에서 1982년 3월까지의 오테르마 혜성의 궤적. 목성 공전궤도 안쪽을 돌고 있었던 오테르마 혜성은 1963년 4월 12일 목성에 가까이 접근한 후부터 목성 공전궤도 바깥쪽을 돌기 시작했다. 태양의 중력뿐만 아니라 목성의 중력도 영향을 끼치는 삼체문제가 되면서 작은 타원 궤도에서 큰 타원 궤도로 공전궤도가 변한 경우이다. 오테르마 혜성이 목성을 가까이 지나치면서 속도를 높인, 일종의 중력도움을 한 결과였다.

하게 설명할 수 있다.

　오테르마 혜성이 목성 공전궤도의 안쪽을 돌다가 목성 공전궤도 바깥쪽을 돌게 된 것도 목성의 중력이 영향을 끼쳤기 때문이다. 목성을 가까이 지나치면서 오테르마 혜성의 공전 속도가 더 커져서 더 큰 공전궤도를 돌게 된 것이다. 따지고 보면 오테르마 혜성이 목성을 가까이 지나치면서 궤도가 변하는 것도, 혜성이 행성을 이용한 중력도움을 한 것과 다를 바가 없다. 혜성이나 소행성이 목성에 어떻게 접근하는가에 따라, 파이어니어 10·11호나 보이저 1·2호처럼 태양의 중력을 완전히 벗어날 수 있을 만큼 속도가 늘어날 수도 있다. 이런 경우는 목성이 혜성이나 소행성을 태양계 밖으로 튕겨 내는 경우이다. 반대로 아주 멀리에서 오는 장주기 혜성이 목성을 가까이 지나가면서 속도가 줄어들면, 공전주기가 훨씬 짧아지는 단주기 혜성이 될 수 있다.

역추진 없이도 중력에 갇히는 탄도포획

태양이나 행성 하나의 중력만 따져도 되는 이체문제의 상황에서는, 천체의 중력에 갇힌 움직임과 천체의 중력을 벗어나는 움직임으로 구분할 수 있다. 하지만 다른 천체의 중력이 끼치는 영향이 작지 않으면, 중력에 갇히는지 중력을 벗어나는지를 구분하기 어려울 수도 있다. 탐사선이 중력에 갇히지 않은 상태로 날아와 속도를 줄이지 않고도 일시적으로 천체의 중력에 갇히는 현상이 일어날 수도 있다. '탄도포획' 또는 '약한 포획$_{\text{weak capture}}$'이라고 불리는 이 현상도 2개의 천체와 탐사선을 함께 고려하는 삼체문제로 설명해야 한다. 탄도포획이 일어나면 탐사선은 일시적으로 중력에 갇히기 때문에, 역추진을 덜 하고도 목표한 궤도에 진입할 수 있다. 그만큼 역추진에 필요한 로켓연료를 절약할 수 있다. 첫 역추진 시도를 실패해도 일시적으로 중력에 갇혀 행성 주위를 돌기 때문에 역추진 기회가 더 있다는 장점도 있다.

목표한 천체에 탄도포획되려면, 탐사선이 천체의 움직임과 비슷하게 날아가야 한다. 그래야 탐사선과 천체 사이의 상대속도가 줄어들면서 천체의 중력에 갇히는 상태에 좀 더 가까워지기 때문이다. 다가가는 천체의 움직임과 비슷하게 날아가는 것에 더해서 탐사선이 천체에 다가가는 위치가 적절하고 속도의 크기와 방향도 적절하면, 탐사선이 일시적으로 천체의 중력에 갇히는 탄도포획이 일어난다. 목표한 천체의 중력뿐만 아니라 다른 천체의 중력도 영향을 끼치면서 나타나는 현상이다.

수성 궤도선이 되는 베피콜롬보호는 여러 번의 중력도움 항법을 시행해 수성의 공전궤도와 비슷하게 태양 주위를 돌도록 궤도를 수정한다. 마지막 중력도움 항법을 시행한 후 베피콜롬보호가 날아가는 속도와 수성 공전 속도의 차이는 초속 1.85킬로미터로 줄어든다. 이후 이온 추진체의 추진으로 상대속도를 더 줄여 베피콜롬보호는 일시적으로 수성의 중력에 갇히는 탄도포획 상태가 된다.[3] 중력도움 항법과 이온 추진체 추진을 탄도포획을 위한 궤도 수정에 이용하는 것이다. 수성에 탄도포획되는 베피콜롬보호는 액체연료 로켓을 이용한 역추진으로 속도를 줄여 수성 주위를 도

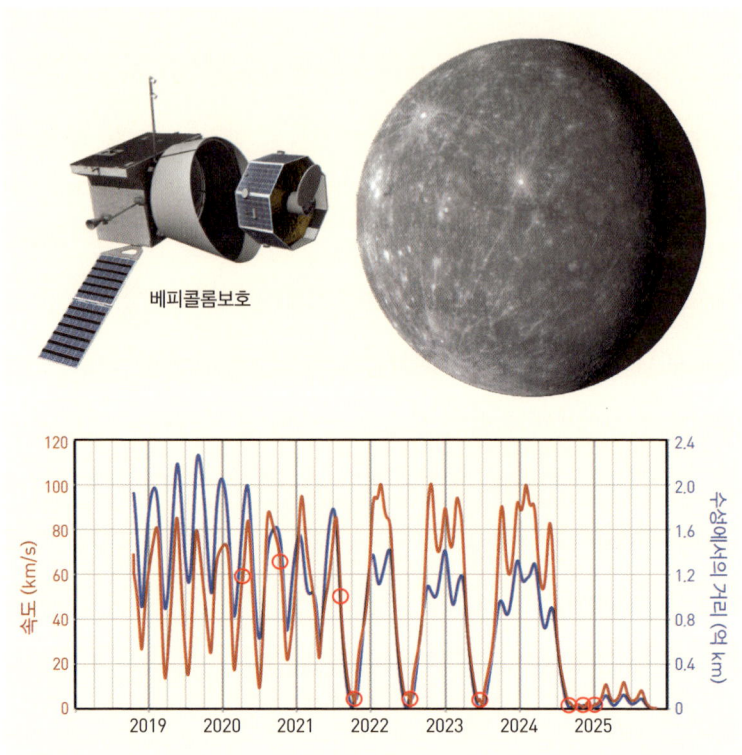

그림 12-5 2025년 말에 수성에 탄도포획되는 베피콜롬보호. 위: 베피콜롬보호와 수성. 아래: 베피콜롬보호의 속도와 수성에서의 거리. 빨간색 동그라미는 중력도움을 시행했을 때의 속도 변화를 표시했다. 총 9회의 중력도움과 이온 추진체를 이용한 항로 수정과 감속으로 수성에 다가가는 속도를 줄여, 2025년 12월에 수성의 중력에 일시적으로 갇히는 탄도포획 상태가 된다.

는 궤도에 진입한다. 탄도포획을 이용하는 만큼 역추진을 적게 해도 목표한 궤도에 진입할 수 있다.

탐사선뿐만 아니라 천체가 다른 행성에 탄도포획되는 현상도

일어난다. 목성 주위를 돌다가 1994년 7월에 목성과 충돌한 슈메이커-레비 혜성의 경우가 그렇다. 관측한 혜성의 궤적을 거꾸로 계산한 결과에 의하면, 원래 목성의 공전궤도와 토성의 공전궤도 사이에서 태양 주위를 돌던 이 혜성은 1930년대에 일시적으로 목성에 탄도포획이 되면서 목성 주위를 돌게 되었을 것으로 추정한다.[4]

탄도포획을 이용한 달 탐사선

탄도포획을 이용해 탐사한 첫 천체는 달이었다. 달 주위를 도는 궤도 진입에 탄도포획을 이용한 경우로, 첫 시도는 1991년에 있었다. 1990년 1월 24일에 발사된 일본 최초의 달 탐사선인 히텐호ひてん는 첫 번째 달 근접비행 때 탑재한 달 궤도선 하고로모호はごろも를 분리해 달 주위를 도는 궤도에 진입하게 할 예정이었지만, 통신이 두절되면서 실패했다. 이 소식을 들은 NASA 제트추진연구소의 과학자 에드워드 벨브루노Edward Belbruno와 제임스 밀러James Miller는 탄도포획을 이용해서 히텐호가 달 주위를 도는 궤도에 진입하게 하자는 제안을 했고, 이를 일본 측이 받아들이면서 제안이 실행됐다.[5] 벨브루노는 탄도포획을 선도적으로 연구하던 과학자였다.

히텐호는 아홉 번째 달 근접비행을 하는 중력도움 항법으로 원지점을 153만 킬로미터로 늘렸다.[6] 이후 태양의 중력을 이용해 수정한 궤도를 5개월 더 날아가 1991년 10월 2일에 로켓추진 없이 일시적으로 달의 중력에 약하게 갇히는 탄도포획 상태가 되었다. 히텐호는 마지막 남은 연료로 궤도를 수정해 1992년 4월 10일에 달에 충돌하는 것으로 임무를 마무리했다.

대한민국의 첫 달 궤도선인 다누리호도 탄도포획을 이용해 달 주위를 도는 궤도에 진입했다. 다누리호의 항로는 히텐호의 항로와 비슷했다. 발사 후 약 10일 동안은 지구의 중력이 지배적인 영향을 끼치면서 매우 긴 타원 궤도의 한쪽을 따라 날아갔다. 지구에서 100만 킬로미터 이상 떨어지면서부터는 태양의 중력의 영향이 커지면서 궤도가 변하기 시작했다. 지구에서 150만 킬로미터 이상 떨어진 곳까지 갔다가 돌아온 다누리호는 달의 공전궤도와 비슷한 궤도로 움직이면서 달에 탄도포획되었고, 역추진을 적게 하고도 목표한 달 궤도에 진입할 수 있었다.

다누리호나 히텐호처럼 지구에서 150만 킬로미터 떨어진 곳까지 갔다가 돌아오면서 태양의 중력을 이용해 궤도를 수정해 달에 탄도포획되는 방법을 '탄도형 달 전이Ballistic Lunar Transfer, BLT'라고 부른다. 탄도형 달 전이 방식으로 달에 가면, 100킬로미터 고도의 달 저궤도 진입하기 위해 역추진으로 감속해야 하는 속도를 20% 줄일 수 있고, 궤도선에 싣고 가는 추진체 연료도 20% 이상 절약할 수 있다.[7] 탄도형 달 전이의 단점은 달까지 가는 데 4~5개월이라는 긴 시간이 걸린다는 것이다. 하지만 비행시간에 구애받지 않는 무인 탐사선이나 화물을 실은 운송선을 달로 보내는 경우, 절약

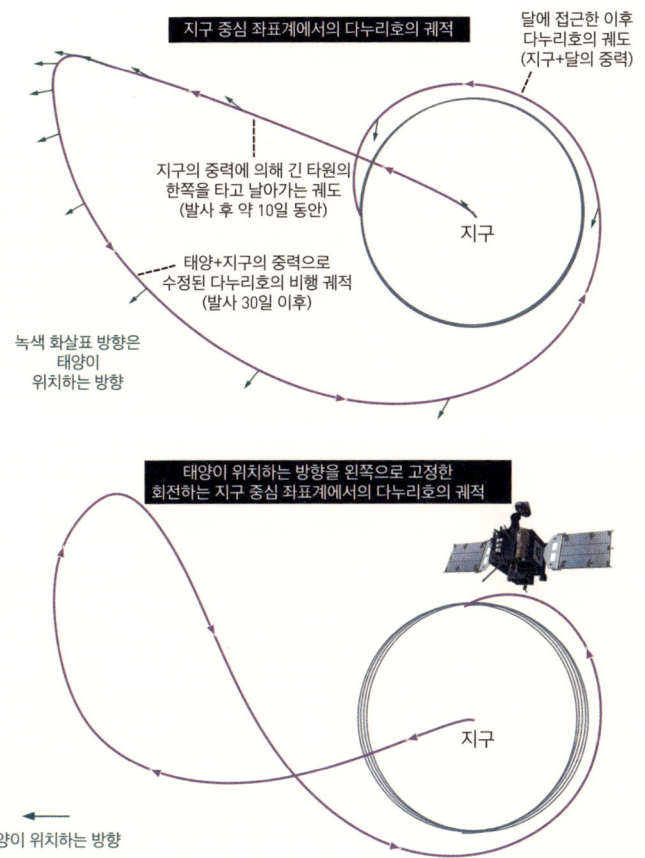

그림 12-6 다누리호의 탄도형 달 전이 궤적. 위: 지구 중심 좌표계에서의 다누리호의 궤적. 녹색 화살표는 10일 간격으로 태양이 위치하는 방향을 가리킨다. 지구가 태양 주위를 공전함에 따라 태양이 위치하는 방향이 변한다. 발사 후 긴 타원 궤도의 한쪽을 따라 날아가기 시작한 다누리호는, 지구에서 150만 킬로미터 떨어진 곳까지 갔다가 돌아오는 동안 태양의 중력의 영향으로 궤도가 수정되어 달이 지구 주위를 공전하는 궤도와 비슷하게 움직이며 달에 접근한다. 아래: 태양이 위치하는 방향을 왼쪽 방향으로 고정하는 회전하는 지구 중심 좌표계에서의 다누리호의 궤적. 회전좌표계의 영향으로 다누리호의 궤적이 변형된 모양이다.

하는 연료만큼 탐사선에 관측 장비를 더 싣거나 화물을 더 실을 수 있다. 두 번째 유인 달 탐사 계획인 아르테미스 계획에서는 중간 기착지로 달 주위를 도는 우주정거장인 '게이트웨이Gateway'를 설치하는 안도 포함하고 있다. 이곳에 가는 화물 운송선도 탄도형 달 전이 방식으로 날아가면 좀 더 많은 화물을 실어 나를 수 있다.

탄도포획을 이용해 이온 추진체만으로 달 궤도선이 된 사례

다른 천체의 궤도선이 되려면, 천체에 가까이 다가갔을 때 역추진으로 속도를 줄여서 천체 주위를 도는 궤도에 진입한다. 이온 추진체는 추력이 너무 약하기 때문에, 제시간 안에 충분히 감속하지 못할 수도 있어서 궤도 진입을 위한 역추진에는 거의 사용하지 않는다. 하지만 탄도포획을 이용하면 상황이 달라진다. 일시적이지만 탄도포획 상황이 되면 이온 추진체로 충분히 감속할 수 있는 시간을 확보할 수 있고, 감속해야 하는 속도도 줄면서 이온 추진체만으로도 목표한 궤도에 진입할 수 있다. 유럽우주국이 제작한 스마트-1Small Missions for Advanced Research in Technology-1, SMART-1은 지구 주위를 공전하는 궤도에 오른 후부터 달에 탄도포획될 때까지의 과정과 탄도포획된 후 달 주위를 도는 궤도에 진입하는 과정에서 이온 추진체만을 사용한 첫 사례이다.

2003년 9월 27일에 아리안-5G 발사체에 실려 발사된 스마트-1은 13개월 반 동안 이온 추진체로 추진해 궤도를 키워 지구-

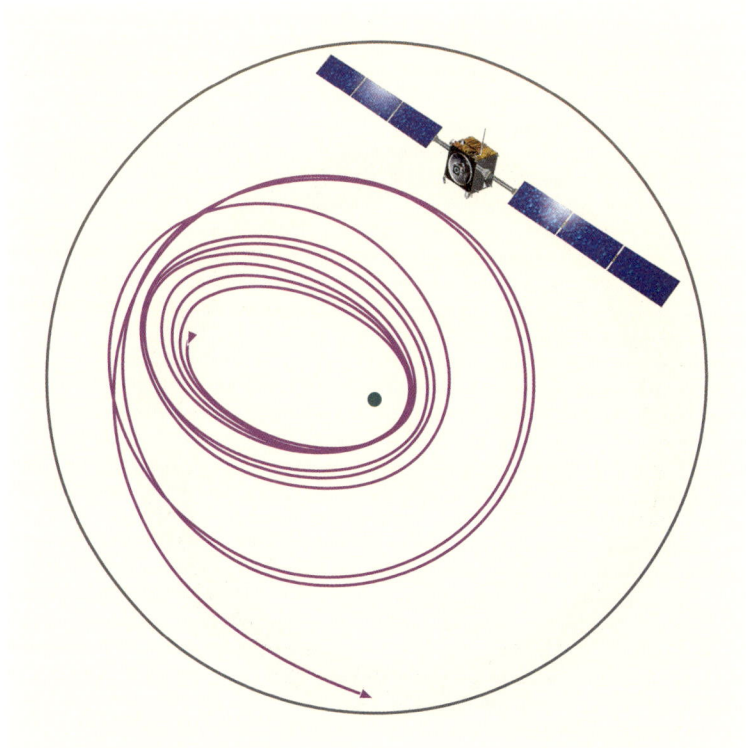

그림 12-7 달 궤도선 스마트-1이 지구-달 L_1까지 날아간 비행 궤적. 스마트-1은 달이 지구 주위를 도는 궤도를 키워 지구-달 L_1 점을 통과해 달에 탄도포획됐다. 달이 지구 주위를 도는 궤도 안쪽에서 궤도선의 궤도를 키운 내부 전이의 사례이다. 스마트호 궤적은 주11의 논문을 참조했다.

달 L_1 라그랑주 점을 통과했고 달에 탄도포획되었다. 탄도포획된 이후에도 이온 추진체로 꾸준히 감속해 달 표면으로부터의 고도를 서서히 줄였다. 스마트-1 전체 질량 366.5킬로그램 중에서 이

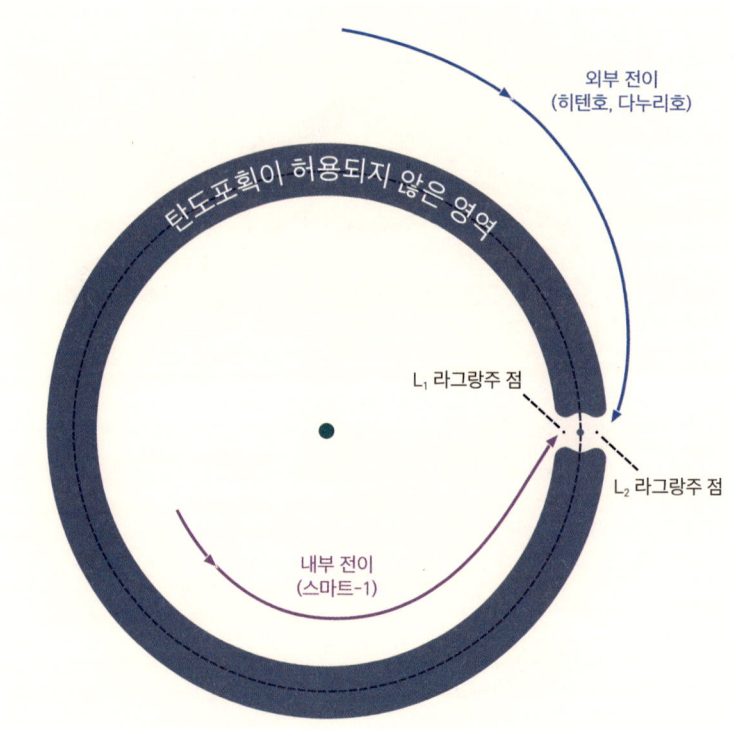

그림 12-8 지구와 달을 가로 방향으로 고정한 회전좌표계에서 탄도포획되는 경로. 위치, 그리고 다가가는 속도의 크기와 방향이 적절해야 탄도포획이 일어난다. 외부 전이는 히텐호와 다누리호의 탄도형 달 전이와 같이 달의 공전궤도 밖에서 다가오는 전이로, L_2 라그랑주 점 근처를 통과해 달에 접근해 탄도포획된다. 내부 전이는 스마트-1 궤도선과 같이 지구 주위를 도는 공전궤도를 키워 달의 공전궤도 내부에서 다가오는 전이로 L_1 라그랑주 점 근처를 통과해 달에 접근해 탄도포획된다.[12]

온 추진체의 연료인 제논의 질량은 82킬로그램였다. 이 질량의 연료로 스마트-1의 이온 추진체가 낼 수 있는 속도증분은 초속 4킬로미터였다.[8] 만약에 스마트-1이 하이드라진 연료의 액체연료 로켓만 사용했다면 비슷한 속도증분을 내기 위해서는 약 1,300킬로그램이 넘는 연료와 산화제를 싣고 가야 했다.[9]

스마트-1은 탄토포획을 이용해 달의 주위를 도는 궤도에 진입한다는 점은 히텐호와 다누리호와 같지만, 달에 접근하는 방법에는 차이가 있다. 히텐호와 다누리호는 달이 지구를 공전하는 궤도보다 훨씬 더 멀리 날아간 후, 달의 공전궤도 바깥쪽에서 달에 접근한 외부 전이exterior transfer였다. 반면, 스마트-1은 달이 지구를 공전하는 궤도 안쪽에서 궤도를 키워 달에 도달한 내부 전이interior transfer였다.[10]

혜성, 소행성,
왜행성 탐사

근접비행은 혜성, 궤도선은 소행성이 먼저였던 이유는?

혜성·소행성 물질을 지구로 보낸 탐사선들

소행성·왜행성 궤도선 돈호가 사용한 이온 추진체

THE BRIEF HISTORY OF SPACE EXPLORATION

행성과 소행성은 무엇이 다를까?

태양계의 중심에는 태양계 전체 질량의 99.9% 가까이를 차지하는 태양이 있고, 그 주위를 8개의 행성이 돌고 있다. 행성 주위를 돌고 있는 위성들도 있다. 그리고 행성처럼 태양 주위를 도는 작은 크기의 수많은 소행성들이 있다. 똑같이 태양 주위를 돌지만, 행성과 소행성은 크기에서 큰 차이가 난다. 가장 작은 행성인 수성의 지름은 4,880킬로미터로, 가장 큰 소행성인 베스타4 Vesta 소행성의 길이 573킬로미터보다 8.5배 크다. 모양에서도 확실한 차이가 난다. 행성은 둥근 공 모양인 반면, 소행성은 공 모양과는 거리가 멀다.

천체의 모양은 천체의 자체 중력이 얼마나 큰가에 달려 있다. 행성과 같이 천체의 질량이 충분히 크면, 천체 자체 중력이 커서 천체의 겉부분이 내부를 큰 압력으로 누른다. 이 압력은 천체 내부가 고체 상태여도 내부 물질을 움직이게 하거나 모양을 변하게 할 수

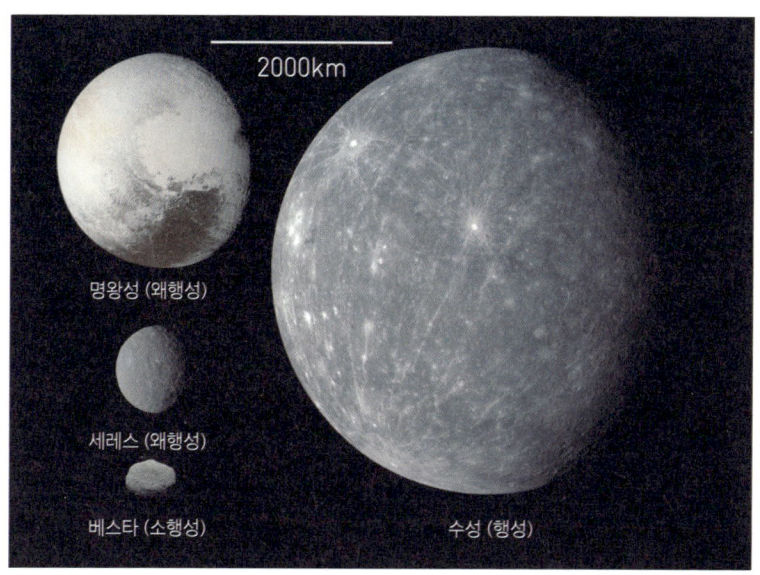

그림 13-1 가장 작은 태양계 행성인 수성(오른쪽), 왜행성인 명왕성(왼쪽 위)과 세레스(왼쪽 중간), 그리고 소행성대에서 세레스 다음으로 가장 큰 천체인 베스타 소행성(왼쪽 아래).

있을 만큼 크다. 천체가 공 모양에서 벗어나는 상황이 일어나면, 자체 중력이 만드는 큰 압력이 내부 물질을 움직이게 하거나 찌그러뜨려서 내부압력이 평형을 이루는 방향으로 변한다. 그 결과로 천체의 모양은 긴 시간 동안 천천히 공 모양으로 변한다. 목성과 토성처럼 액체와 기체 상태의 유동체로 구성되어 있으면 더 쉽게 공 모양으로 변한다.

소행성은 행성에 비해 크기와 질량이 훨씬 작다. 작은 질량으로 인해 자체 중력도 작고, 중력이 눌러서 만드는 내부압력도 작다. 내부 물질을 움직이게 하거나 변형하기에는 소행성의 내부압력이 너무 작기 때문에, 천문학적으로 긴 시간이 흘러도 소행성은 공 모양이 되기 어렵다. 관측할 수 있는 모든 소행성은 공 모양에서 벗어난 모양이다.

소행성대asteroid belt에서 가장 큰 천체인 세레스Ceres는 다른 행성보다 작지만 둥근 공 모양이다. 세레스의 질량이 공 모양이 될 수 있을 만큼 충분히 크기 때문이다. 모양이 쉽게 변하는 물이 세레스 내부 물질 부피의 50%를 차지하는 것도 둥근 공 모양이 되는 것에 기여했다. 세레스는 다른 행성의 위성이 아니고, 행성처럼 태양 주위를 공전한다. 하지만 둥근 공 모양의 세레스는 행성으로 분류하지 않았다. 이와 관련해 새로운 상황이 전개된 때는, 명왕성 크기만 한 천체인 에리스Eris가 발견된 2005년이다. 에리스도 명왕성처럼 행성에 포함되어야 한다는 의견이 나왔고, 소행성으로 분류됐던 세레스도 행성으로 격상될 수도 있는 기회였다.

하지만 2006년에 8월에 열린 국제천문연맹International Astronomical Union, ISU이 행성을 정의하면서, 왜행성dwarf planet이라는 천체 분류를 새로 도입했다. 모양이 공 모양일 만큼 큰 천체이고 다른 천체의 위성이 아니면서 태양 주위를 공전하지만, 주위에 비슷한 공전궤도를 도는 다른 천체들이 있는 천체를 왜행성으로 분류하기 시작했다. 이때 명왕성은 행성의 지위를 잃고 왜행성으로 강등됐다. 세레스가 위치하는 소행성대에도 비슷한 공전궤도를 도는 소행성들이 많기 때문에, 세레스는 왜행성으로 분류됐다.

긴 꼬리를 지닌 혜성과 혜성 탐사선

혜성으로 분류하는 천체는 독특한 특징이 있다. 혜성이 태양에 가까워지면 혜성의 본체인 핵nucleus에서 나온 가스와 먼지가 태양풍과 반응하고 태양 빛을 반사해서 핵보다 훨씬 큰 긴 꼬리를 만든다. 지구 공전궤도를 지나가는 혜성은 꼬리의 길이가 수십만 킬로미터에 이르러서, 지구에 가까이 지나가는 혜성의 꼬리는 맨눈으로도 관측할 수 있다. 중국에는 기원전에 혜성을 관측한 기록이 남아 있다.[1] 혜성은 관측이 쉬운 만큼 혜성의 궤도를 파악하는 것도 소행성에 비해 더 쉽다. 궤도를 파악한 혜성이 지구의 공전궤도에 가까이 오는 시기에 맞춰 혜성이 지나가는 길목에 탐사선을 보내면, 비교적 쉽게 혜성을 가까이에서 탐사할 수 있다. 이러한 이유로, 우주탐사에서는 소행성 탐사보다 혜성 탐사가 먼저 시작됐다.

최초의 혜성 탐사선은 미국의 ICE호International Cometary Explorer(국제 혜성 탐사선)이다. ICE호는 원래 ISEE-3호International Sun-Earth Explorer-3(국제 태양-지구 탐사선 3호)라는 이름으로 1978년 8월 12일에 발사된 우주선으로, 태양-지구 L_1 라그랑주 점 주위의 헤일로 궤도를 돌면서 태양과 관련된 측정을 수행하고 있었다. 기존 임무를 끝낸 ISEE-3호는 1982년에 혜성 탐사 임무를 새로 부여받으면서 탐사선 이름이 ICE호로 변경되었다. ICE호는 태양-지구 L_1

그림 13-2 위: 중국 한나라 시대 마왕퇴 3호 무덤에서 발견된 기원전 2세기에 혜성을 그린 그림. 아래: 페루의 천문대에서 1910년에 촬영한 핼리 혜성의 모습.

헤일로 궤도를 떠나, 지구를 거쳐 자코비니-지너21P/Giacobini-Zinner 혜성이 지나갈 길목을 향해 날아갔다. 1985년 9월 11일에 ICE호는 자코비니-지너 혜성을 만나 꼬리를 통과하면서 혜성의 핵에서 7,862킬로미터 떨어진 곳까지 접근했다.[2]

혜성 중에서는 가장 잘 알려진 혜성은 핼리 혜성Halley's comet, 1P/

Halley이다. 기원전부터 전 세계에서 관측되다가 18세기 초에 에드먼드 핼리Edmond Halley에 의해 같은 혜성이 주기적으로 나타나 관측된 것으로 밝혀졌던 혜성이다. 태양계 북쪽에서 보면 태양계의 천체 대부분은 시계 반대 방향으로 공전하지만, 핼리 혜성은 반대로 태양 주위를 시계 방향으로 공전하는 독특한 천체이다. 인류가 탐사선으로 우주탐사를 시작한 이후 핼리 혜성이 처음으로 지구와 가까워진 때는 1986년 3월이다. 혜성 탐사도 이때 봇물이 터졌다.[3]

여러 탐사선 중에서 비교적 핼리 혜성에 가깝게 다가간 탐사선으로는 소련의 베가 1호Bera-1와 2호, ESA의 지오토호Giotto가 있다. 1984년 12월 15일과 21일에 발사된 베가 1호와 2호는 먼저 금성을 근접 비행하면서 착륙선을 투하하고 핼리 혜성이 지나갈 길목을 향해 날아갔다. 1986년 3월 6일에 베가 1호는 핼리 혜성에서 8,900킬로미터 떨어진 곳까지 접근했고, 3일 후에는 베가 2호가 핼리 혜성에서 8,700킬로미터 떨어진 곳까지 접근했다. 1985년 7월 2일에 발사된 혜성 탐사선 지오토호는 1986년 3월 14일에 핼리 혜성에서 596킬로미터 떨어진 곳까지 접근했다. 지오토호는 핼리 혜성 탐사를 마치고 두 번째 목적지인 그릭-스키엘럽 혜성26P/Grigg-Skjellerup으로 날아가 1992년 7월 10일에 혜성의 핵에 200킬로미터까지 접근했다. 일본의 스이세이호すいせい도 1986년 3월 8일에 핼리 혜성에서 15만 1,000킬로미터거리까지 접근했다.

혜성 근처에서 물질을 채집해 지구로 보낸 혜성 탐사선도 있다. 1999년 2월 7일에 발사된 스타더스트호Stardust는 2002년 11월

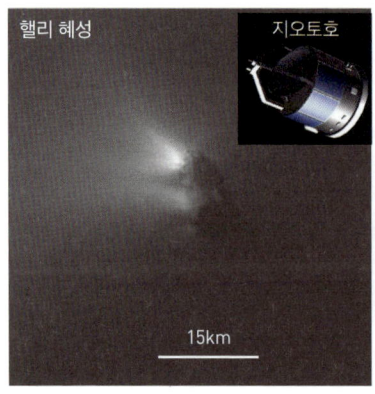 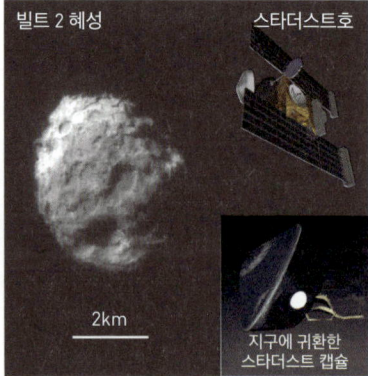

그림 13-3 지오토호가 1987년에 찍은 핼리 혜성(왼쪽)과 스타더스트호가 2004년에 찍은 빌트 2 혜성(오른쪽). 스타더스트호는 빌트 2 혜성 핵 주변의 코마에서 혜성 먼지와 우주 먼지를 채집해 지구로 보냈다. 오른쪽 그림 속 스타더스트호의 테니스 라켓처럼 생긴 장비가 혜성 먼지와 우주 먼지를 채집한 채집기이다.

2일 안네프랑크$_{5535\ Annefrank}$ 소행성에 3,097킬로미터까지 근접 비행했고, 14개월 후인 2004년 1월 2일에 빌트 2$_{81P/Wild}$ 혜성의 핵에서 237킬로미터 떨어진 곳까지 접근했다. 스타더스트호는 빌트 2 혜성의 핵 주변을 덮고 있는 코마$_{Coma}$에서 혜성 먼지와 우주 먼지를 채집했다. 이때 에어로젤$_{aerogel}$을 부착한 테니스 라켓처럼 생긴 채집기를 사용했다. 2005년 1월 15일에 지구를 근접 비행하던 스타더스트호는 채집한 물질을 담은 캡슐을 분리했고, 캡슐은 대기권에 진입해 무사히 지구로 귀환했다.[4] 이후 스타더스트호는 새로운 목적지인 템펠 1$_{9P/Tempel}$ 혜성으로 날아가, 2011년 2월 15일에 혜성에서 180킬로미터 떨어진 곳까지 다가갔다.

탐사선이 혜성에 가까이 다가가서 찍은 사진을 보면, 혜성의 핵은 둥근 공 모양에서 많이 벗어난 모양이다. 혜성의 핵이 공 모양이 아닌 이유도 소행성과 마찬가지로 질량이 작은 혜성의 작은 자체 중력 때문이다.

혜성 충돌 시험을 한 딥임팩트호와 혜성 주위를 공전한 로제타호

2005년 1월 12일에 발사된 혜성 탐사선 딥임팩트호Deep Impact는 혜성 충돌 시험을 수행했다. 근접비행선flyby vehicle과 충돌선impactor으로 구성된 딥임팩트호는 혜성에 접근하면서 372킬로그램의 충돌선을 분리했고, 같은 해 7월 4일에 충돌선은 템펠 1 혜성의 핵에 초속 10.3킬로미터의 속도로 충돌했다.[5] 운동에너지로 계산한 충돌 에너지는 19.7기가줄GJ(1기가줄은 10억 줄)로 TNT 4.7톤이 폭발할 때의 에너지와 맞먹는다. 충돌 후 혜성의 핵 표면에는 지름 150미터의 충돌구가 만들어졌다. 충돌선은 충돌 2초 전까지 혜성의 사진을 찍었고, 데이터는 바로 근접비행선에 전송됐다. 충돌 관측 결과로부터 템펠 1 혜성은 태양계 먼 외곽의 오르트 구름Oort cloud에서 왔을 가능성이 크다는 결론이 나왔다. 이후 딥임팩트호 근접비행선은 지구를 근처를 지나가면서 궤도를 수정했고, 2010년 11월 4일에는 하틀리 2103P/Hartley 혜성에 694킬로미터까지 접근했다.

혜성 주위를 공전한 첫 혜성 궤도선은 ESA의 로제타호Rosetta로,

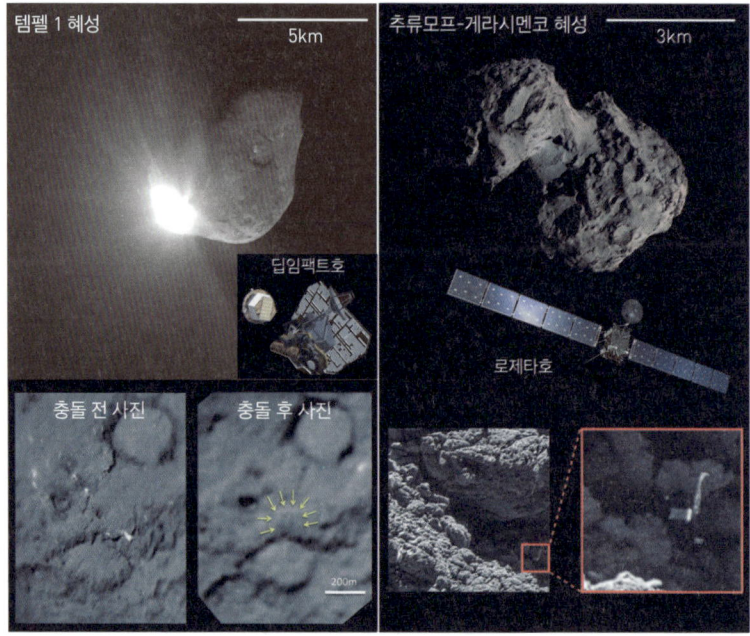

그림 13-4 딥임팩트호의 충돌선과 충돌한 템펠 1 혜성의 충돌 67초 후 사진(왼쪽)과 혜성 주위를 도는 궤도선인 로제타호가 찍은 추류모프-게라시멘코 혜성의 모습(오른쪽). 왼쪽 아래 사진은 충돌 전후를 찍은 사진으로, 충돌 전 사진은 딥임팩트호가 찍었고 충돌 후 사진은 스타더스트호가 찍었다. 오른쪽 아래 사진은 로제타호에서 분리되어 햇빛이 닿지 않는 그늘에 착륙한 필레 착륙선의 모습이다. 필레 착륙선은 전기를 생산하지 못하면서 제 기능을 발휘하지 못했다.

2004년 3월 2일에 ESA의 아리안 발사체에 실려 발사됐다. 원일점이 목성 궤도 근처이고 근일점이 지구와 화성 궤도 사이에 있는 추류모프-게라시멘코 혜성67P/Churyumov-Gerasimenko 주위를 도는 궤도선이 목표였던 로제타호는 혜성을 따라잡을 수 있는 충분한 속도

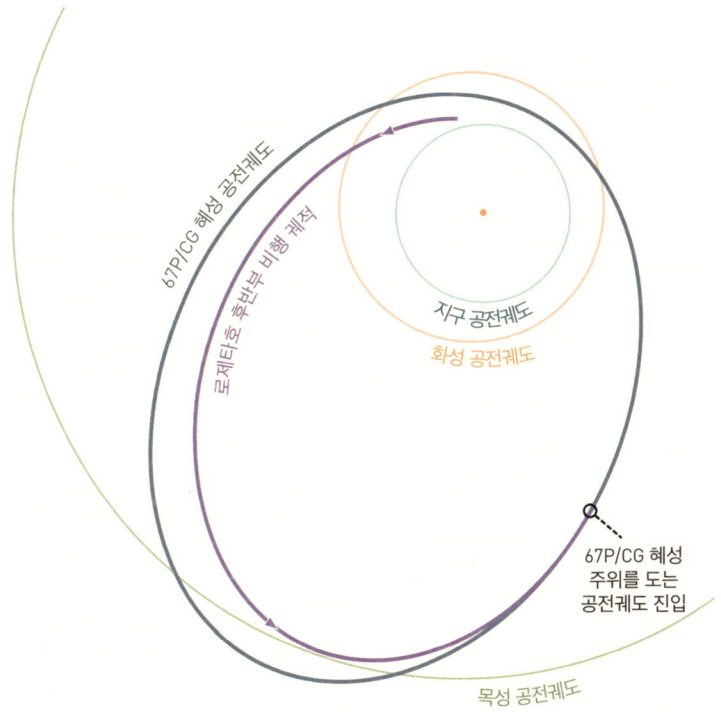

그림 13-5 추류모프-게라시멘코 혜성의 공전궤도와 로제타호의 후반부 비행 궤적. 67P/CG는 추류모프-게라시멘코 혜성을 의미한다. 태양에 가까울 때는 화성 공전궤도 안쪽에, 태양에서 멀 때는 목성 공전궤도 바깥쪽에 걸치는 큰 타원 궤도를 도는 추류모프-게라시멘코 혜성을 따라잡으려면 탐사선은 목성에 다가갈 수 있을 만큼 빠른 속도가 필요하다.

가 필요했다. 로제타호는 지구-화성-지구-지구 순서로 중력도움 항법을 시행해 속도를 높였다. 발사 후 10년 5개월이 지난 2014년 8월에 목성 공전궤도를 지나 화성 공전궤도를 향해 가던 추류모프-게라시멘코 혜성에 접근했고, 9월 10일에는 이 혜성 주위를 도는 궤도에 진입했다.

관측 임무를 수행하던 로제타호는 싣고 간 필레Philae 착륙선을 분리했고, 착륙선은 2015년 8월 13일에 혜성의 핵 표면에 착륙했다.[6] 하지만 착륙할 때 속도를 줄이는 역추진 엔진이 제대로 작동하지 않으면서, 착륙선은 착륙과 동시에 튕겨져 나가 예정 착륙지에서 벗어난 곳에 착륙했다. 햇빛이 닿지 않는 그늘에 착륙한 착륙선은 태양광 패널을 이용한 발전을 제대로 하지 못해 배터리가 소진되었고, 이후 모선인 로제타호와의 통신이 끊겼다.[7]

혜성 탐사는 비교적 이른 1985년에 시작됐지만, 혜성 궤도선은 거의 30년 후인 2014년이 되어서야 로제타호에 의해 실현됐다. 근접비행으로 혜성을 탐사하는 경우에는, 혜성이 지구 공전궤도 근처를 지나가는 때에 맞춰 탐사선을 보내서 혜성이 지나갈 때 탐사하면 된다. 혜성을 따라갈 필요도 없다. 하지만 혜성 궤도선이 되려면, 혜성을 따라잡아 혜성 가까이에서 혜성과 비슷한 속도로 날아가야 한다. 그래야 혜성 주위를 도는 궤도에 쉽게 진입할 수 있기 때문이다. 혜성과 비슷한 속도로 날아가려면, 혜성이 태양을 공전하는 궤도와 비슷하게 날아가야 한다. 목성 공전궤도 근처에서 날아오는 혜성이라면 목성까지 갈 수 있는 탐사선이어야 혜성을 따라잡아 궤도선이 될 수 있다. 그만큼 혜성 궤도선은 상대적으로 더 높은 수준의 기술이 필요하고 더 많은 비용이 소요된다.

감자처럼 생긴 소행성을 탐사한 탐사선들

혜성과는 달리 긴 꼬리가 없는 소행성은 상대적으로 관측이 어렵다. 처음으로 소행성을 관측한 때도 망원경이 발명된 지 한참 지난 19세기 초이다. 에드먼드 핼리가 핼리 혜성의 주기를 계산한 때로부터 100년 후이다. 그만큼 소행성의 궤도를 파악하는 것도 늦었다. 탐사 우선순위에서도 소행성 탐사는 다른 천체 탐사에 비해 상대적으로 후순위였다.

최초로 소행성을 탐사한 우주선은 갈릴레오호이다. 목성 주위를 도는 궤도선이 되어 목성과 그 위성들을 탐사하는 것이 주 임무였던 갈릴레오호는 1989년 10월 18일에 발사되었고, 중력도움 항법으로 속도를 높여 목성으로 향해 가는 도중에 소행성대에 있는 2개의 소행성에 가까이 접근했다. 1991년 10월 29일에 가스프라951 Gaspra 소행성에서 1,600킬로미터 떨어진 곳까지 접근했고, 1993년 8월 28일에는 이다243 Ida 소행성에서 2,400킬로미터 떨어진 곳까지 접근했다. 갈릴레오호가 촬영한 사진을 분석하면서 이다 소행성 주위를 공전하는 작은 소행성 다크틸243 Ida I Dactyl을 발견했는데, 이는 소행성 주위를 공전하는 위성을 최초로 관측한 것이었다.[8]

여러 소행성 탐사선 중에서 처음으로 소행성 주위를 도는 공전궤도에 진입하고 착륙까지 성공한 탐사선은 1996년 2월 17일에 발사한 니어 슈메이커호Near Earth Asteroid Rendezvous Shoemaker, NEAR Shoemaker이다. 지구에 가까운 천체를 의미하는 근지구천체Near

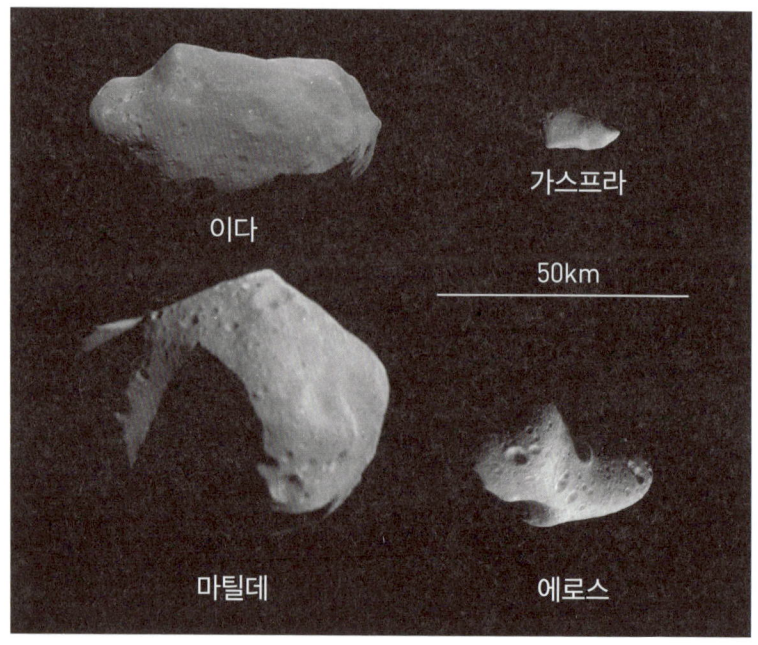

그림 13-6　갈릴레오호와 니어 슈메이커호가 촬영한 소행성들의 사진.

Earth Objects, NEO 탐사가 목적이었다. 니어 슈메이커호는 태양에서 3억 2,500만 킬로미터 떨어진 곳까지 멀어졌다가 돌아오던 때였던 1997년 6월 27일에 마틸데253 Mathilde 소행성에서 1,200킬로미터 떨어진 곳까지 접근했다. 1998년 1월 23일에 지구로 되돌아온 니어 슈메이커호는 지구를 이용한 중력도움으로 탐사선의 원일점을 3억 2,500만 킬로미터에서 2억 6,500만 킬로미터로 줄여서 에로스433 Eros 소행성의 공전궤도와 비슷하게 만들었다. 에로스 소행성에 가까이 다가간 니어 슈메이커호는 2000년 2월 14일 에로스 소행성 주위를 도는 공전궤도 진입에 성공했다. 2001년 2월 12일에는 에로스 소행성 표면에 착륙했다.[9]

　소행성 탐사가 혜성 탐사에 비해 늦게 시작됐지만, 첫 소행성 궤도선인 니어 슈메이커호가 소행성 주위를 도는 궤도에 진입한 때는, 첫 혜성 궤도선인 로제타호가 혜성 주위를 도는 궤도에 진입한 때보다 14년 더 빨랐다. 발사 날짜를 기준으로 따져도 니어 슈메이커호가 로제타호보다 8년 빨랐다. 궤도선이 되려면 목표한 천체의 공전궤도와 비슷한 궤도를 날아가야 한다. 그래야 목표 천체에 천천히 접근할 수 있어서 역추진을 많이 하지 않고도 천체 주위를 도는 공전궤도에 진입할 수 있다. 공전궤도가 목성 공전궤도까지 걸쳐 있는 혜성과 비슷하게 날아가려면, 목성까지 갈 수 있는 속도를 내는 탐사선이어야 한다. 반면에, 근지구천체의 공전궤도는 지구의 공전궤도에 더 가깝기 때문에, 화성이나 화성보다 약간 더 멀리 갈 수 있는 탐사선 정도면 근지구천체의 공전궤도와 비슷하게 날아갈 수 있다. 목성까지 갈 수 있는 속도가 필요한 혜성 궤도선보다, 화성보다 약간 더 멀리 갈 수 있는 속도면 충분한 근지구천체 궤도선이 상대적으로 더 쉽다.

소행성 물질을 채집해 지구로 보낸 탐사선

소행성에 착륙해 소행성 물질을 채집해 지구로 보낸 소행성 탐사선도 있다. 2003년 5월 9일에 발사된 일본의 하야부사호はやぶさ

는 근지구천체인 이토카와25143 Itokawa 소행성으로 갔고, 2005년 11월에 여러 차례 착륙 시도를 하면서 소행성의 표면 물질을 채집했다. 이후 소행성을 떠난 하야부사호는 2010년 6월 13일에 소행성 물질을 담은 캡슐을 분리했고, 캡슐은 대기권에 진입해 지구로 귀환했다. 회수한 캡슐에서 0.01~0.1밀리미터 크기의 알갱이 수천 개를 찾았지만, 그중에서 이토카와 소행성에서 채집한 물질은 1,000분의 1그램이 안 되는 것으로 알려졌다.[10] 하야부사호는 이온 추진체를 사용한 일본의 첫 탐사선이다. 하야부사 2호는 2014년 12월 4일에 발사되어 2018년 6월에 류구162173 Ryugu 소행성에 도달했고, 표면에서 소행성 물질을 채집했다. 소행성 물질을 담은 캡슐은 2020년 12월 5일에 지구에 귀환했다. 하야부사 2호가 지구로 보낸 소행성 물질은 5그램 정도이다.[11] 하야부사 2호도 이온 추진체를 사용해 소행성에 접근했다.

가장 최근에 소행성 물질을 채집해 지구로 보낸 소행성 탐사선은 오시리스-렉스호OSIRIS-REx이다. 영어 이름 OSIRIS-REx는 'Origins, Spectral Interpretation, Resource Identification, Security-Regolith Explorer'의 줄임말로, '기원, 스펙트럼 해석, 자원 식별, 안전-표토 탐사선'을 의미한다. 2016년 9월 8일에 발사된 오시리스-렉스호는 2018년 12월에 베누101955 Bennu 소행성에 접근했고, 2020년 10월 20일에는 베누 소행성의 표면 물질을 채집했다. 2023년 9월 24일에 베누호가 지구로 보낸 캡슐에서 총 121.6그램의 소행성 물질을 얻었다.[12] 이후 오시리스-렉스호는 아

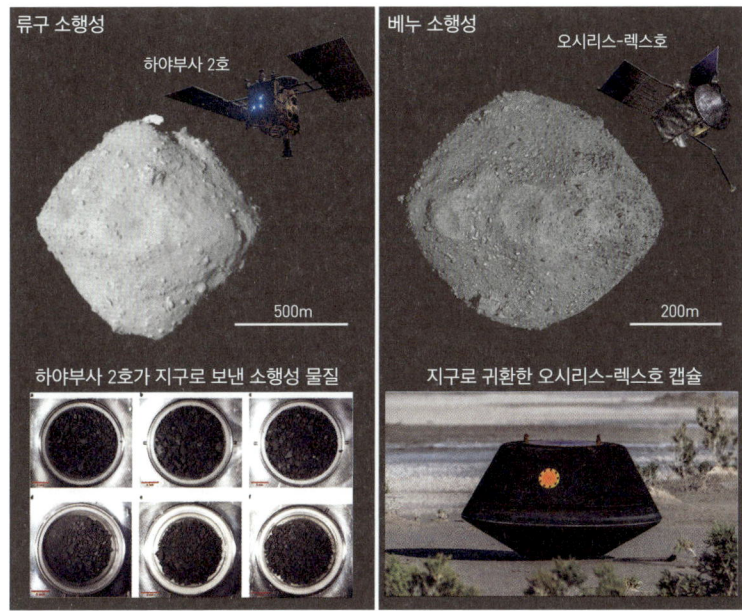

그림 13-7 소행성의 표면 물질을 채집한 소행성 탐사선. 왼쪽: 일본의 하야부사 2호는 류구 소행성에서 약 5그램의 표면 물질을 채집해 지구로 보냈다. 오른쪽: 오시리스-렉스호는 베누 소행성에서 121.6그램의 표면 물질을 채집해 지구로 보냈다.

포피스99942 Apophis 소행성을 탐사하는 새로운 임무를 부여받았고, 이름은 오시리스-아펙스호OSIRIS Apophis Explorer, OSIRIS-APEX로 변경됐다. 아포피스 소행성은 2029년 4월 8일에 지구에서 3만 2,000킬로미터 떨어진 곳까지 접근하는 370미터 길이의 근지구천체이다. 오시리스-아펙스호는 아포피스 소행성 주위를 돌면서 아포피스 소행성의 표면 물질도 채집할 예정이다.

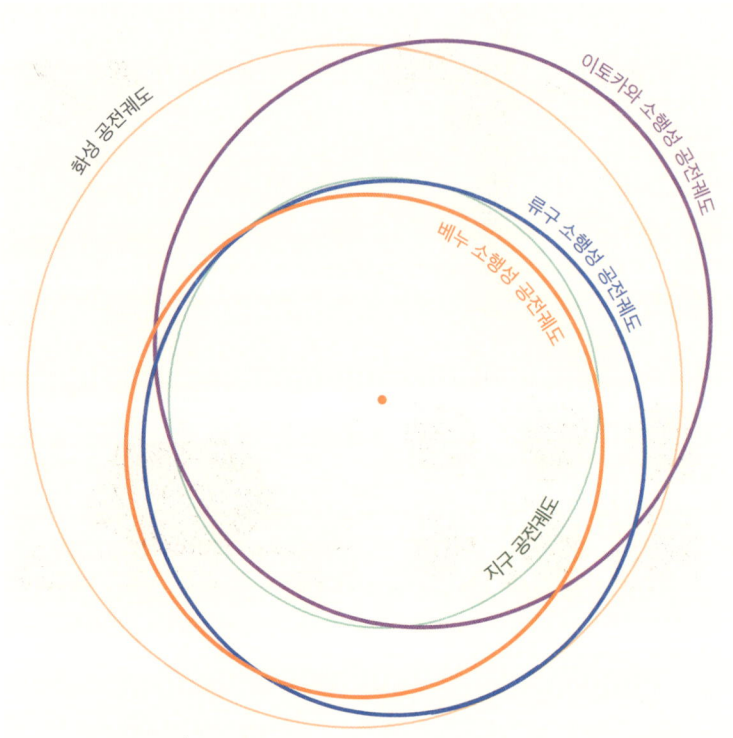

그림 13-8 탐사선이 소행성 표면물질의 채집했던 이토카와, 류구, 베누 소행성의 공전궤도. 모두 근지구천체 소행성이다. 하야부사 1호가 방문한 이토카와 소행성의 근일점과 원일점은 0.9532AU와 1.6951AU, 하야부사 2호가 방문한 류구 소행성의 근일점과 원일점은 0.9633AU와 1.4159AU, 오시리스-렉스호가 방문한 베누 소행성의 근일점과 원일점은 0.8969AU와 1.3559AU이다.

하야부사 1, 2호나 오시리스-렉스호가 소행성의 표면 물질을 채집해 지구로 가져오는 임무가 가능했던 것은 지구 공전궤도와 비슷한 공전궤도를 도는 근지구천체를 탐사했기 때문이다. 이들이 탐사한 소행성은 화성에 갈 수 있는 속도를 낼 수 있는 탐사선이면 가능하다. 착륙하는 것도 소행성의 작은 중력 덕분이다. 같은 이유로 소행성의 표면을 떠나 지구를 향해 가는 것도 어렵지 않다. 하야부사 1, 2호가 추력은 매우 약하지만 큰 속도증분을 낼 수 있는 이온 추진체를 쓸 수 있었던 것도 소행성의 작은 중력 덕분이다.

문제는 소행성 물질을 담은 캡슐이 지구 대기권을 뚫고 들어오는 것이다. 지구 저궤도의 인공위성이 고도가 낮아져서 지구 대기권에 진입하는 속도는 제1우주속도인 초속 7.9킬로미터 정도인 반면, 근지구천체에서 오는 캡슐은 제2우주속도인 초속 11.2킬로미터보다 더 빠른 속도로 지구 대기에 진입한다. 아폴로 유인 달탐사의 귀환선이 지구 대기권에 진입하는 속도인 초속 11.1킬로미터보다 더 빠르다. 운동에너지는 속도의 제곱에 비례하기 때문에, 캡슐이 대기권에 진입할 때의 운동에너지는, 같은 질량의 지구 저궤도 인공위성의 고도가 낮아져서 대기권에 진입할 때의 운동에너지보다 2배 이상 더 크다. 귀환하는 캡슐이 지상에 착륙하려면 더 큰 운동에너지를 줄여야 하기 때문에, 줄어든 운동에너지가 변하는 열에너지도 더 크고 캡슐은 더 높은 온도로 올라간다. 더 높은 온도를 견뎌야 하는 만큼 소행성 물질을 담은 캡슐이 지구로 귀환하는 과정은 더 혹독하다.

소행성 충돌 실험 DART

DART_{Double Asteroid Redirection Test}(다트: 이중 소행성 방향전환 실험)라고 부르는 탐사선은 같은 이름의 임무를 통해 우주선을 소행성에 충돌시키는 실험을 수행했다. 충돌한 소행성은 디모르포스_{Dimorphos} 소행성으로, 근지구천체로 분류되는 디디모스_{Didymos} 소행성 주위를 도는 작은 위성 소행성이다. DART는 디모르포스 소행성에 우주선을 충돌시켜서 디디모스 소행성 주위를 도는 공전궤도가 어떻게 변하는지를 측정한 실험이다.

DART 탐사선은 2021년 11월 24일에 발사됐다. DART의 궤도는 지구의 공전궤도와 거의 비슷하게 날아가면서 지구에서 멀리 떨어지지 않은 곳을 날아가고 있었다. DART가 발사됐을 때 디디모스와 디모르포스 소행성은 화성 공전궤도 너머의 원일점에서 지구에 가까워지는 방향으로 날아오고 있었다. 2022년 9월 11일에는 충돌을 관측할 소형 큐브 위성인 리시아큐브_{LICIACube}(LICIA는 Light Italian CubeSat for Imaging of Asteroids의 줄임말)를 분리했다. 탑재된 이온 추진체로 비행 궤적을 정확하게 조절한 DART 탐사선은 2022년 9월 26일에 디모르포스 소행성과 충돌했다.

DART 우주선이 디모르포스 소행성에 충돌한 속도는 초속 6.58킬로미터였다.[13] 충돌한 우주선의 질량인 560킬로그램으로 계산한 운동에너지는 12기가줄로, 약 3톤의 TNT가 폭발했을 때의 폭발 에너지와 비슷하다. 충돌의 결과로 소행성 물질이 뿜어져 나왔고, 1만 킬로미터에 이르는 긴 먼지 꼬리를 만들었다. NASA

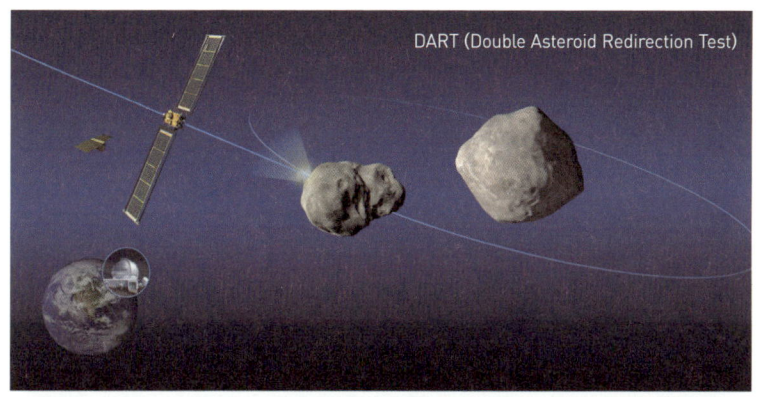

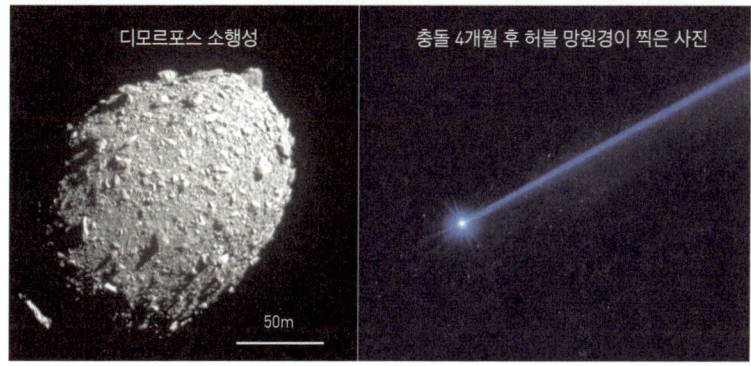

그림 13-9 우주선을 소행성에 충돌시킨 DART 소행성 임무. 위: 충돌 실험이 어떻게 수행됐는지를 보여주는 대략적인 그림. 왼쪽 아래: DART 우주선이 충돌한 디모르포스 소행성. 오른쪽 아래: 충돌 4개월 후에 허블 망원경이 찍은 사진. 충돌 후 내뿜은 먼지가 만든 긴 꼬리가 보인다.

는 디모르포스 소행성이 디디모스 소행성 주위를 도는 공전주기가 충돌 전에는 11시간 55분이었던 것이 11시간 23분이 되어 32분이 줄어들었다는 결과를 발표했다. 충돌 후 우주선이 소행성에 박히기만 했다고 가정하고 계산한 공전주기의 변화보다 더 큰 변화였다. 이 결과로 충돌 후 내뿜은 소행성 물질이 로켓처럼 소행성을 추진하는 효과가 컸음이 밝혀졌다.[14]

왜행성을 탐사한 돈호와 뉴호라이즌스호

왜행성을 탐사한 탐사선으로는 돈호Dawn와 뉴호라이즌스호가 있다. 2007년 9월 27일에 발사된 돈호는 화성을 근접 비행하는 중력도움 항법으로 속도를 높여 소행성대를 향해 날아갔다. 2011년 7월 16일 소행성대에서 두 번째로 큰 천체인 베스타 소행성 주위를 도는 궤도에 진입했다. 베스타 소행성에서 궤도선 임무를 수행한 돈호는 2012년 9월 5일에 베스타 소행성을 떠나 소행성대에서 가장 큰 천체이면서 왜행성인 세레스로 향했다. 2015년 3월 6일에는 세레스 주위를 도는 궤도에 진입하면서 최초의 왜행성 궤도선 임무를 수행했다.[15]

돈호가 2개의 다른 천체인 베스타 소행성과 왜행성인 세레스의 궤도선이 될 수 있었던 것은 이온 추진체의 역할이 컸다. 돈호는 목표한 천체에 가기 위한 궤도 수정, 근접비행에서 공전궤도에 진입하기 위한 역추진, 공전궤도에서 벗어나기 위한 추진 과정에서 이온 추진체를 사용했다. 돈호가 이온 추진체로 가속하거나 감속한 속도증분(Δv)은 초속 11.5킬로미터이다. 이를 위해 돈호는 이온 추진체의 추진제propellant로 제논 425킬로그램을 싣고 갔다. 발

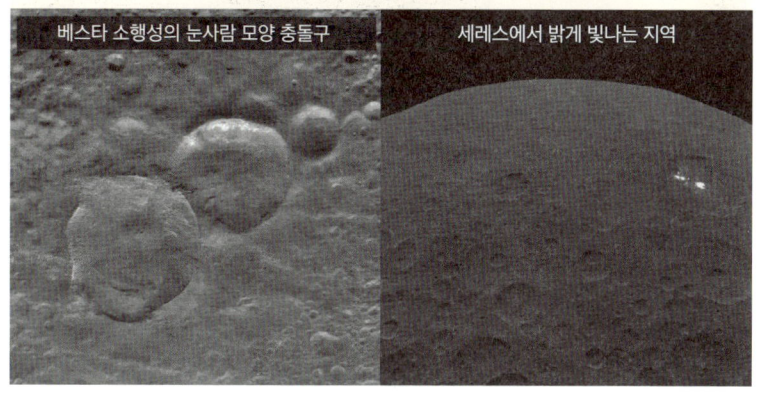

그림 13-10 위: 소행성대에서 가장 큰 천체인 세레스 왜행성과 베스타 소행성을 탐사한 돈호. 아래: 돈호가 베스타 소행성(왼쪽 아래)과 세레스 왜행성(오른쪽 아래) 주위를 돌면서 찍은 표면 사진.

사 당시 돈호의 질량이 1,217.7킬로그램이었으므로 탐사선의 초기 질량에서 차지하는 추진제의 질량은 35% 수준이다. 돈호의 이온 추진체가 제논 이온을 내뿜는 속도는 초속 18.6~31.4킬로미터이다.[16]

만약에 돈호가 초속 3킬로미터의 속도로 연소한 연료를 내뿜는 액체연료 로켓을 사용해 초속 11.5킬로미터의 속도증분을 내려 했다면, 싣고 가야 할 연료와 산화제의 질량은 36톤에 이른다. 탐사선 본체의 질량을 합쳐 총 37톤에 이르는 탐사선을 지구 중력 탈

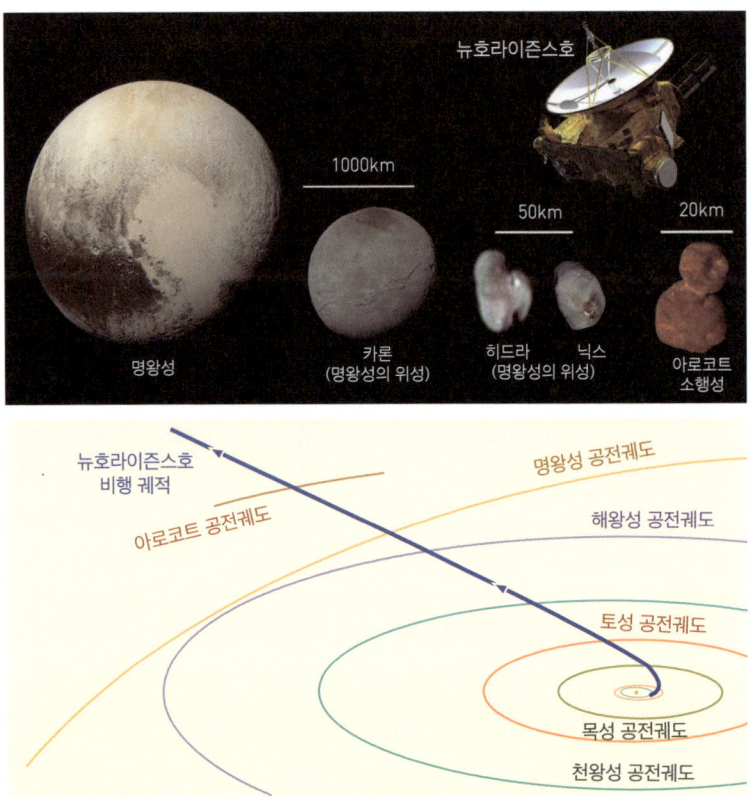

그림 13-11 명왕성 탐사선 뉴호라이즌스호가 촬영한 천체와 비행 궤적.

출속도에 이르게 할 수 있는 로켓은 아폴로 계획의 새턴 5 로켓 정도이다. 이온 추진체를 장착함으로써 탐사선의 질량을 줄이는 효과가 얼마나 컸는지를 가늠해 볼 수 있는 부분이다. 돈호는 궤도 진입을 돕고 고도 조절을 하기 위해 하이드라진 연료를 사용하는 액체연료 로켓도 장착했지만, 이를 위해 탑재한 연료와 산화제 질량은 45.6킬로그램에 불과하다.

두 번째 왜행성 탐사선은 명왕성을 탐사한 뉴호라이즌스호이다. 질량이 478킬로그램인 비교적 소형의 탐사선인 뉴호라이즌스호는 고체연료 로켓인 스타 48B 로켓에 얹혀져서 애틀러스 5 발사체로 2006년 1월 19일에 발사되었다. 돈호보다 1년 8개월 이른 발사였다. 뉴호라이즌스호가 얹혀진 스타 48B 로켓이 추진을 마쳤을 때 뉴호라이즌스호의 속도는 이미 태양의 중력을 벗어날 수 있는 속도였다. 지구의 중력 영향권을 벗어나면서 가장 빠른 속도를 낸 탐사선이다.[17]

발사된 지 1년 1개월 9일 후인 2007년 2월 28일에 목성에 가장 가까이 다가간 뉴호라이즌스호는 목성을 이용한 중력도움 항법으로 속도를 더 높이고 비행 방향을 수정해 명왕성을 향해 날아갔다. 뉴호라이즌스호가 중력도움 항법을 이용해 추가로 높인 속도는 초속 3.6킬로미터이다. 발사후 9년 6개월 만인 2015년 7월 14일에 명왕성을 근접 비행하면서 명왕성과 명왕성의 위성인 카론Charon의 선명한 사진을 지구로 전송했다. 명왕성의 다른 작은 위성들의 사진도 촬영했다. 명왕성 근접비행 이후 뉴호라이즌스호는 궤도를 수정해 2019년 1월 1일에 다른 크기의 찹쌀떡 2개를 눈사람처럼 붙인 모양의 카이퍼대Kuiper belt의 아로코트 소행성Arrokoth(별칭: 울티마-툴레Ultima Thule)에 3,500킬로미터까지 접근했다. 뉴호라이즌스호는 파이어니어 10, 11호와 보이저 1, 2호에 이어 태양계를 벗어나는 속도로 날아가는 다섯 번째 탐사선이다.[18]

스타십을 이용한 유인 달 탐사와 화성 탐사

- 스타십을 이용한 유인 달 탐사는 어떻게 할까?
- 달에 가기 위해 우주에서 스타십에 연료를 충전하는 횟수
- 스타십으로 화성에 갔다가 지구로 돌아오려면?

THE BRIEF HISTORY OF SPACE EXPLORATION

완전 재사용이 목표인 스타십

스타십은 민간 우주 기업인 스페이스엑스의 차세대 우주 발사체이다. 스타십은 1단 로켓인 '슈퍼헤비'와 2단 로켓이면서 우주선인 '스타십 우주선Starship spacecraft'을 결합한 구성이다. 2025년 기준 스페이스엑스 우주 운송 서비스의 주력 발사체인 팰컨 9과 팰컨 헤비가 1단 로켓만 재사용하고 2단 로켓은 재사용하지 않은 '부분 재사용'인 반면, 스타십은 1단과 2단 모두 재사용하는 '완전 재사용'을 목표로 하고 있다.

발사 후 추진을 마친 1단 슈퍼헤비는 2단 스타십 우주선과 분리된 후 발사대로 되돌아간다. 지상에 가까워지면서 공기저항과 착륙 추진landing burn으로 하강 속도를 충분히 줄이는 슈퍼헤비는 거의 정지비행 수준으로 발사대에 다가간다. 슈퍼헤비가 발사대에 설치된 기계팔 안쪽으로 들어가면, 기계팔은 슈퍼헤비를 젓가락

처럼 붙잡는 방식으로 회수한다. 궤도에 도달한 2단 스타십 우주선은 임무를 마치고 대기권에 재진입해 착륙장에 착륙하거나 발사대의 기계팔로 붙잡는 방식으로 회수할 예정이다. 1단 슈퍼헤비가 발사대로 돌아오려면 로켓 추진으로 날아가는 방향을 변경해야 하고, 발사장에 가까이 다가오면 로켓 추진으로 속도도 줄여야 하기 때문에, 슈퍼헤비는 여분의 추진제propellant(연료+산화제)를 남기고 2단과 분리된다.

2단 스타십 우주선이 지구 저궤도에 오른 후 귀환할 때는 초속 8킬로미터에 육박하는 속도로 지구 대기권에 진입한다. 진입할 때의 속도 대부분은 대기의 공기저항으로 줄인다. 공기저항으로 발생하는 높은 온도의 열로부터 스타십 우주선을 보호하는 역할은 열차폐 타일이 담당한다. 착륙 직전에 남은 속도는 로켓 역추진으로 줄인다. 이 때문에 2단 스타십 우주선도 여분의 추진제를 남기고 궤도에 오르고 대기권에 진입해야 한다. 스페이스엑스의 목표는 스타십 1단과 2단을 모두 재사용하는 경우 100~150톤의 화물을 지구 저궤도에 올리는 것이다.[1]

로켓을 회수하지 않으면 탑재한 추진제를 남기지 않고 지구 저궤도에 올라가는 로켓 추진에 모두 사용할 수 있다. 로켓 추진을 더 많이 할 수 있는 만큼, 더 많은 화물을 싣고 궤도에 오를 수 있다. 대신 1단과 2단 모두 또는 하나를 재사용하지 못하고 폐기하는 것을 감수해야 한다. 스페이스엑스는 로켓을 재사용하지 않는 경우 스타십이 지구 저궤도에 올릴 수 있는 최대 화물 질량을 250톤

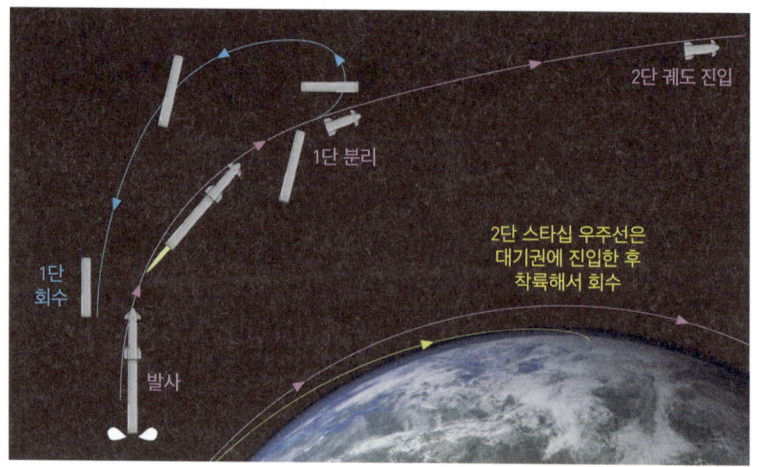

그림 14-1 스타십이 궤도에 오르고 지구로 되돌아오는 과정. 1단 슈퍼헤비는 추진을 마친 후 분리되어 발사장으로 되돌아가 발사대의 기계팔에 붙잡혀 회수된다. 2단 스타십 우주선은 대기권에 재진입한 후 착륙하거나 기계팔에 붙잡혀 회수될 예정이다.

이라고 밝히고 있다.[2]

로켓 역사상 가장 강력한 스타십

스타십은 로켓엔진으로 랩터엔진을 장착했다. 2024년 버전을 기준으로 1단 슈퍼헤비에는 총 33개의 랩터2엔진Raptor 2 engine을 장착했다. 랩터2엔진 하나의 추력은 지상에서 230톤을 들어 올릴 수 있는 2,255킬로뉴턴이다. 33개의 로켓엔진이 최대 출력으로 작동하면 지상에서 7,590톤을 들어 올릴 수 있는 7만 4,400킬로뉴턴의 추력이 나온다.³ 로켓 역사상 가장 강력한 로켓으로, 추진제를 가득 채운 4,975톤의 스타십 전체를 1초에 초속 5미터 이상 수직으로 가속할 수 있는 힘이다. 2단인 스타십 우주선에는 6개의 랩터2엔진이 장착됐다. 최대 추력은 1만 4,700킬로뉴턴으로 지상에서 1,500톤의 질량을 들어 올릴 수 있는 힘이다. 랩터2엔진보다 17% 향상된 추력을 낼 수 있는 랩터3엔진Raptor 3 engine을 장착하는 다음 버전의 슈퍼헤비는 지상에서 최대 8,877톤을 들어 올리는 추력을 낼 것이라고 스페이스엑스의 대표인 일론 머스크가 밝혔다.⁴

스타십의 랩터엔진은 연료로 액체메탄methane, CH_4을 사용한다. 기존의 발사용 액체연료 로켓이 케로신Kerosene이나 액체수소를 사용하는 것과는 다른 점이다. 진공인 우주에서 연료를 연소하는 데 필요한 산화제로는 다른 발사체와 마찬가지로 액체산소를 사용한다. 메탄이 완전히 연소하려면 메탄과 산소의 질량 비율이 1:4이다. 하지만 완전연소의 경우 높은 온도로 인해 랩터엔진을 녹일 수 있기 때문에, 스타십은 1:3.6으로 질량 비율을 낮춘 메탄과 산소를 싣는 것으로 알려졌다.⁵

2024년 버전의 스타십 기준으로, 1단인 슈퍼헤비에는 3,400톤의 추진제를 실을 수 있고, 2단인 스타십 우주선에는 1,200톤의 추진제를 실을 수 있다. 총 4,600톤의 추진제 중에서, 1,000톤은 연료인 액체메탄이고 3,600톤은 산화제인 액체산소이다. 슈퍼헤비의 본체 질량 275톤과 스타십 우주선의 본체 질량 100톤을 합치면 스타십 전체 질량은 4,975톤이다. 화물을 싣지 않았을 때 스타십

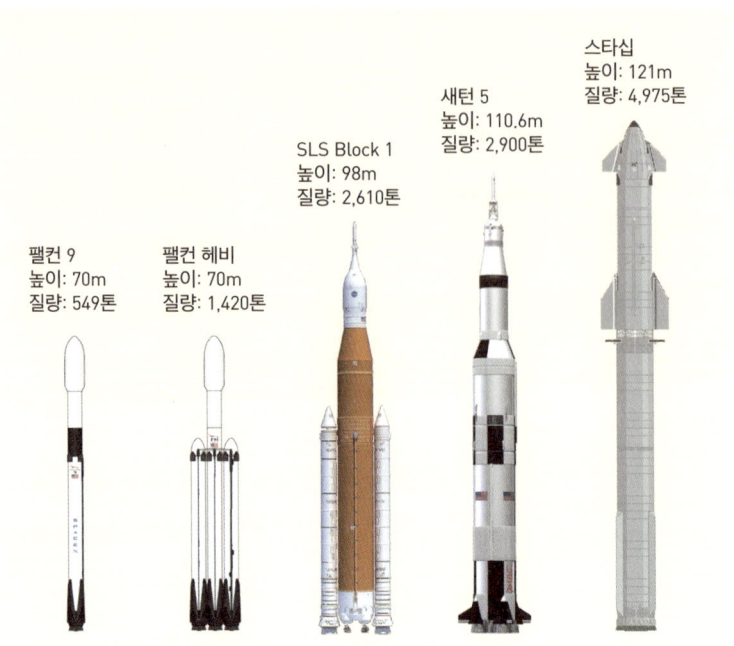

그림 14-2 스페이스엑스의 팰컨 9, 팰컨 헤비, SLS Block 1, 새턴 5, 스타십의 비교. SLS는 새로운 유인 달 탐사 계획인 아르테미스 계획에서 우주인을 달 주위를 도는 궤도에 보내는 데 사용한다.

전체 질량에서 추진제 질량이 차지하는 비율은 92.5%이다.

스타십 1회 발사에 필요한 추진제 비용은 얼마일까?

스타십 1회 발사에 필요한 연료와 산화제의 비용은 얼마일까? 스타십이 사용하는 메탄은 각 가정에 공급되는 액화천연가스Liquefied

Natural Gas, LNG의 대부분을 차지하는 물질이다. 수출입 가격은 변동이 있지만 평균 가격은 1톤당 500달러 전후이다. 2024년 버전 기준 스타십 1단과 2단에 싣는 연료와 산화제 4,600톤 중에서 메탄이 차지하는 질량 1,000톤을 액화천연가스 수출입 가격으로 계산하면 50만 달러 전후이다. 액체산소 3,600톤의 가격을 NASA가 액체산소에 지불하는 1톤당 160달러의 가격으로 계산하면 약 60만 달러이다.[6] 스타십 1회 발사에 사용하는 추진제 비용은 이 두 값을 더한 110만 달러 정도이다. 2025년 이후의 스타십 버전은 1단과 2단에 총 5,150톤의 연료와 산화제를 싣는 것으로 알려졌다. 이 경우에는 1회 발사에 사용하는 추진제 비용은 120만 달러 정도이다.

　고객이 스타십 1회 발사에 스페이스엑스에 지불하는 비용은 어느 정도일까? 2025년 여름 기준으로 스타십을 이용한 우주 운송 서비스가 아직 시작되지 않았기 때문에, 고객이 스타십 발사에 지불하는 공식적인 비용을 알 수 없다. 현재 우주 운송 서비스를 제공하는 팰컨 9의 정보로부터 고객이 스타십 발사에 지불할 비용이 어느 정도인지를 가늠해 볼 수 있다. 2024년 팰컨 9 발사에 고객이 스페이스엑스에 지불하는 비용은 6,975만 달러이다.[11] 1단 로켓을 회수해서 재사용하는 발사를 기준으로 한 비용이다. 재사용하지 않는 팰컨 9으로 지구 저궤도에 올릴 수 있는 최대 화물질량이 22.8톤이고, 1단을 재사용하는 경우는 최대 화물질량은 더 작다. 반면에, 스타십은 그보다 4배 이상 많은 100톤 이상의 화물을 우주에 보내는 것이 목표이다. 이를 감안하면, 고객이 스타십 발사에

표 14-1 스타십 발사에 필요한 연료와 산화제 비용. 케로신 가격은 톤당 700달러로 잡았다. 팰컨 9과 팰컨 헤비는 팰컨 9 풀 스러스트Full Thrust 기준이다.[8] [9] [10]

	연료와 산화제 종류	연료와 산화제 가격
팰컨 9	케로신 + 액체산소	케로신: 156톤×$700≈$109,000 액체산소: 363톤×$160≈$58,000 합계: $167,000
팰컨 헤비	케로신 + 액체산소	케로신: 402.8톤×$700=$282,000 액체산소: 937.4톤×$160=$150,000 합계: $432,000
스타십 (2024년 버전)	액체메탄 + 액체산소	액체메탄: 1,000톤×$500=$500,000 액체산소: 3,600톤×$160=$576,000 합계: $1,076,000
스타십 (2025년 이후 버전)	액체메탄 + 액체산소	액체메탄: 1,120톤×$500=$560,000 액체산소: 4,030톤×$160=$645,000 합계: $1,205,000

지불하는 비용은 1억 달러를 훌쩍 넘을 것으로 예상할 수 있다.

추진제 비용 110만~120만 달러는 초기 스타십 우주 운송 서비스에 고객이 지불할 것으로 예상하는 비용의 100분의 1이나 그 이하에 불과하다. 문제는 스타십 생산 비용과 정비 및 유지 비용이다. 한 매체에 의하면 슈퍼헤비와 스타십 우주선 초기 생산 비용은 약 9,000만 달러 정도이고, 본격적으로 스타십 서비스를 하기 시작하면 더 낮아질 것으로 보고 있다.[7] 스타십 생산 비용과 추진제 비용을 더해도 고객이 지불할 것으로 예상하는 비용보다 적다. 본격적으로 슈퍼헤비와 스타십 우주선을 회수해서 재사용하기 시작하면, 로켓 재사용을 위한 정비 비용을 감안하더라도 1회 발사당 스타십 생산 비용은 상당이 낮을 것으로 예상한다. 결국 고객이 지불하는 비용으로부터 스페이스엑스가 거둘 수 있는 수익도 상당히 클 것으로 전망한다.

달 착륙선으로 사용하는 스타십 우주선

NASA의 주도로 아폴로 계획 이후 50여 년 만에 달 표면에 사람을 보내는 유인 달 탐사 계획인 아르테미스 계획이 진행 중에 있다. 이 계획의 유인 달 착륙선으로 스페이스엑스의 스타십 우주선과 블루오리진Blue Origin의 블루문Blue Moon이 선정됐다. 그중에서 스타십 우주선은 아르테미스 3호Artemis 3와 아르테미스 4호Artemis 4의 달 착륙선으로 사용할 예정이다. 대기가 없는 달에 착륙하는 우주선은 공기저항으로 인한 높은 열을 견디는 열차폐 타일과 자세를 유지하는 날개가 필요하지 않다. 아르테미스 계획에서는 열차폐 타일과 날개 없이 달 착륙과 이륙, 그리고 달 표면에서의 임무 수행에 최적화한 변형 스타십 우주선인 스타십 HLSHuman Landing System가 달 착륙선 임무를 맡는다.

2027년 이후에 발사될 예정인 아르테미스 3호의 탐사 과정을 요약하면 다음과 같다.

(1) 스타십 HLS는 지구에서 출발해 달 근처를 길게 도는 궤도인

NRHO~Near-Rectilinear Halo Orbit~(직선에 가까운 헤일로 궤도)에 간다.

(2) 우주인은 SLS~Space Launch System~(우주발사시스템)로 발사되는 오리온~Orion~ 우주선을 타고 NRHO에 간 후, 스타십 HLS와 도킹한다.

(3) 오리온 우주선을 타고 온 4명의 우주인 중 2명이 스타십 HLS로 이동한다. 스타십 HLS는 NRHO를 떠나 달에 착륙해서 임무를 수행하고 다시 NRHO로 돌아온다.

(4) 스타십 HLS는 오리온 우주선과 도킹하고, 달 표면에 갔던 우주인은 오리온 우주선으로 이동한다. 오리온 우주선은 NRHO를 떠나 지구로 귀환한다.

아르테미스 4호부터는 NRHO에 미리 설치한 달 우주정거장 '게이트웨이~Lunar Gateway~'(줄여서 Gateway)를 중간 기착지로 사용하는 안도 제안되었다. 이 안이 실현될 경우, 스타십 HLS(아르테미스 5호는 블루문)와 오리온 우주선이 게이트웨이에 도킹한 후 우주인 일부는 게이트웨이에서 임무를 수행하고, 다른 우주인들은 스타십 HLS로 달에 착륙해서 임무를 수행하고 게이트웨이로 다시 돌아온다.

NRHO는 스타십 HLS와 오리온 우주선이 만나는 위치이면서, 달 우주정거장인 게이트웨이가 설치될 궤도이다. 달에 가까울 때는 달 북극에서 1,500킬로미터 떨어진 곳을 지나가고 멀 때는 달 남극에서 7만 킬로미터 떨어진 곳을 지나간다. 달의 중력과 지구

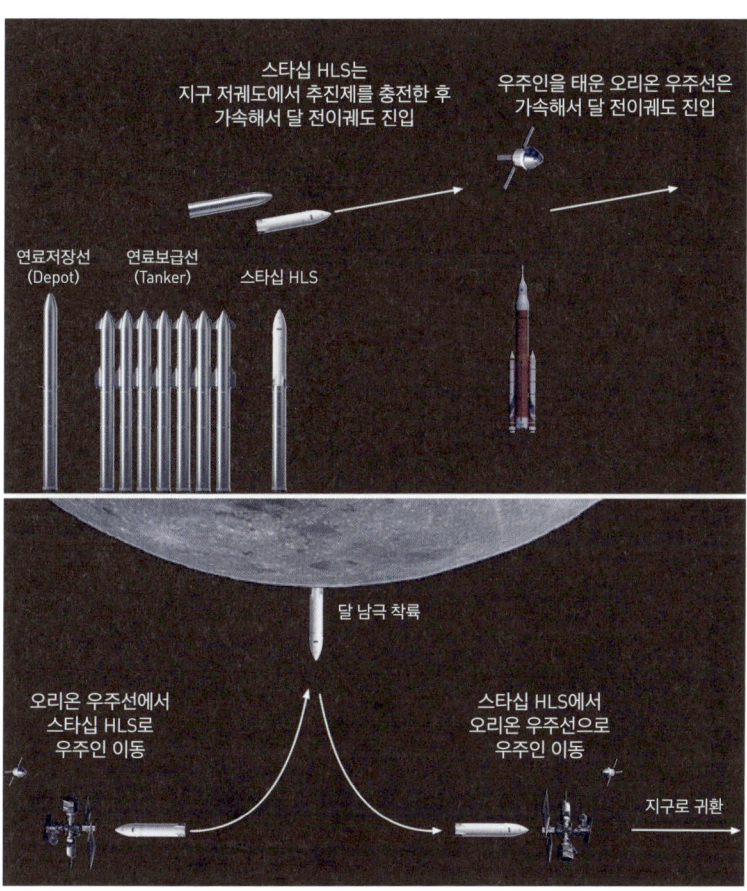

그림 14-3 아르테미스 계획의 유인 달 탐사. 위: 스타십 HLS는 지구 저궤도에서 추진제를 충전한 후 달을 향해 가고, 우주인이 탄 오리온 우주선은 SLS에 실려 지구 저궤도에 올라간 후에 달을 향해 간다. 아래: 달 주위를 도는 NRHO에서 스타십 HLS와 오리온 우주선이 도킹한다. 오리온 우주선을 타고온 4명의 우주인 중 2명이 옮겨 탄 스타십 HLS는 달에 착륙해 달 표면에서의 임무를 수행하고 NRHO로 돌아온다. 우주인을 태운 오리온 우주선은 NRHO를 떠나 지구로 귀환한다. 아르테미스 4호부터 스타십 HLS(아르테미스 5호는 블루문)와 오리온 우주선이 도킹하는 달 우주정거장인 '게이트웨이'를 미리 NRHO에 설치하는 안도 제안되었다.

의 중력의 크기가 비슷해지는 달의 중력 영향권 경계면이 달에서 약 6만 4,300킬로미터 떨어진 곳인 것을 감안하면[12], NRHO는 달의 중력 영향권을 넘나드는 궤도이다. NRHO는 지구-달 L_2 라그랑주 점 주위를 도는 L_2 헤일로 궤도의 일종으로, 지구에서 보면 지구 주위를 공전하지만, 달의 중력의 영향으로 회전목마처럼 위아래로도 움직이는 궤도이다. 달에 가려지지 않아서, 지구와의 통신을 끊임없이 유지할 수 있는 장점도 있다. 아폴로 계획의 사령·기계선이 머물렀던 달 저궤도low lunar orbit, LLO보다 추진을 덜 해도 진입할 수 있는 궤도이기도 하다.

스타십 HLS의 달 탐사 과정

스타십 HLS가 달에 가는 과정을 더 구체적으로 살펴보자. 스타십 HLS는 1단 슈퍼헤비에 실려 발사된 후 처음에는 1단 추진으로 가속하고 1단 분리 이후에는 2단 스타십 HLS의 추진으로 지구 저궤도에 올라간다. 1단 슈퍼헤비는 재사용하기 위해 발사장으로 돌아가 회수된다. 스타십 HLS는 탑재한 추진제의 대부분을 사용해 지구 저궤도에 오르기 때문에, 스타십 HLS가 달을 향해 가려면 추진제가 더 필요하다. 부족한 추진제는 다른 스타십으로 실어 날라서 채운다. 지구 저궤도에서 추진제를 충전한 스타십 HLS는 로켓 추진으로 속도를 높여 달을 향하는 달 전이궤도에 진입한다. 달에 다가가면 스타십 HLS는 로켓 역추진으로 감속해 NRHO에 진입한

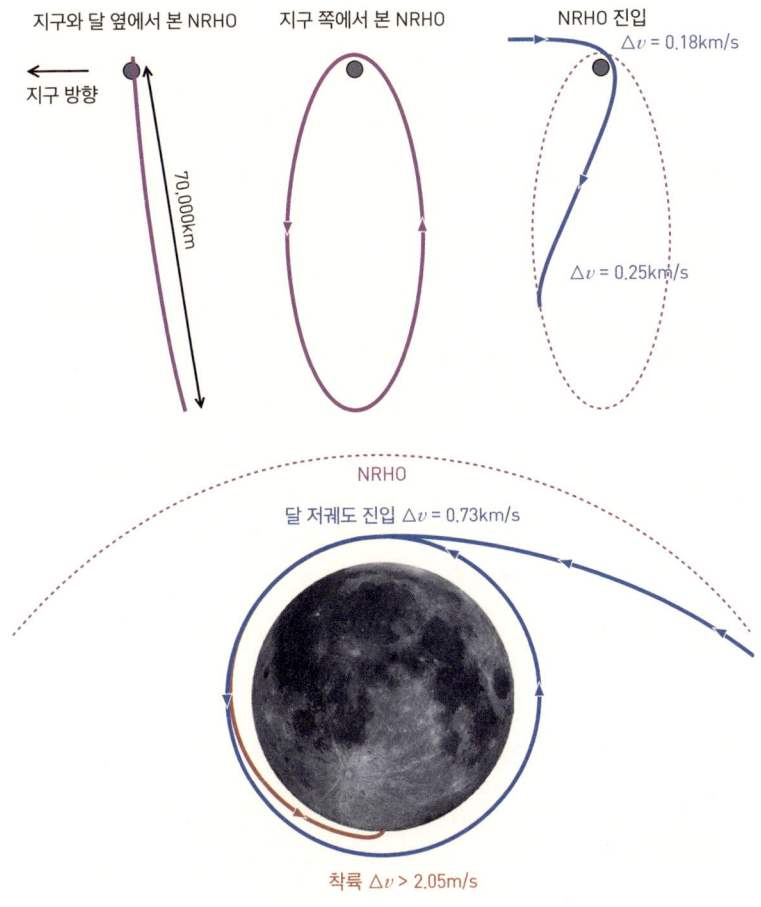

그림 14-4 스타십이 NRHO를 거쳐서 달에 착륙하는 과정. NRHO는 달 근처를 길게 도는 궤도로 L_2 헤일로 궤도의 일종이다. 달 전이궤도에서 NRHO에 진입하려면 역추진으로 초속 0.43킬로미터를 줄여야 한다(오른쪽 위). NRHO에서 출발해 달에 착륙하려면 먼저 달 저궤도에 진입하고, 근월점을 줄인 후에 달에 착륙한다(아래). 달 저궤도에 진입하려면 초속 0.73킬로미터를 더 줄여야 하고, 달 표면에 착륙하려면 초속 2.05킬로미터 이상의 속도증분이 필요하다.

다. 오리온 우주선을 타고 온 우주인이 스타십 HLS로 이동하면, 스타십 HLS는 NRHO를 떠나 100킬로미터 상공의 달 저궤도에 진입한다. 달에 착륙할 때는 달 저궤도에서 달 남극 상공을 지나가는 고도를 충분히 낮추는 과정을 거쳐서 달 표면에 착륙한다.

스타십 HLS가 지구 저궤도에서 달을 향해 가기 전에 얼마나 많은 추진제가 필요한가를 알려면, 달 착륙선으로 사용하기 위해 속도를 얼마나 많이 높이고 줄여야 하는지를 나타내는 수치인 속도증분을 따져봐야 한다. 지구 저궤도에서 달 전이궤도로 진입하려면 우주선의 속도를 적어도 초속 3.12킬로미터를 더 높여야 하고, 달에 도착해서 NRHO에 진입하려면 초속 0.43킬로미터를 더 줄여야 한다.[13] NRHO에서 달 저궤도에 진입하려면 초속 0.73킬로미터를 감속해야 하고, 마지막 달 착륙에 필요한 속도증분은 초속 2.05킬로미터 이상이다.[14] 이 값들을 모두 더하면, 지구 저궤도에서 출발해 달에 착륙하는 데까지 필요한 최소 속도증분인 초속 6.33(=3.12+0.43+0.73+2.05)킬로미터가 나온다.

스타십 HLS는 달 표면에서의 임무를 마치고 다시 NRHO로 돌아와야 한다. 달에서 이륙해서 달 저궤도로 가려면 초속 1.86킬로미터 이상의 속도증분이 필요하고, 달 저궤도에서 오리온 우주선이 있는 NRHO로 가려면 속도를 초속 0.73킬로미터 더 높여야 한다. 두 속도증분을 더하면, 달 표면에서 이륙해 NRHO까지 가는 데 추가로 필요한 최소 속도증분인 초속 2.59(=1.86+0.73)킬로미터가 나온다. 결국 스타십 HLS가 지구 저궤도에서 출발해서 달에

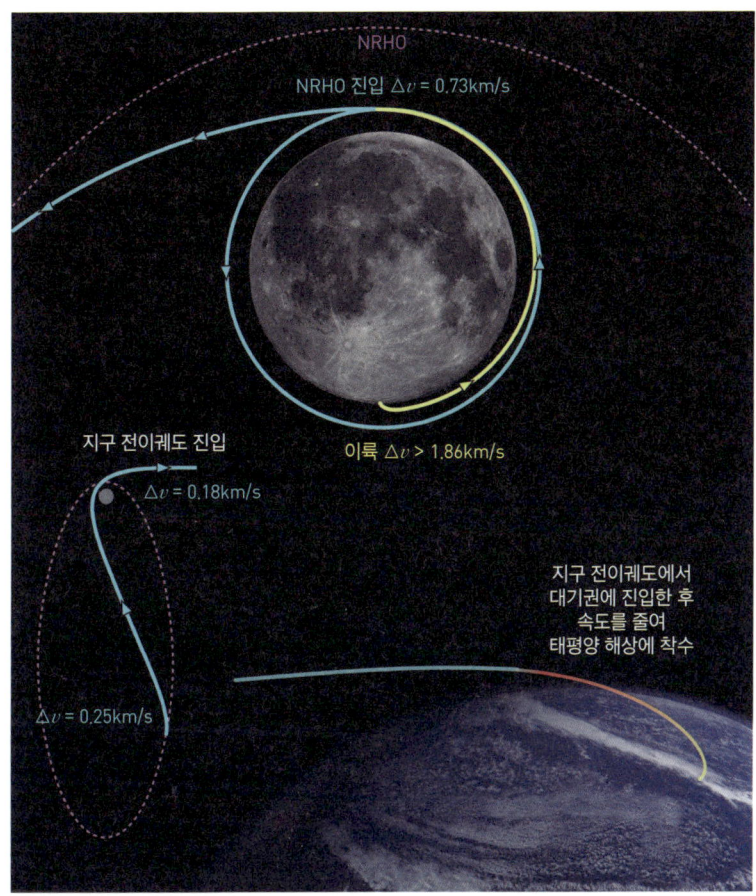

그림 14-5 위: 달에서 이륙해 NRHO를 거쳐 지구로 귀환하는 과정. 달 표면에서 이륙해서 달 저궤도에 가려면 초속 1.86킬로미터 이상의 속도증분이 필요하고, 달 저궤도에서 NRHO로 진입하려면 초속 0.73킬로미터 가속해야 한다. 왼쪽 아래: NRHO에서 지구 전이궤도이 진입하려면 속도를 초속 0.43킬로미터 더 높여야 한다. 지구 전이궤도에서 지구에 귀환하는 단계에서는 지구 대기권에 곧바로 진입해 공기저항으로 속도를 줄이기 때문에 필요한 속도 증분의 거의 0이다.

표 14-2 아르테미스 3호 유인 달 탐사의 각 단계에서 스타십에 필요한 속도증분. SLS는 우주발사시스템이고, 오리온 SM은 오리온 우주선의 서비스 모듈Service module이다.

단계	속도증분	사용 로켓
지구 표면 → 지구 저궤도	> 9.3km/s	스타십: 슈퍼헤비, 스타십 HLS 오리온: SLS
스타십 HLS 추진제 충전		
지구 저궤도 → 달 전이궤도	3.12km/s	스타십: 스타십 HLS 오리온: SLS
달 전이궤도 → NRHO	0.43km/s	스타십: 스타십 HLS 오리온: 오리온 SM
오리온에서 스타십 HLS로 우주인 이동		
NRHO → 달 저궤도	0.73km/s	스타십 HLS
달 저궤도 → 달 표면	> 2.05km/s	스타십 HLS
달 표면 → 달 저궤도	> 1.86km/s	스타십 HLS
달 저궤도 → NRHO	0.73km/s	스타십 HLS
스타십 HLS에서 오리온으로 우주인 이동		
NRHO → 지구 전이궤도	0.43km/s	오리온: 오리온 SM
지구 전이궤도 → 지구	~ 0km/s	오리온: 귀환모듈

서의 임무를 모두 마치려면, 초속 8.92(=6.33+2.59)킬로미터 이상의 속도증분이 필요하다. NRHO에서 출발해 지구로 귀환하는 마지막 과정은 오리온 우주선이 담당한다.

스타십 HLS는 얼마나 많은 연료를 충전해야 할까?

로켓 방정식을 이용하면 추진제의 질량과 필요한 속도증분, 그리고 로켓엔진이 연소한 연료를 내뿜는 속도로부터 우주선 본체와 화물의 질량을 계산할 수 있다. 스타십 HLS에 싣는 추진제의 질량을 2024년 버전의 스타십과 같은 1,200톤으로 잡고, 속도증분은 초속 8.92킬로미터, 그리고 연소한 연료를 내뿜는 속도를 초속 3.7킬로미터로 잡고 계산하면[15], 우주선 본체와 화물을 합한 질량은 118톤이어야 한다는 결과가 나온다. 우주선 본체의 질량이 100톤이면, 화물의 질량은 18톤 이하로 제한해야 한다. 1,500톤의 추진제를 실을 수 있는 다음 버전의 스타십을 기반으로 스타십 HLS를 만들면, 최대 48톤의 화물을 실을 수 있다.

실제 달 탐사에서는 달 표면 착륙 직전에 안전한 착륙 장소를 찾기 위한 비행이 필요하고 비상사태에도 대비해야 하기 때문에 여유분의 속도증분이 필요하다. 반면에, 지구 대기권에 재진입하지 않는 스타십 HLS는 날개와 열차폐 타일을 부착할 필요가 없기 때문에, 스타십 우주선 원형보다 더 작은 질량으로 스타십 HLS를 만들 수 있다. 본체 질량이 작아지면 속도증분은 더 늘어난다. 화물의 일부를 다른 발사체를 이용해 NRHO로 미리 보내는 방법으로 스타십 HLS에 싣는 화물의 질량을 줄여도 속도증분이 더 늘어난다. 달 표면에서의 임무를 마치고 장비를 달 표면에 남기는 경우에는 달 표면에서의 이륙 질량을 줄일 수 있기 때문에, 속도증분을 더 늘릴 수 있다.

결국 스타십 HLS은 지구 저궤도에서 추진제를 최대로 다시 채워야 달 착륙선으로서의 임무를 수행할 수 있다. 지구 저궤도에 올라가는 동안 추진제 대부분을 소모하는 스타십 HLS에 추진제를 다시 채우는 일은 스타십 우주선을 개조한 연료보급선tanker과 연료저장선depot이 담당한다. 재사용 스타십이 100~150톤의 화물을 실어 나르므로, 연료보급선과 연료저장선도 같은 질량의 추진제를 지구 저궤도에 실어 나른다. 스타십 HLS에 1,200톤의 추진제를 채운다고 했을 때, 100톤씩 실어 나르면 12회를 충전해야 하고, 150톤씩 실어 나르면 8회를 충전해야 한다. 1,500톤의 추진제를 실을 수 있는 다음 버전의 스타십 우주선에 기반한 스타십 HLS에 추진제를 가득 채우려면 충전 횟수는 더 늘어난다. 100톤씩 실어 나르는 경우 15회를 충전해야 하고, 150톤씩 실어 나르면 10회를 충전해야 한다. NASA는 스타십 HLS에 20회 가까이 충전해야 할 수도 있다고 보고 있다.[16]

스타십으로 화성에 가려면

스페이스엑스의 대표 일론 머스크는 인류가 스타십으로 화성에 이주하는 구상을 밝힌 바가 있다. 스타십 우주선으로 화성에 가는 것을 따지는 경우에도, 화성에 가는 데 필요한 속도증분을 살펴봐야 한다. 지구 저궤도에서 화성을 향해 가는 지구-화성 전이궤도에 진입하려면 우주선의 속도를 초속 3.6킬로미터 더 높여야 한다.

태양-지구 평균 거리와 태양-화성 평균 거리로 계산한 값이다. 달을 향해 가기 위해 높여야 하는 속도보다 초속 0.5킬로미터 더 크다. 만약에 화성 표면에 착륙하기 전에 화성 저궤도에 먼저 진입하려면, 화성에 가까이 다가갔을 때 초속 2.1킬로미터를 줄여야 한다. 화성 200킬로미터 상공의 저궤도를 기준으로 계산한 값이다. 더 높은 상공의 궤도나 한쪽이 화성에서 더 먼 긴 타원 모양의 궤도라면, 덜 감속해도 궤도 진입이 가능하다.

    화성은 달과 달리 대기가 있다. 화성 대기의 공기저항을 이용하면 로켓 추진 없이 우주선의 속도를 줄일 수 있다. 그만큼 로켓 추진을 덜 할 수 있다. 화성 저궤도에서 화성 대기권에 진입하려면, 역추진으로 속도를 줄여 궤도의 한쪽 고도를 대기권 경계면 이하로 낮춰야 한다. 200킬로미터 상공의 화성 저궤도에서 화성 대기권에 진입하기 위해 역추진으로 줄여야 하는 속도는 초속 0.04킬로미터 미만이다. 화성 대기권에 진입하는 우주선의 속도는 초속 3.6킬로미터 정도이다. 대기권에 진입한 이후에 우주선은 대기의 공기저항으로 속도를 줄이고, 착륙 직전에 로켓 추진으로 남은 속도를 줄여 화성 표면에 착륙한다. 공기저항으로 속도를 충분히 줄인 후에 로켓 추진을 하기 때문에, 화성에 착륙하기 위한 속도증분은 초속 1킬로미터 정도이다.[17] 결국 지구 저궤도를 출발해 화성 표면에 착륙하기까지 필요한 속도증분의 총합은 초속 6.7(=3.6+2.1+1.0)킬로미터이다.

    지구에서 화성으로 가는 지구-화성 전이 궤도에서 곧바로 화성의 대기권에 진입할 수도 있다. 이 경우 화성 대기권에 진입하는 속도는 초속 5.6킬로미터 정도이다. 초속 5.0킬로미터인 화성 표면에서의 중력 탈출속도보다 빠른 속도이다. 화성 저궤도를 거치지 않고 바로 화성 대기권에 진입하는 경우에는 화성 저궤도에 진입하는 역추진을 생략할 수 있다. 이 경우에도 화성 대기의 공기저항으로 속도를 충분히 줄인 후에 착륙할 수 있기 때문이다. 지구-화성 전이궤도에서 곧바로 화성의 대기에 진입해 화성에 착륙하는 경우, 지구 저궤도에서 출발해 화성 착륙까지 필요한 속도증분은 초속 4.6(=3.6+1.0)킬로미터까지 낮아진다.

지구 저궤도에서 출발해 화성 저궤도를 거쳐 화성에 착륙하기 위해 필요한 속도증분인 초속 6.7킬로미터는 스타십 HLS가 달 탐사를 하는 데 필요한 속도증분인 초속 8.92킬로미터보다 작다. 2024년 버전의 스타십 우주선의 경우, 지구 저궤도에서 1,200톤의 추진제를 모두 채운 후 초속 6.7킬로미터의 속도증분을 내려면 추진제를 제외한 스타십 우주선의 질량은 223톤 이하여야 한다. 연소한 연료를 내뿜는 속도는 대기권 안과 밖에서 각각 초속 3.7킬로미터와 초속 3.21킬로미터라고 가정해 계산한 결과이다. 223톤에서 스타십 본체 질량 100톤을 뺀 123톤이 화성행 스타십이 싣고 갈 수 있는 우주인과 화물의 질량이다. 1,500톤의 추진제를 채울 수 있는 다음 버전의 스타십을 이용하면, 싣고 갈 수 있는 우주인과 화물의 질량은 179톤으로 늘어난다.

화성 저궤도를 거치지 않고 곧바로 화성 대기권에 진입해 착륙

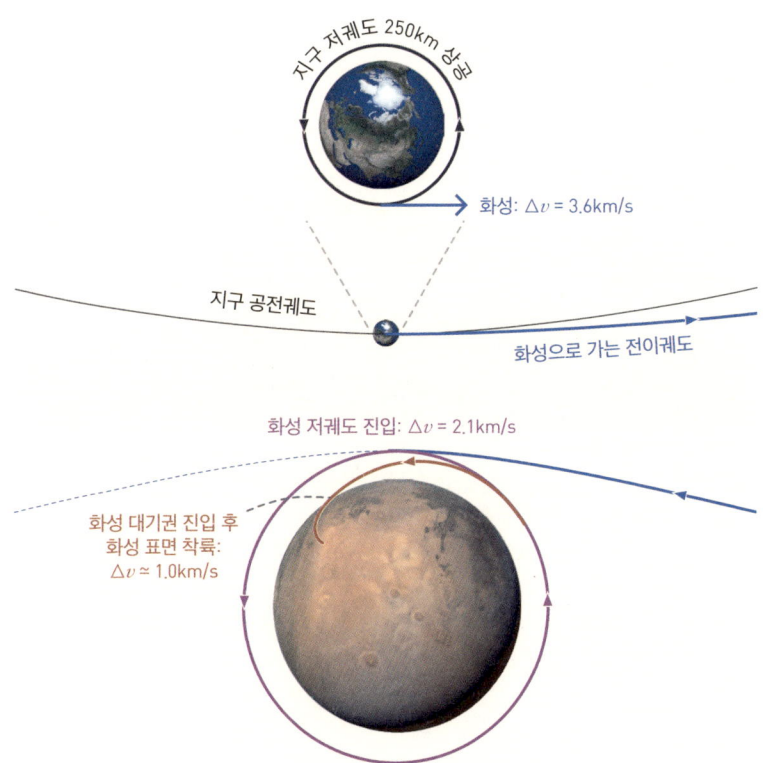

그림 14-6 화성에 가기 위한 속도증분. 위: 지구 저궤도에서 화성으로 향하는 화성 전이궤도에 진입하려면 초속 3.6킬로미터를 가속해야 한다. 아래: 화성 전이궤도에서 200킬로미터 고도의 화성 저궤도에 진입하기 위한 속도증분은 초속 2.1킬로미터이다. 화성 저궤도에서 화성 대기권에 진입해 화성 표면에 착륙하면 공기저항으로 속도를 줄일 수 있기 때문에, 착륙하는 데 필요한 속도증분은 초속 1킬로미터 정도이다.

하는 경우에 싣고 갈 수 있는 우주인과 화물의 질량은 훨씬 더 늘어난다. 화성 저궤도 진입 없이 곧바로 화성 대기권에 진입하는 경

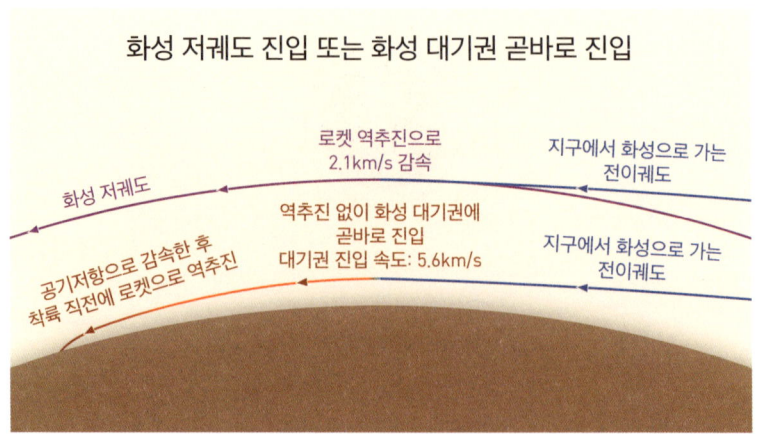

그림 14-7 지구에서 화성으로 가는 전이궤도에서 화성 200킬로미터 상공의 화성 저궤도 진입하려면 초속 2.1킬로미터를 줄여야 한다. 화성 저궤도에서 화성 대기권에 진입하는 속도는 초속 3.6킬로미터이다. 지구에서 화성으로 가는 전이궤도에서 곧바로 화성 대기권에 진입하는 속도는 초속 5.6킬로미터이다. 화성 대기권에 진입한 우주선은 먼저 공기저항으로 속도를 줄이고 착륙 직전 로켓 역추진으로 남은 속도를 줄여 화성 표면에 착륙한다.

우에는 화성 도착 시간을 정확하게 계획해야 한다. 자전하는 화성은 1시간의 차이로도 착륙 위치가 최대 866킬로미터의 차이가 날 수 있기 때문이다. 반면에, 화성 저궤도 진입을 거치는 경우에는 화성 저궤도를 돌면서 화성 대기권 진입 위치와 착륙 위치를 정확하게 선택할 수 있다.

화성에서 지구로의 귀환

화성에서의 임무를 마치고 지구로 귀환하는 과정을 살펴보자. 화성 표면에서 화성의 중력과 대기를 뚫고 화성 저궤도에 오르려면 초속 4.2킬로미터 이상의 속도증분이 필요하다.[18] 화성 저궤도에서 지구로 향하는 화성-지구 전이궤도에 진입하려면 초속 2.1킬로미터를 더 가속해야 한다. 지구에 도달했을 때는 지구 대기를 이용할 수 있기 때문에, 지구 저궤도에 진입하는 과정 없이 아폴로 유인 달 탐사의 귀환선처럼 바로 대기권에 진입해 공기저항으로 속도를 줄일 수 있다. 지상에 착륙할 때는 로켓 역추진으로 속도를 충분히 줄여 사뿐히 착륙해야 한다. 이 경우 역추진에 필요한 속도증분은 초속 1킬로미터 정도이다. 이 속도증분들을 모두 더한 값인 초속 7.3(=4.2+2.1+1)킬로미터는 화성 표면에서 출발해 지구에 착륙하기까지에 필요한 속도증분이다.

초속 7.3킬로미터의 속도증분은 1단 슈퍼헤비 없이 2단 스타십 우주선만으로 내야 하는 속도증분이다. 지구에서 화성까지의 편도비행에서 상당량의 추진제를 이미 소모한 스타십 우주선은 추진제를 다시 충전해야 지구로 귀환할 수 있다. 하지만 화성에는 스타십의 연료인 메탄과 산화제인 산소가 거의 존재하지 않는다. 화성에서 메탄과 산소를 생산할 장비를 함께 싣고 가서 설치하거나, 미리 별도의 스타십으로 메탄과 산소 생산 장비를 싣고 가 화성에 설치해야 한다.

화성의 대기 구성 성분의 95%는 이산화탄소CO_2이다. 화성의 극

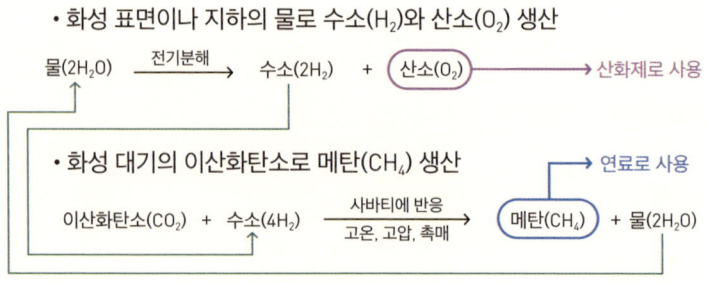

그림 14-8 화성에서 스타십 우주선의 연료와 산화제로 쓰일 산소와 메탄을 생산하는 화학반응.

지방이나 지하에는 물$_{H_2O}$이 존재하는 것으로 알려져있다. 물을 전기분해하면 수소$_{H_2}$와 산소$_{O_2}$로 분리할 수 있다. 전기분해해서 나온 산소는 산화제로 사용하고 수소는 메탄을 만드는 데 사용한다. 물을 전기분해해서 얻은 수소와 화성 대기의 이산화탄소를 고온·고압에서 촉매의 도움을 받아 반응시키면 메탄을 얻고[19], 부산물로 물이 나온다. 이산화탄소와 수소로부터 메탄과 물을 생산하는 화학반응은, 관련 화학반응을 연구한 공로로 1912년 노벨 화학상을 수상한 프랑스 화학자 폴 사바티에$_{Paul\ Sabatier}$의 이름을 따서 사바티에 반응$_{Sabatier\ reaction}$이라고 부른다. 물과 이산화탄소로부터 메탄과 산소를 생산하려면 에너지가 필요하다. 태양광 발전 장비나 소형 원자로를 화성에 설치해 에너지를 생산할 필요가 있다.

화성 표면에서 추진제를 생산해 스타십 우주선에 가득히 충전

그림 14-9 스타십으로 화성을 향해 가는 상황을 상상한 그림.

하면, 화성에서 지구로 싣고 갈 수 있는 우주인과 화물의 질량은 얼마일까? 본체의 질량이 100톤이면 1,200톤의 추진제를 실을 수 있는 스타십은 52톤의 우주인과 화물을 싣고 올 수 있고, 1,500톤의 추진제를 실을 수 있는 다음 버전의 스타십은 90톤의 우주인과 화물을 싣고 올 수 있다. 화성에 갈 때보다 지구로 귀환할 때 실을 수 있는 질량이 더 줄어든다.

지구 대기권에 진입한 후에 공기저항으로 속도를 줄이는 과정에서 발생하는 높은 온도를 견디려면, 스타십은 열차폐 타일을 완벽한 상태로 유지해야 한다. 화성 대기권 진입 과정에서 손상될 수 있으므로, 화성을 떠나기 전에 열차폐 타일에 문제가 없는지 확실하게 정비할 필요가 있다. 화성에서 지구로 가는 화성-지구 전이

궤도에서 지구 대기권에 진입하는 속도는 초속 11.5킬로미터로, 지구 저궤도에서 지구 대기권에 진입하는 속도인 초속 7.9킬로미터보다 더 빠르다. 운동에너지로 계산하면 2.12배 더 크다. 그만큼 화성에서 지구로 돌아오는 스타십 우주선이 겪는 대기권 진입은 매우 혹독하다.

에필로그

이 책 『우주탐사의 역사』에 앞서, 지난 2023년 3월에 출간한 『우주탐사의 물리학』은 우주탐사 관련 지식을 분야별로 대중의 눈높이에 맞추면서도 깊이 있게 설명한 나름 역작이라고 자부하는 책이다. 2023년 말 '아시아태평양 이론물리센터 올해의 과학도서'로 선정되었고, 2023년 세종도서 학술부문에도 선정되는 영광을 얻었다. 교양도서로서 출간한 책이었지만 세종도서의 학술부문으로 선정된 것은 나름 책 내용의 깊이도 인정받은 것이어서 큰 보람을 느꼈다.

『우주탐사의 물리학』 출판을 위해 2022년 말부터 2023년 초까지 책의 내용을 다듬고 편집하는 과정에서 꼭 정리해야 할 내용이 생겼다. 시간순으로 보는 우주탐사의 역사였다. 역사에서 나타나는 변화와 발전에는 이유가 있는 법이다. 우주탐사도 마찬가지이다. 우주탐사를 시간순으로 따라가면서 변화와 발전의 이유를 알아보고, 그 과정과 관련된 과학기술의 기본 원리를 체계적으로 파악하는 작업을 해야겠다는 생각을 했다. 『우주탐사의 물리학』을 출간하자마자 본격적으로 우주탐사의 역사를 정리하기 시작했고,

그해 5월부터 《한겨레》의 〈미래&과학〉에 연재를 시작했다.

연재 초반에는 5편 정도의 칼럼으로 우주탐사의 역사를 훑을 계획이었다. 2023년 5월에 시작된 연재는 2024년 3월까지 이어졌고, 칼럼 개수는 13개로 늘어났다. 책 한 권 분량이 되었다. 출판사에 조심스럽게 출판을 제안했고, 출판사 대표님께서 흔쾌히 출판 제안을 받아주셨다. 4월부터는 전체 내용을 훑으면서 내용과 그림을 대대적으로 보강하면서 본격적으로 책을 내기 위한 작업을 시작했다. 그리고 출판사의 편집 과정을 거쳐서, 이렇게 총 14장으로 재구성한 『우주탐사의 역사』라는 두 번째 책이 세상에 나왔다.

대한민국은 누리호의 성공적인 발사로 지구 저궤도에 위성을 올려놓을 수 있는 독자적인 우주 로켓기술을 확보했다. 미국 스페이스엑스의 팰컨 9 로켓의 도움을 받기는 했지만, 달 궤도선인 다누리호를 달의 남극과 북극 상공을 지나는 공전궤도에 올려놓는 데에도 성공했다. 그 과정에서 지구와 달의 중력뿐만 아니라 태양의 중력도 이용하는 탄도형 달 전이 방식으로 달에 다가가는 성과도 있었다. 대한민국은 2024년 5월 27일 우주항공청을 설립해 더 큰 도약을 눈앞에 두고 있다.

앞으로 대한민국의 우주탐사가 어떻게 전개되고 왜 그래야 하는지를 이해하고 싶은 분들에게 『우주탐사의 역사』는 좋은 길라잡이가 되는 책이다. 이 책을 읽으면서 관련 물리학을 좀 더 깊게 알고 싶은 분들은 전작인 『우주탐사의 물리학』과 함께하면 큰 도움이 될 것이다. 중력, 무중력, 인공중력, 중력도움, 소행성 충돌에서의 지구방위, 외계행성 관측, 먼 미래의 외계행성 탐사 등 분야별로 좀 더 깊은 정보와 지식을 제공한다.

책이 나오기까지의 과정에서 많은 분들께서 도움을 주셨다. 한겨레의 〈미래&과학〉을 운영하면서 연재하는 글에 여러 도움을 주신 곽노필 기자님, 책을 출판할 기회를 주신 동아시아 출판사의 한성봉 대표님, 꼼꼼히 책을 편집해 좋은 책을 만들어 주신 안상준 콘텐츠제작부장님께 감사의 말씀을 드린다. 책에 들어가는 110여 개의 그림을 디자인해 주신 출판사 디자인팀을 비롯해, 책을 출판하기까지 고생해 주신 모든 분들께도 감사의 말씀을 드린다.

2025년 11월
윤복원

주

1장

1. Konstantin Tsiolkovsky, Wikipedia, https://en.wikipedia.org/wiki/Konstantin_Tsiolkovsky
2. "Robert H. Goddard", Wikipedia, https://en.wikipedia.org/wiki/Robert_H._Goddard
3. "The Rocket and the Reich: Peenemünde and the Coming of the Ballistic Missile Era", Michael J. Neufeld, New York, The Free Press (1995)
4. "Animals and man in space. A chronology and annotated bibliography through the year 1960.", Dietrich E. Beischer, Alfred R. Fregly, US Naval School of Aviation Medicine (1962)
5. "Challenge to Apollo: The Soviet Union and the Pace Race, 1945-1974", Asif A. Siddiqi, NASA (2000)

2장

1. Sputnik 1 Information - NASA - NSSDCA - Spacecraft - Details", NASA, https://nssdc.gsfc.nasa.gov/nmc/spacecraft/display.action?id=1957-001B
2. "Sputnik 2 - Spacecraft - the NSSDCA - NASA", NASA, https://nssdc.gsfc.nasa.gov/nmc/spacecraft/display.action?id=1957-002A
3. "Explorer 1 Overview", NASA, https://www.nasa.gov/mission_pages/explorer/explorer-overview.html
4. "Blue Origin a year away from crewed New Shepard flights", Jeff Foust, SPACENEWS, 2017년 12월 19일, https://spacenews.com/blue-origin-a-

	year-away-from-crewed-new-shepard-flights/
5	"Delta-v budget", Wikipedia, https://en.wikipedia.org/wiki/Delta-v_budget
6	"Luna 1 - NASA - NSSDCA - Spacecraft - Details", NASA, https://nssdc.gsfc.nasa.gov/nmc/spacecraft/display.action?id=1959-012A
7	"Luna 2 - NASA - NSSDCA - Spacecraft - Details", NASA, https://nssdc.gsfc.nasa.gov/nmc/spacecraft/display.action?id=1959-014A
8	"Luna 3", Wikipedia, https://en.wikipedia.org/wiki/Luna_3
9	"Pioneer 4 - Spacecraft - the NSSDCA", NASA, https://nssdc.gsfc.nasa.gov/nmc/spacecraft/display.action?id=1959-013A
10	"Sputnik 5 - Spacecraft - the NSSDCA", NASA, https://nssdc.gsfc.nasa.gov/nmc/spacecraft/display.action?id=1960-011A
11	"Returning from Space: Re-entry", Federal Aviation Adminstration, https://www.faa.gov/sites/faa.gov/files/about/office_org/headquarters_offices/avs/III.4.1.7_Returning_from_Space.pdf
12	"Vostok 1", Wikipedia, https://en.wikipedia.org/wiki/Vostok_1
13	"Mercury-Redstone 3 (Freedom 7)", NASA, https://www.nasa.gov/mission_pages/mercury/missions/freedom7.html
14	"Mercury-Redstone 4 (19)", NASA, https://www.nasa.gov/mission_pages/mercury/missions/libertybell7.html
15	"Vostok 2 - Spacecraft - the NSSDCA", NASA, https://nssdc.gsfc.nasa.gov/nmc/spacecraft/display.action?id=1961-019A
16	"Mercury-Atlas 6", NASA, https://www.nasa.gov/mission_pages/mercury/missions/friendship7.html

3장

1	"Venera 1 - Spacecraft - the NSSDCA - NASA", NASA, https://nssdc.gsfc.nasa.gov/nmc/spacecraft/display.action?id=1961-003A
2	"Mariner 2 - Spacecraft - the NSSDCA - NASA", NASA, https://nssdc.gsfc.nasa.gov/nmc/spacecraft/display.action?id=1962-041A
3	"Mars 1 - Spacecraft - the NSSDCA", NASA, https://nssdc.gsfc.nasa.gov/nmc/spacecraft/display.action?id=1962-061A
4	"Mariner 4 - Spacecraft - the NSSDCA", NASA, https://nssdc.gsfc.nasa.gov/nmc/spacecraft/display.action?id=1964-077A

5 "score – NASA – NSSDCA – Spacecraft – Details", NASA, https://nssdc.gsfc.nasa.gov/nmc/spacecraft/display.action?id=1958-006A
"SCORE (Signal Communication by Orbiting Relay Equipment)", Global Security.org https://airandspace.si.edu/collection-objects/communications-satellite-score/nasm_A20030091000

6 "Communications Satellites: Making the Global Village Possible", David J. Whalen, NASA, https://history.nasa.gov/satcomhistory.html

7 "Telstar 1", Wikipedia, https://en.wikipedia.org/wiki/Telstar_1

8 "Relay", NASA, https://www.nasa.gov/centers/goddard/missions/relay.html
"Final Report on the Realy I Program)", Goddard Spece Flight Center, NASA, https://ntrs.nasa.gov/api/citations/19660000937/downloads/19660000937.pdf

9 "Syncom 2 – NASA – NSSDCA – Spacecraft – Details", NASA, https://nssdc.gsfc.nasa.gov/nmc/spacecraft/display.action?id=1963-031A

10 "Syncom 3 – NASA – NSSDCA – Spacecraft – Details", NASA, https://nssdc.gsfc.nasa.gov/nmc/spacecraft/display.action?id=1964-047A

11 "천리안 (위성)", Wikipedia, https://ko.wikipedia.org/wiki/천리안_(위성)
"천리안 2호", Wikipedia, https://ko.wikipedia.org/wiki/천리안_2호

4장

1 "Mercury Crewed Flights Summary", NASA, https://www.nasa.gov/mission_pages/mercury/missions/manned_flights.html

2 "Vostok – Soviet spacecraft series", Encyclopaedia Britannica,https://www.britannica.com/technology/Vostok-Soviet-spacecraft

3 "Gemini 3 – NASA – NSSDCA – Spacecraft – Details", NASA, https://nssdc.gsfc.nasa.gov/nmc/spacecraft/display.action?id=1965-024A

4 "Gemini 4 – Spacecraft – the NSSDCA", NASA, https://nssdc.gsfc.nasa.gov/nmc/spacecraft/display.action?id=1965-043A

5 "Gemini 5 Mission – NASA – NSSDCA – Spacecraft – Details", NASA, https://nssdc.gsfc.nasa.gov/nmc/spacecraft/display.action?id=1965-068A
"Vostok 5 – NASA – NSSDCA – Spacecraft – Details", NASA, https://

	nssdc.gsfc.nasa.gov/nmc/spacecraft/display.action?id=1963-020A
6	"Gemini 6A - NASA - NSSDCA - Spacecraft - Details", NASA, https://nssdc.gsfc.nasa.gov/nmc/spacecraft/display.action?id=1965-104A
7	"Gemini 7 - NASA - NSSDCA - Spacecraft - Details", NASA, https://nssdc.gsfc.nasa.gov/nmc/spacecraft/display.action?id=1965-100A
8	"Gemini 8 - NASA - NSSDCA - Spacecraft - Details", NASA, https://nssdc.gsfc.nasa.gov/nmc/spacecraft/display.action?id=1966-020A
9	"Project Gemini", NASA, https://www.nasa.gov/gemini/
10	"Voskhod 1", Wikipedia, https://en.wikipedia.org/wiki/Voskhod_1
11	"Low-Energy Lunar Trajectory Design", J. S. Parker and R. L. Anderson, JPL/NASA, p228 (2013), https://descanso.jpl.nasa.gov/monograph/series12/LunarTraj--Overall.pdf
12	"Beyond Earth: A Chronicle of Deep Space Exploration, 1958-2016", Asif A. Siddiqi, NASA History Program Office, NASA (2018), https://www.nasa.gov/sites/default/files/atoms/files/beyond-earth-tagged.pdf
13	"Russia's unmanned missions toward the Moon", RussianSpaceWeb.com, https://www.russianspaceweb.com/spacecraft_planetary_lunar.html
	"Moon Landing", Wikipedia, https://en.wikipedia.org/wiki/Moon_landing
14	"Luna 10 - Spacecraft - the NSSDCA", NASA, https://nssdc.gsfc.nasa.gov/nmc/spacecraft/display.action?id=1966-027A
15	"List of missions to the Moon", Wlkipedia, https://en.wikipedia.org/wiki/List_of_missions_to_the_Moon

5장

1	"Why NRHO: The Artemis Orbit", Architecture Concept Review, NASA. https://www.lpi.usra.edu/lunar/artemis/resources/WhitePaper_2023_WhyNRHA-TheArtemisOrbit.pdf
	"How: NRHO - The Artemis Orbit", N. Merancy, NASA. https://www.nasa.gov/wp-content/uploads/2023/10/nrho-artemis-orbit.pdf
2	"NASA, The First 25 Years: 1958-1983", M. M. Thorne, National Aeronautics and Space Administration (1983), https://files.eric.ed.gov/fulltext/ED252377.pdf

3	"Saturn V", Wikipedia, https://en.wikipedia.org/wiki/Saturn_V
4	"Wernher von Braun", Wikipedia, https://en.wikipedia.org/wiki/Wernher_von_Braun
5	"N1 (rocket)", Wikipedia, https://en.wikipedia.org/wiki/N1_(rocket)
6	"Apollo program", Wikipedia, https://en.wikipedia.org/wiki/Apollo_program
7	"Lunar Mission Flight Path", National Air And Space Museum, Smithsonian, https://airandspace.si.edu/multimedia-gallery/5317hjpg
8	"Apollo 11 Lunar Module / EASEP - the NSSDCA - NASA", NASA, https://nssdc.gsfc.nasa.gov/nmc/spacecraft/display.action?id=1969-059C
9	"Apollo 11 Command and Service Module (CSM) - the NSSDCA", NASA, https://nssdc.gsfc.nasa.gov/nmc/spacecraft/display.action?id=1969-059A
10	"Apollo 13", Wikipedia, https://en.wikipedia.org/wiki/Apollo_13
11	"The Most Extreme Human Spaceflight Records", M. Wall, Space.com (2019), https://www.space.com/11337-human-spaceflight-records-50th-anniversary.html

6장

1	"Venera 7 - Spacecraft - the NSSDCA", NASA, https://nssdc.gsfc.nasa.gov/nmc/spacecraft/display.action?id=1970-060A
2	"Venera 9 - Spacecraft - the NSSDCA", NASA, https://nssdc.gsfc.nasa.gov/nmc/spacecraft/display.action?id=1975-050A "Venera 9 Descent Craft - the NSSDCA", NASA, https://nssdc.gsfc.nasa.gov/nmc/spacecraft/display.action?id=1975-050D "Venera 9", Wikipedia, https://en.wikipedia.org/wiki/Venera_9
3	"In Depth | Pioneer Venus 1", NASA, https://solarsystem.nasa.gov/missions/pioneer-venus-1/in-depth/
4	"In Depth | Pioneer Venus 2", NASA, https://solarsystem.nasa.gov/missions/pioneer-venus-2/in-depth/
5	"Mars 2 - Spacecraft - the NSSDCA", NASA, https://nssdc.gsfc.nasa.gov/nmc/spacecraft/display.action?id=1971-045A
6	"Mariner 9 - Spacecraft - the NSSDCA", NASA, https://nssdc.gsfc.nasa.

	gov/nmc/spacecraft/display.action?id=1971-051A
	"Mariner 9 Mission Status July 22, 1971", JPL/NASA, 1971년 7월 22일, https://www.jpl.nasa.gov/news/mariner-9-mission-status-july-22-1971
7	"Mars 3 - Spacecraft - the NSSDCA", NASA, https://nssdc.gsfc.nasa.gov/nmc/spacecraft/display.action?id=1971-049A
8	"Viking 1 Lander - Spacecraft - the NSSDCA", NASA, https://nssdc.gsfc.nasa.gov/nmc/spacecraft/display.action?id=1975-075C
	"Viking 1 Orbiter - Spacecraft - the NSSDCA", NASA, https://nssdc.gsfc.nasa.gov/nmc/spacecraft/display.action?id=1975-075A
9	"Pioneer 10 - Spacecraft - the NSSDCA", NASA, https://nssdc.gsfc.nasa.gov/nmc/spacecraft/display.action?id=1972-012A
10	"Pioneer 11 - Spacecraft - the NSSDCA", NASA, https://nssdc.gsfc.nasa.gov/nmc/spacecraft/display.action?id=1973-019A
11	"Mariner 10 - Spacecraft - the NSSDCA", NASA, https://nssdc.gsfc.nasa.gov/nmc/spacecraft/display.action?id=1973-085A
	"Mariner Venus-Mercury 1973 Project Final Report. Venus and Mercury I Encounters". Tecnical Memorandum 33-734 Volume I (PDF - 18.1 MB) Pasadena, California, Jet Propulsion Laboratory, NASA, 9/15/1976.
12	"Helios-A - Spacecraft - the NSSDCA", NASA, https://nssdc.gsfc.nasa.gov/nmc/spacecraft/display.action?id=1974-097A
13	"Helios-B - Spacecraft - the NSSDCA", NASA, https://nssdc.gsfc.nasa.gov/nmc/spacecraft/display.action?id=1976-003A
14	"The maths that made Voyager possible", C. Riley and D. Campbell, 2012년 10월 23일, BBC, https://www.bbc.com/news/science-environment-20033940
15	"Voyager 2 - Spacecraft - the NSSDCA", NASA, https://nssdc.gsfc.nasa.gov/nmc/spacecraft/display.action?id=1977-076A
16	"Voyager 1 - Spacecraft - the NSSDCA", NASA, https://nssdc.gsfc.nasa.gov/nmc/spacecraft/display.action?id=1977-084A

7장

1	"'Oldest star chart' found", BBC News Word Edition, 2003년 1월 21일, http://news.bbc.co.uk/2/hi/science/nature/2679675.stm

2	"The History of the Telescope", H. C. King, p30-p31, Courier Corporation (2003).
3	"First invisible radiation photography", B. S. Beck, https://benbeck.co.uk/firsts/1_Technology/invisible.htm
4	"NASA's First Stellar Observatory, OAO 2, Turns 50", NASA, https://www.nasa.gov/feature/goddard/2018/nasa-s-first-stellar-observatory-oao-2-turns-50
	"Ultraviolet Observations Comets", A. D. Code, T. E. Houck, and C. F. Lillie, NASA (1972), https://ntrs.nasa.gov/api/citations/19720024170/downloads/19720024170.pdf
5	"COBE	Science Mission Directorate", NASA, https://science.nasa.gov/missions/cobe
6	"Hubble Space Telescope (HST) - the NSSDCA", NASA, https://nssdc.gsfc.nasa.gov/nmc/spacecraft/display.action?id=1990-037B
7	"Hubble Space Telescope images increasingly affected by Starlink satellite streaks", R. Lea, Space.com, 2023년 3월 10일, https://www.space.com/hubble-images-spoiled-starlink-satellite-steaks
8	"Compton Gamma-Ray Observatory - the NSSDCA", NASA, https://nssdc.gsfc.nasa.gov/nmc/spacecraft/display.action?id=1991-027B
9	"Chandra X-ray Observatory - the NSSDCA", NASA, https://nssdc.gsfc.nasa.gov/nmc/spacecraft/display.action?id=1999-040B
10	"10 Things: Spitzer Space Telescope", NASA, https://solarsystem.nasa.gov/news/513/10-things-spitzer-space-telescope/
	"Spitzer Space Telescope - the NSSDCA", NASA, https://nssdc.gsfc.nasa.gov/nmc/spacecraft/display.action?id=2003-038A
11	"Kepler - NASA - NSSDCA - Spacecraft - Details", NASA, https://nssdc.gsfc.nasa.gov/nmc/spacecraft/display.action?id=2009-011A
	"Kepler Space Telescope", Wikipedia, https://en.wikipedia.org/wiki/Kepler_space_telescope
12	헤일로 궤도는 주기적으로 도는 타원과 비슷한 모양의 궤도이고, 리사주 궤도는 한쪽 방향의 주기와 다른 쪽 방향의 주기가 달라 도는 모양에 계속 변하는 궤도이다.
13	"WMAP - NASA - NSSDCA - Spacecraft - Details", NASA, https://nssdc.

	gsfc.nasa.gov/nmc/spacecraft/display.action?id=2001-027A
14	"Planck – NASA – NSSDCA – Spacecraft – Details", NASA, https://nssdc.gsfc.nasa.gov/nmc/spacecraft/display.action?id=2009-026B
15	"James Webb Space Telescope – the NSSDCA", NASA, https://nssdc.gsfc.nasa.gov/nmc/spacecraft/display.action?id=2021-130A
16	"SOHO – NASA – NSSDCA – Spacecraft – Details", NASA, https://nssdc.gsfc.nasa.gov/nmc/spacecraft/display.action?id=1995-065A

8장

1	"Salyut 1 – Spacecraft – the NSSDCA – NASA", NASA, https://nssdc.gsfc.nasa.gov/nmc/spacecraft/display.action?id=1971-032A
2	"ESA – The Russian Soyuz spacecraft", ESA, https://www.esa.int/Enabling_Support/Space_Transportation/Launch_vehicles/The_Russian_Soyuz_spacecraft
3	"Observed Energy Distribution of α Lyra and β Cen at 2000-3800 Å", G. A. Gurzadyan & J. B. Ohanesyan, Nature, 239, 90 (1972)
4	"Soyuz 11 – Spacecraft – the NSSDCA – NASA", NASA, https://nssdc.gsfc.nasa.gov/nmc/spacecraft/display.action?id=1971-053A "Soyuz 11", Wikipedia, https://en.wikipedia.org/wiki/Soyuz_11
5	"Salyut 6 – Spacecraft – the NSSDCA – NASA", NASA, https://nssdc.gsfc.nasa.gov/nmc/spacecraft/display.action?id=1977-097A "Salyut 6", Wikipedia, https://en.wikipedia.org/wiki/Salyut_6
6	"50 Years Ago: The Launch of Skylab, America's First Space Station", John Uri, NASA, https://www.nasa.gov/history/50-years-ago-the-launch-of-skylab-americas-first-space-station/ "Skylab", Wikipedia, https://en.wikipedia.org/wiki/Skylab
7	"Foreign Astrologers, Soothsayers Make Skylab Predictions". Spartanburg Herald. Associated Press. (1979).
8	"Interkosmos", Wikipedia, https://en.wikipedia.org/wiki/Interkosmos
9	불가리아의 조지 이바노프가 타고 간 소유즈 33호는 엔진의 문제로 살류트 6호 우주정거장과의 도킹에 실패하고 조기 귀환했다.
10	"Mir Space Station", NASA, https://history.nasa.gov/SP-4225/mir/mir.htm

	"Mir - NASA - NSSDCA - Spacecraft - Details", NASA, https://nssdc.gsfc.nasa.gov/nmc/spacecraft/display.action?id=1986-017A
	"Mir", Wikipedia, https://en.wikipedia.org/wiki/Mir
11	"Polyakov, Valeri Vladimirovich", Biographies of USSR / Russian Cosmonauts, http://www.spacefacts.de/bios/cosmonauts/english/polyakov_valeri.htm
12	"Mir FAQs - About the re-entry", ESA, https://www.esa.int/About_Us/Corporate_news/Mir_FAQs_-_About_the_re-entry
13	"International Space Station", NASA, https://www.nasa.gov/reference/international-space-station/
	"International Space Station", Wikipedia, https://en.wikipedia.org/wiki/International_Space_Station
14	"What Prevents The ISS From Falling Out Of Orbit?", Forbes, 2018년 4월 18일, https://www.forbes.com/sites/quora/2018/04/18/what-prevents-the-iss-from-falling-out-of-orbit/
	"International Space Station", Wikipedia, https://en.wikipedia.org/wiki/International_Space_Station
	https://spacemath.gsfc.nasa.gov/weekly/5Page35.pdf
15	"Space tourism", Wikipedia, https://en.wikipedia.org/wiki/Space_tourism
16	"ISS Propulsion Module", Wikipedia, https://en.wikipedia.org/wiki/ISS_Propulsion_Module
17	"International Space Station Visitors by Country - NASA", NASA, https://www.nasa.gov/international-space-station/space-station-visitors-by-country/
18	"Tiangong 1 - Spacecraft - the NSSDCA", NASA, https://nssdc.gsfc.nasa.gov/nmc/spacecraft/display.action?id=2011-053A
	"Tiangong-1", Wikipedia, https://en.wikipedia.org/wiki/Tiangong-1
19	"Tiangong space station", Wikipedia, https://en.wikipedia.org/wiki/Tiangong_space_station
20	"Lunar Gateway", Wikipedia, https://en.wikipedia.org/wiki/Lunar_Gateway
21	"White House budget seeks to end SLS, Orion, and Lunar Gateway programs", E. Berger, Ars Technica, 2025년 5월 2일, https://arstechnica.

com/space/2025/05/white-house-budget-seeks-to-end-sls-orion-and-lunar-gateway-programs/

9장

1. "2024 in spaceflight", Wikipedia, https://en.wikipedia.org/wiki/2024_in_spaceflight
   "List of Starship launches", Wikipedia, https://en.wikipedia.org/wiki/List_of_Starship_launches
2. "List of Falcon 9 first-stage boosters", Wikipedia, https://en.wikipedia.org/wiki/List_of_Falcon_9_first-stage_boosters
3. "Expenditure of NASA's Apollo Missions from 1968 to1972", Statista, https://www.statista.com/statistics/1028322/total-cost-apollo-missions/
4. "Inflation Calculator | Find US Dollar's Value From 1913-2023", https://www.usinflationcalculator.com/
5. "The Space Shuttle – NASA", NASA, https://www.nasa.gov/reference/the-space-shuttle/
   "Shuttle technical facts", ESA, https://www.esa.int/Science_Exploration/Human_and_Robotic_Exploration/Space_Shuttle/Shuttle_technical_facts
6. 모노메틸하이드라진은 섭씨 영하 52도에서 얼고 영상 87.5도에서 기화하고, 사산화이질소는 섭씨 영하 11.2도에서 얼고 영상 21.7도에서 기화하기 때문에 저장이 용이하다. 두 물질 모두 독성이 강하다.
7. "Orbital Maneuvering System", Wikipedia, https://en.wikipedia.org/wiki/Orbital_Maneuvering_System
8. "The Recent Large Reduction in Space Launch Cost", H. W. Jones, https://ntrs.nasa.gov/api/citations/20200001093/downloads/20200001093.pdf
9. 1967년 11월15일에 마이클 애덤스(Michael Adams)는 로켓 비행기 X-15로 81킬로미터 상공까지 올라갔지만, 돌아오는 도중에 비행기가 부서지면서 사망한 사고가 있었다. 이 사고까지 포함하면 우주비행에서의 사망자수는 총 19명이다.
10. "Space Shuttle Challenger disaster", Wikipedia, https://en.wikipedia.org/wiki/Space_Shuttle_Challenger_disaster

11	"Space Shuttle Columbia disaster", Wikipedia, https://en.wikipedia.org/wiki/Space_Shuttle_Columbia_disaster
12	"Buran programme", Wikipedia, https://en.wikipedia.org/wiki/Buran_programme
13	"SpaceX", Wikipedia, https://en.wikipedia.org/wiki/SpaceX
14	"Capabilities & Services", SpaceX, https://www.spacex.com/media/Capabilities&Services.pdf
14*	"Where Does SpaceX Get Their Rocket Fuel?", E. Cunningham, Primal Nebula, 2023년 2월 18일
15	"Starship: Service to Earth Orbit, Moon, Mars and Beyond", SpaceX, https://www.spacex.com/vehicles/starship/
16	"NASA selects SpaceX to develop crewed lunar lander", J. Foust, SpaceNews, 2021년 4월 16일
17	"Artemis III: NASA's First Human Mission to the Lunar South Pole", L. Mohon, NASA, 2023년 1월 13일, https://www.nasa.gov/centers-and-facilities/marshall/artemis-iii-nasas-first-human-mission-to-the-lunar-south-pole/
18	"X-37B Orbital Test Vehicle", U.S. Air Force, https://web.archive.org/web/20140626041942/http://www.af.mil/AboutUs/FactSheets/Display/tabid/224/Article/104539/x-37b-orbital-test-vehicle.aspx "Boeing X-37", Wikipedia, https://en.wikipedia.org/wiki/Boeing_X-37
19	"OTV-7", Wikipedia, https://en.wikipedia.org/wiki/OTV-7
20	"Secretive US X-37B Space Plane Could Evolve to Carry Astronauts", L. David, 2011년 10월 7일, Space.com https://www.space.com/13230-secretive-37b-space-plane-future-astronauts.html

10장

1	"Galileo Jupiter Arrival", Press Kit, NASA, (1995) https://www.jpl.nasa.gov/news/press_kits/gllarpk.pdf "Galileo orbiter - Spacecraft - the NSSDCA", NASA, https://nssdc.gsfc.nasa.gov/nmc/spacecraft/display.action?id=1989-084B
2	"Galileo Observations of Comet Shoemaker-Levy 9 Colliding with Jupiter", NASA, https://www2.jpl.nasa.gov/galileo/sl9info.html

3	"Galileo Trajectory Design", L. A. D'Amario, L. E. Bright, and A. A. Wolf, Space Science Review, 60, 23, (1992)
4	"Deep Space Craft: An Overview of Interplanetary Flight", D. Doody, Springer Praxis Books (2009)
	"A Gravity Assist Primer - NASA Science", NASA, https://science.nasa.gov/learn/basics-of-space-flight/primer/
5	"Galileo - NASA Science", NASA, https://science.nasa.gov/mission/galileo/
	"Galileo - Jupiter Missions", NASA, https://www.jpl.nasa.gov/missions/galileo
6	"Ulysses - NASA - NSSDCA - Spacecraft - Details", NASA, https://nssdc.gsfc.nasa.gov/nmc/spacecraft/display.action?id=1990-090B
	"PR 29-1995: Ulysses reaches maximum latitude over the Sun's northern pole", ESA, 1995년 8월 29일, https://sci.esa.int/web/ulysses/-/36863-pr-29-1995-ulysses-s-first-north-polar-pass
7	"Juno - Spacecraft - the NSSDCA", NASA, https://nssdc.gsfc.nasa.gov/nmc/spacecraft/display.action?id=2011-040A
	"Juno (spacecraft)", Wikipedia, https://en.wikipedia.org/wiki/Juno_(spacecraft)
8	"JUpiter ICy moons Explorer (JUICE) - Spacecraft - the NSSDCA", NASA, https://nssdc.gsfc.nasa.gov/nmc/spacecraft/display.action?id=JUICE
	"Jupiter Icy Moons Explorer", Wikipedia, https://en.wikipedia.org/wiki/Jupiter_Icy_Moons_Explorer
	"juice", ESA, https://sci.esa.int/web/juice/-/50069-spacecraft
9	"Cassini Mission to Saturn", JPL/NASA, https://smd-cms.nasa.gov/wp-content/uploads/2023/09/cassinifactsheet.pdf
10	"PDS information - Cassini-Huygens", NASA, https://pds.nasa.gov/ds-view/pds/viewMissionProfile.jsp?MISSION_NAME=CASSINI-HUYGENS
11	"Cassini - Navigation - NASA Science", NASA, https://science.nasa.gov/mission/cassini/spacecraft/navigation/
12	"Cassini", NASA, https://nssdc.gsfc.nasa.gov/nmc/spacecraft/display.action?id=1997-061A
13	"Cassini-Huygens", NASA, https://science.nasa.gov/mission/cassini/

11장

1. 원일점에 있는 수성은 태양에서 0.4667AU 떨어져 있고, 근일점에 있는 수성은 태양에서 0.3075AU 떨어져 있다. 수성에 가려면 반대쪽에 있는 지구에서 출발해야 한다. 원일점에 있는 수성에 가려면 태양에서 0.9849AU 떨어진 지구에서 출발하고, 근일점에 있는 수성에 가려면 태양에서 1.0150AU 떨어진 지구에서 출발하는 것으로 계산했다. 지구의 공전궤도와 수성의 공전궤도가 기운 것은 고려하지 않았다. 지구 저궤도는 250킬로미터 상공으로 가정했다. 수성에 가려면 탐사선은 지구가 공전하는 방향과 반대 방향으로 지구에서 멀어져야 한다.
2. 근일점에 있는 목성에 다가가려면 지구 250킬로미터 고도의 저궤도에서 초속 6.2킬로미터 더 가속해야 하고, 근일점에 있는 목성에 다가가려면 초속 6.4킬로미터 더 가속해야 한다. 목성에 가려면 탐사선은 지구가 공전하는 방향으로 지구에서 멀어져야 한다.
3. 탐사선이 수성에 가장 가깝게 접근하는 거리는 100킬로미터, 수성 주위를 도는 궤도에 진입한 후 수성에서 가장 멀 때의 거리는 수성의 중력영향권(sphere of influence)의 반지름인 11만 7,000킬로미터로 가정하고 계산했다.
4. 원일점에 있는 수성에 가려면 태양에서 0.7204AU 떨어진 금성을 거쳐 가고, 근일점에 있는 수성에 가려면 태양에서 0.7262AU 떨어진 금성에서 출발하는 것으로 계산했다. 탐사선이 수성에 가장 가깝게 접근하는 거리는 100킬로미터, 수성 주위를 도는 궤도에 진입한 궤도선이 수성에서 가장 멀 때의 거리는 11만 7,000킬로미터로 가정하고 계산했다.
5. "messenger - NASA - NSSDCA - Spacecraft - Details", NASA, https://nssdc.gsfc.nasa.gov/nmc/spacecraft/display.action?id=2004-030A`
6. "MESSENGER - MErcury Surface, Space ENvironment, GEochemistry, and Ranging", NASA, https://science.nasa.gov/mission/messenger/
7. "The MESSENGER Spacecraft Power Subsystem Thermal Design and Early Mission Performance", C. J. Ercol, G. Dakermanji, and B. Le, 4th International Energy Conversion Engineering Conference and Exhibit (IECEC) 26 - 29 June 2006
8. "ESA Science & Technology - Fact Sheet", ESA, https://sci.esa.int/web/bepicolombo/-/47346-fact-sheet
9. "BepiColombo Mission and the Solar Electric Propulsion System (SEPS)", N. Wallace, ESA, https://epic-src.eu/wp-content/uploads/LS.1.6.-Neil-

Wallace-EPIC-BepiColombo-presentation-B.pdf
10 "ESA - BepiColombo factsheet", ESA. https://www.esa.int/Science_Exploration/Space_Science/BepiColombo/BepiColombo_factsheet
11 "BepiColombo - Mission Overview and Science Goals", J. Benkhoff, et al., Space Science Reviews 217, 90 (2021)
12 "BepiColombo overview", ESA, https://www.esa.int/Science_Exploration/Space_Science/BepiColombo_overview2
13 "Parker Solar Probe - NASA - NSSDCA - Spacecraft - Details", NASA, https://nssdc.gsfc.nasa.gov/nmc/spacecraft/display.action?id=2018-065A
14 "Solar Orbiter - NASA - NSSDCA - Spacecraft - Details", NASA, https://nssdc.gsfc.nasa.gov/nmc/spacecraft/display.action?id=2020-010A

12장

1 "Queqiao - Spacecraft - the NSSDCA", NASA, https://nssdc.gsfc.nasa.gov/nmc/spacecraft/display.action?id=QUEQIAO
2 "39P/Oterma - Small-Body Database Lookup - NASA", JPL/NASA, https://ssd.jpl.nasa.gov/tools/sbdb_lookup.html#/?sstr=39P
3 "Dynamical Systems, the Three-Body Problem and Space Mission Design", W. S. Koon, M. W. Lo, J. E. Marsden, and S. D. Ross, Equadiff 99, 1167 (2000).
   "Low-Thrust Approach and Gravitational Capture at Mercury", R. Jehn, S. Campagnola, D. Garcia, and S. Kemble, Proceedings of the 18th International Symposium on Space Flights Dynamics, 584, 487 (2004).
   "BepiColombo - Mission Overview and Science Goals", J. Benkhoff, et al., Space Science Reviews 217, 90 (2021).
4 "Invariant manifolds and the capture of Comet Shoemaker-Levy 9", T. E. Swenson, M. W. Lo, and R. M. Woollands, Monthly Notices of the Royal Astronomical Society, 490, 2436 (2019).
5 "Fly me to the moon: an insider's guide to the new science of space travel", E. Belbruno, Princeton University Press (2007).
6 "Hiten - Spacecraft - the NSSDCA - NASA", NASA, https://nssdc.gsfc.nasa.gov/nmc/spacecraft/display.action?id=1990-007A

"Hiten / Hagoromo", NASA, https://science.nasa.gov/mission/hiten-hagoromo/

7   "Low-Energy Lunar Trajectory Design", J. S. Parker and R. L. Anderson, p228, Wiley (2014)

8   "smart 1 - NASA - NSSDCA - Spacecraft - Details", NASA, https://nssdc.gsfc.nasa.gov/nmc/spacecraft/display.action?id=2003-043C

9   하이드라진을 연료로 사용하는 추진체가 연료를 연소해 내뿜는 속도는 초속 2,300미터로 가정했다.

10   "Earth-Mars Transfers with Ballistic Capture", E. Belbruno and F. Topputo, arXiv:1410.8856, https://doi.org/10.48550/arXiv.1410.8856

11   "SMART-1 Electric Propulsion Operational Experience", D. Milligan, et al. The 29th International Electric Propulsion Conference, Princeton University, (2005). http://electricrocket.org/IEPC/245.pdf

12   "Connecting orbits and invariant manifolds in the spatial restricted three-body problem", G. Gómez, et al., Nonlinearity 17, 1571 (2004).

13장

1   "Divination, Mythology and Monarchy in Han China", Loewe, Michael, pp62-64, Cambridge University Press (1994)

2   "ISEE-3/ICE", NASA, https://science.nasa.gov/mission/isee-3-ice/

3   "List of missions to comets", Wikipedia, https://en.wikipedia.org/wiki/List_of_missions_to_comets

4   "Mission Information : stardust", Planetary Data System, NASA, https://pds.nasa.gov/ds-view/pds/viewMissionProfile.jsp?MISSION_NAME=STARDUST

5   "Deep Impact (EPOXI)", NASA, https://science.nasa.gov/mission/deep-impact-epoxi/

6   "Rosetta", ESA, https://www.esa.int/Enabling_Support/Operations/Rosetta

7   "Philae found!", ESA, https://www.esa.int/Science_Exploration/Space_Science/Rosetta/Philae_found

8   "Galieo", NASA, https://science.nasa.gov/mission/galileo/

9   "NEAR Shoemaker", NASA, https://science.nasa.gov/mission/near-

	shoemaker/
10	"Hayabusa Asteroid Itokawa Samples", NASA, https://curator.jsc.nasa.gov/hayabusa/
11	"Hayabusa2 returned with 5 grams of asteroid soil, far more than target", Th Japan Times, 2020년 12월 19일, https://www.japantimes.co.jp/news/2020/12/19/national/science-health/hayabusa2-asteroid-soil/
12	"NASA's final tally shows spacecraft returned double the amount of asteroid rubble", Marcia Dunn, Phys.org, https://phys.org/news/2024-02-nasa-tally-spacecraft-amount-asteroid.html
13	"Double Asteroid Redirection Test - Spacecraft - the NSSDCA", NASA, https://nssdc.gsfc.nasa.gov/nmc/spacecraft/display.action?id=2021-110A
14	"Double Asteroid Redirection Test (DART)", NASA, https://science.nasa.gov/planetary-defense-dart/
15	"Dawn (spacecraft)", Wikipedia, https://en.wikipedia.org/wiki/Dawn_(spacecraft)
16	"Dawn - NASA - NSSDCA - Spacecraft - Details", NASA, https://nssdc.gsfc.nasa.gov/nmc/spacecraft/display.action?id=2007-043A
17	"The Fastest Spacecraft Ever?", C. A. Scharf, Scientific American, 2013년 2월 25일, https://www.scientificamerican.com/blog/life-unbounded/the-fastest-spacecraft-ever/
18	"New Horizons", NASA, https://science.nasa.gov/mission/new-horizons/

14장

1	"Starship", SpaceX, https://www.spacex.com/vehicles/starship/
2	주1과 동일.
3	주1과 동일.
4	"Raptor V3 just achieved 350 bar chamber pressure…", Elon Musk, X, 2023년 5월 13일, https://twitter.com/elonmusk/status/1657249739925258240
	"Elon Musk just gave another Mars speech—this time the vision seems tangible". Berger, Eric, Ars Technica. 2024년4월 8일, https://arstechnica.

	com/space/2024/04/elon-musk-just-gave-another-mars-speech-this-time-the-vision-seems-tangible/
5	"Starbase Tour and Interview with Elon Musk", T. Sesnic, Everyday Astronaut, 2021년 8월 11일, https://everydayastronaut.com/starbase-tour-and-interview-with-elon-musk/
6	"SpaceX Reusable Rocket Costs Versus Airplanes", Brian Wang, Next Big Future, 2022년 2월 11일, https://www.nextbigfuture.com/2022/02/spacex-reusable-rocket-costs-versus-airplanes.html
7	"How Will SpaceX Bring the Cost to Space Down to $10 per Kilogram from Over $1000 per Kilogram?", J. Wright, NextBigFuture.com, 2024년 1월 21일, https://www.nextbigfuture.com/2024/01/how-will-spacex-bring-the-cost-to-space-down-to-10-per-kilogram-from-over-1000-per-kilogram.html
8	주6과 동일.
9	"U.S. Kerosene Wholesale/Resale Price by Refiner", U.S. Energy Information Administration, https://www.eia.gov/dnav/pet/hist/LeafHandler.ashx?n=PET&s=EMA_EPPK_PWG_NUS_DPG&f=M
10	"Falcon 9 Full Thrust", Wikipedia, https://en.wikipedia.org/wiki/Falcon_9_Full_Thrust
11	"Capability & Services", SpaceX, https://www.spacex.com/media/Capabilities&Services.pdf
12	"Sphere of influence (astrodynamics)", Wikipedia, https://en.wikipedia.org/wiki/Sphere_of_influence_(astrodynamics)
13	"Options for Staging Orbits in Cis-Lunar Space", R. Whitley & R. Martinez, IEEE Annual Aerospace Conference (2016). https://ntrs.nasa.gov/api/citations/20150019648/downloads/20150019648.pdf
14	"Why NRHO: The Artemis Orbit", Architecture Concept Review, NASA. https://www.lpi.usra.edu/lunar/artemis/resources/WhitePaper_2023_WhyNRHA-TheArtemisOrbit.pdf "How: NRHO - The Artemis Orbit", N. Merancy, NASA. https://www.nasa.gov/wp-content/uploads/2023/10/nrho-artemis-orbit.pdf
15	주5와 동일.
16	"Starship lunar lander missions to require nearly 20 launches, NASA

	says", J. Foust, SpaceNews, 2023년 11월 17일, https://spacenews.com/starship-lunar-lander-missions-to-require-nearly-20-launches-nasa-says/
17	"Mars Landing Vehicles: Descent and Ascent Propulsion Design Issues", B. Palaszewski, Mars Research, IntechOpen (2022) https://ntrs.nasa.gov/api/citations/20210026187/downloads/Mars_Research_Book_Palaszewski_12-2021%20(15.0)_FINAL.pdf
18	주17과 동일.
19	"Sabatier System Design Study for a Mars ISRU Propellant Production Plant", P. E. Hintze, A. J. Meier, M. G. Shah, and R. DeVor, 48th International Conference on Environmental Systems, 8-12 July 2018, Albuquerque, New Mexico

그림 출처

1장

그림 1-2	화면 캡처한 동영상: Wikimedia Commons
그림 1-3	원본 사진: Wikimedia Commons
그림 1-4	원본 그림과 사진: Wikimedia Commons
그림 1-5	사진: Wikimedia Commons

2장

그림 2-1	인공위성 사진: Wikimedia Commons
그림 2-3	우주선 사진: Wikimedia Commons
그림 2-4	사진과 지도: Wikimedia Commons, NASA

3장

그림 3-3	사진: NASA
그림 3-4	사진: Wikimedia Commons
그림 3-5	사진: Wikimedia Commons
그림 3-8	사진: NASA

4장

그림 4-1	사진: Wikimedia Commons
그림 4-2	사진: NASA
그림 4-3	사진: Wikimedia Commons
그림 4-5	탐사선 사진: Wikimedia Commons ǀ 구성 사진: NASA, Wikimedia Commons

5장

그림 5-4	사진: NASA
그림 5-5	사진: NASA
그림 5-6	그림: Wikimedia Commons
그림 5-7	그림: Wikimedia Commons
그림 5-8	사진: NASA

6장

그림 6-1	행성 사진: NASA
그림 6-3	사진: Wikimedia Commons, NASA
그림 6-4	궤적 데이터: Horizons System, JPL, NASA
그림 6-5	궤적 데이터: Horizons System, JPL, NASA	탐사선 사진: Wikimedia Commons
그림 6-6	사진: NASA
그림 6-8	탐사선 사진: Wikimedia
그림 6-9	궤적 데이터: Horizons System, JPL, NASA	탐사선 사진: Wikimedia Commons
그림 6-10	사진: NASA

7장

그림 7-1	사진: Wikimedia Commons
그림 7-2	원본 그림: Wikimedia Commons
그림 7-3	사진: NASA
그림 7-4	사진: NASA, ESA
그림 7-5	스피처 망원경 그림: NASA	궤적 데이터: Horizons System, JPL, NASA
그림 7-8	사진 및 그림: NASA, ESA
그림 7-9	사진: NASA, ESA

8장

그림 8-1	사진 및 그림: Wikimedia Commons, NASA
그림 8-2	원본 그림: Wikimedia Commons
그림 8-4	사진: NASA

| 그림 8-5 | 사진: NASA |
| 그림 8-6 | 원본 그림: Wikimedia Commons |

9장

그림 9-1	사진: Wikimedia Commons
그림 9-2	사진: NASA
그림 9-3	사진: NASA
그림 9-5	사진: NASA
그림 9-6	사진: NASA, Wikimedia Commons
그림 9-7	사진: Wikimedia Commons
그림 9-8	사진: Wikimedia Commons
그림 9-9	사진: Wikimedia Commons
그림 9-10	사진: Wikimedia Commons(Steve Jurvetson)
그림 9-11	사진: NASA
그림 9-12	사진: U.S. Space Force, U.S. Air Force

10장

그림 10-3	사진: NASA
그림 10-4	탐사선 궤적 데이터: Horizons System, JPL ｜ 탐사선 그림: NASA
그림 10-5	탐사선 궤적 데이터: Horizons System, JPL
그림 10-6	사진: NASA
그림 10-7	탐사선 궤적 데이터: Horizons System, JPL ｜ 탐사선 그림: NASA, ESA
그림 10-8	그림: NASA, ESA
그림 10-9	탐사선 궤적 데이터: Horizons System, JPL ｜ 탐사선 그림: NASA, JPL
그림 10-10	그림: NASA, ESA

11장

그림 11-4	메신저호 그림: Wikimedia Commons ｜ 데이터: Horizons System, JPL
그림 11-5	원본 그림: NASA
그림 11-7	베피콜롬보 그림: ESA ｜ 수성 사진: NASA

| 그림 11-8 | 파커호 그림: Wikimedia Commons | 데이터: Horizons System, JPL |

12장

그림 12-3	췌차오호 그림: Wikimedia Commons
그림 12-4	데이터: Horizons System, JPL, NASA
그림 12-5	수성 사진: NASA	탐사선과 그래프 원본: Wikimedia Commons
그림 12-6	다누리호 그림: 과학기술정보통신부	데이터: Horizons System, JPL
그림 12-7	SMART-1 그림: ESA

13장

그림 13-1	천체 사진: NASA
그림 13-2	사진: Wikimedia Commons
그림 13-3	사진 및 그림: ESA, NASA, Wikimedia Commons
그림 13-4	사진 및 그림: ESA, NASA, Wikimedia Commons
그림 13-5	혜성 공전궤도와 로제타호 비행 궤적 데이터: Horizons system, JPL
그림 13-6	천체 사진: NASA
그림 13-7	사진: JAXA, NASA, Wikimedia Commons
그림 13-8	화성과 소행성의 공전궤도 데이터: Horizons system, JPL
그림 13-9	사진 및 그림: NASA
그림 13-10	사진 및 그림: NASA
그림 13-11	사진 및 그림: NASA, Wikimedia Commons

14장

그림 14-1	스타십 그림: Wikimedia Commons	지구 사진: NASA
그림 14-2	발사체 그림: Wikimedia Commons, NASA
그림 14-3	원본 그림 및 게이트웨이 그림: Wikimedia Commons
그림 14-4	달 사진: Wikimedia Commons
그림 14-5	달 사진: Wikimedia Commons	지구 사진: NASA
그림 14-6	지구 및 화성 사진: NASA
그림 14-8	그림: Wikimedia Commons

우주탐사의 역사
물리학 지식과 함께하는 인류의 우주탐사 발자취

ⓒ 윤복원, 2025. Printed in Seoul, Korea

초판 1쇄 찍은날	2025년 11월 11일
초판 1쇄 펴낸날	2025년 11월 20일
지은이	윤복원
펴낸이	한성봉
편집	최창문·이종석·오시경·김선형
콘텐츠제작	안상준
디자인	최세정
마케팅	오주형·박민지·이예지·정효인
경영지원	국지연·송인경
펴낸곳	도서출판 동아시아
등록	1998년 3월 5일 제1998-000243호
주소	서울 중구 필동로8길 73 [예장동 1-42] 동아시아빌딩
페이스북	www.facebook.com/dongasiabooks
전자우편	dongasiabook@naver.com
블로그	blog.naver.com/dongasiabook
인스타그램	www.instargram.com/dongasiabook
전화	02) 757-9724, 5
팩스	02) 757-9726
ISBN	978-89-6262-682-7 93400

※ 잘못된 책은 구입하신 서점에서 바꿔드립니다.

만든 사람들

편집	안상준
디자인	페이퍼컷 장상호
본문 조판	인텍스타